콰인과 분석철학

— 언어에 관한 언어 —

조지 로마노스 지음
곽 강 제 옮김

한국문화사

QUINE and ANALYTIC PHILOSOPHY
The Language of Language

Romanos, George D.

Copyright © 1983 by The Massachusetts Institute of Technology

이 책의 한국어판 판권은 *Massachusetts Institute of Technology*와의 독점 계약에 의해 한국문화사에 있습니다.

Korean Translation Copyright © Hankook Publishing Company 2002

차 례

v 옮긴이의 말 ·· 5
v 콰인의 서문 ··· 7
v 감사의 말 ·· 9

제 1 장 서 론 v 11

제 2 장 형이상학 거부와 "언어적 전회" v 19
  1. 실증주의자의 신조 ··· 19
  2. 실증주의 선언의 배경 ·· 24
  3. 언어적 재해석 ··· 35
  4. 실증주의자들이 새로 정의한 철학 속의 칸트적 성분 ········· 50
  5. 언어 분석 개념 ··· 65

제 3 장 언어가 규칙에 의해 규정하여 주장하는 것 v 79
  1. 콰인의 "존재론의 상대성" ·· 79
  2. 규칙과 존재론 ··· 91
  3. 규칙과 논리적 진리 ·· 109
  4. 새로운 대상과 진리의 채택 – 실제적 관점에서ㆍㆍㆍㆍㆍㆍㆍㆍㆍㆍㆍㆍㆍ 120

제4장 일상 언어와 함축적 정의 v 131
1. 형이상학 신조와 언어 신조의 평행성 ·········· 131
2. 함축적 이해와 의미와 사용 ·········· 136
3. 일상 담화에 대한 이해의 비결정성 ·········· 150
4. 의미론의 재등장 ·········· 160
5. 의미론이 형이상학으로 환원되다 ·········· 166

제5장 진리성에 대한 의미론적 개념 v 173
1. 의미와 언급 ·········· 173
2. 진리성과 언급 이론 ·········· 186
3. 의미론적 진리성 개념과 분석철학 ·········· 197
4. 실증주의자의 딜레마와 타르스키 업적의 관련성 ·········· 207
5. 타르스키의 방법 ·········· 218
6. 진리성에 대한 타르스키의 정의 ·········· 227

제6장 진리성과 의미론과 철학 v 239
1. 타르스키 절차의 적용 가능성 ·········· 239
2. 존재론의 상대성과 타르스키의 정의 ·········· 245
3. 의미론적 진리성 개념과 타르스키의 정의 ·········· 255
4. 진리성 우선주의 ·········· 264
5. 비결정성과 의미론적 탐구의 격위 ·········· 274
6. 철 학 ·········· 286

v 참고 문헌 ·········· 297
v 찾아보기 ·········· 311

옮긴이의 말

분석철학은 러셀과 무어의 활동을 기점으로 잡아도 백년이 되었고, 더 올라가 퍼어스, 프레게, 페아노의 연구를 기점으로 잡으면 백 이십 년 넘게 진행되고 있다. 분석철학은 이제 서양철학의 전통이다. 그런데도 우리 철학계의 분석철학에 대한 이해는 아직도 분석철학의 겉모습을 부분적으로 살펴보는 수준에 머물고 있어서 안타깝다.

분석철학은 많은 사람이 생각하는 것처럼 분석만 하는 철학이 아니다. 분석철학은 19세기 말 프레게의 언어철학에서 마련된 실마리를 러셀이 발전시켜 이룩한 논리학의 혁명에서 비롯되었다. 분석철학 운동은 이 새로운 논리학을 사용하여 아리스토텔레스 논리학에 입각하여 진행되어 온 전통철학의 모든 분야에 혁명을 일으켰다. 분석철학 운동은 철학의 기초 분야인 언어철학, 논리학, 지식론, 형이상학, 윤리학을 비롯해서 철학의 모든 분야의 문제를 정확하게 해결하여 거대한 철학 체계를 구성하려는 목표를 향하여 시작되었다.

따라서 분석철학을 이해하기 위해서는 분석철학자들이 통찰한 원리와 방법, 그에 의해 달성하고자 하는 원대한 철학적 목표와 전략, 그런 탐구 노력의 명백한 성공과 실패, 그리고 최근의 토론까지를 종합적으로 살펴야 한다. 여기서 가장 중요한 것은 원리와 방법의 변화 과정에 대한 이해이다. 원리와 방법이 없는 목표나 전략은 공허하기 때문이다.

이 책은 이십 세기 분석철학의 진행 과정에서 콰인의 업적이 지닌 철학적 의의를 밝히고 있다. 저자는 분석철학 운동이 전통적 형이상학의 가정을 대신하는 "언어 분석 개념"에 근거를 두고 있음을 밝히고, 콰인이 이 언어 분석 개념과 무관하게 진행될 수 있는 언어와 과학과 철학의 통합 체제에 관한 새로운 철학적 지평을 열었다고 주장한다. 이와 관련해서 저자는 콰인의 기본 주장이 자라온 과정과 철학의 여러 분야에 미친 영향을 설명하고 있는데, 이 설명은 간접적으로 콰인 철학의 배경인 이십 세기 분석철학 전체의 골격을 잘 정리하여 보여주고 있다.

분석철학이 진정한 "철학"이라는 것과 분석철학의 전체 모습을 이해하는 데 도움이 되었으면 하는 마음에서 옮기게 되었다. 부족한 점은 계속 보완할 것을 약속드린다. 원고를 읽고 좋은 의견들을 말해준 건지산 떨거지와 아내에게 감사드린다.

2002. 2.
옮 긴 이

콰인의 서문

베리(G. D. W. Berry) 교수는 사십 년 전에 하바드대학 철학과에서 나에게 배운 제자인데, 갑자기 내가 전쟁에 참전하게 되었을 때, 내가 가르치던 강의들을 이어받아 가르치기도 했었다. 그는 지금 유서 깊은 보스톤대학 철학과 교수로 재직하면서 매년 내 철학에 관한 세미나를 열어 나를 분에 넘치게 영광스럽게 해주고 있다. 나는 근래 몇 년 동안 학년말마다 베리 교수의 제자들을 만나 그들이 학기 중에 정리한 일련의 문제와 논평을 검토하는 일을 해왔다. 조지 로마노스는 이 토론에 참여했던 베리 교수의 제자들 가운데 하나인데, 매번 토론에 참신한 착상으로 생기를 불어넣은 스타였다.

로마노스는 박사 학위를 받자 학위 논문을 나에게 보내왔다. 그의 학위 논문은 당시에도 본인에게 말한 바와 같이 대부분의 내용이 그대로 저술로 출판되어도 좋을 만큼 훌륭한 수준이었다. 그런데도 로마노스는 2년여 동안이나 학문적 탐구와 비판적 검토와 창조적 사색으로 더욱 노력을 기울인 끝에 이제야 출판을 하기에 이르렀다.

이 책은 최근의 분석철학에 이르기까지의 역사적 배경에 대한 설명이 풍부한데, 특히 역사적 배경 속의 사실들을 통찰력 있게 해석하여 연관성을 밝힌 점이 훌륭하다. 로마노스는 서로 얽혀 있는 세 가지 기본 주장이 지닌 철학적 의의를 밝히고 있는데, 그 세 가지 기본 주장은 "내포로부터 탈출해야 한다", "낱말과 대상보다 문장과 진리성이 우선한다", "존재론은 배경 언어에 상대적으로 성립한다"는 주장이다. 로마노스가 보여주는 통찰은 심오하고 논증은 입증력이 훌륭하다. 이 책을 다 읽은 사람은 철학이 현재의 상태에 결코 머무르지 않을 것이라고 확신하게 될 것이다.

W. V. 콰인

감사의 말

이 책은 보스톤대학 철학과에 제출한 박사 학위 논문을 다듬고 보완하여 이루어진 것이므로 6년에 걸쳐 쓰여진 셈이다. 이 책의 출판에 즈음해서 수많은 분에게 감사드리지 않을 수 없다. 우선 학문 생활 초기에 철학을 하도록 지적 자극을 주고 인간적 용기를 북돋아 준 스승 사갈(P. T. Sagal) 교수와 여러 차례의 교열을 통해 철학적 직관과 판단으로 지도해주었음에도 불구하고 인쇄에 붙인 최종 원고의 결정은 나에게 일임해준 베리 교수에게 특별한 감사의 인사를 드려야 하겠다. 웹(J. C. Webb) 교수에게도 작업이 진행되는 여러 단계에서 매우 귀중한 비판적 제안을 해준 일과 그의 해박한 지식과 풍부한 철학적 통찰을 마음대로 활용하도록 해준 일에 대해 진심으로 감사드린다. 콰인 교수에게서 받은 도움은 헤아릴 수도 없는데, 특히 다른 관점에서 쓴 두 원고에 대해 수고를 아끼지 않고 광범위한 비판적 논평을 해준 일은 물론이고, 보스톤대학 철학과에서 베리 교수가 주관한 학생 교수 연례 세미나가 열리던 기간에 그의 철학 전체에서 보면 실은 지극히 작은 문제라 할 수 있는 물음들에 대해 끝까지 참고 깨우쳐준 일에 대해 감사드린다. 여러 가지 점에서 마지막 원고를 더 좋게 다듬을 수 있도록 유익한 조언과 제안을 해준 버지(T. Burge) 교수에게도 감사드린다. 또한 친구이자 동료인 라포(I. Lappo) 교수는 특출한 지성과 관용심과 수많은 전문적 기술로 이 책의 시작에서 출판에 이르기까지 크게 도와주었다. 그녀에게서 입은 많은 은혜에 감사드린다.

G. D. 로마노스

제1장 서론

콰인(W. V. Quine)이 1930년대 초부터 50여 년 동안에 발표한 여러 저술과 논문은 논리학과 언어철학의 연구에서 열띤 토론과 논쟁을 일으켰다. 특히 이 기간의 후반에는 철학적 연구와 토론의 핵심 주제와 방향에 콰인보다 더 큰 충격을 준 인물은 없을 것이다.

하지만 콰인의 견해가 출판될 때마다 일어났던 비상한 흥미와 관심에도 불구하고, 그의 저작에 담겨 있는 가장 중요하고 심원한 몇 가지 주장은 요즈음 분석철학자 대부분의 주의를 받지 못하고 있다고 생각된다. 그 중요하고 심원한 몇 가지 주장은 언어적 탐구와 분석이 철학의 전통적 쟁점들과 어떤 관련이 있는가 라는 잘 알려져 있는 근본 문제에 관한 주장이다. 이 책의 목적은 이십 세기 분석철학의 진행 과정에서 콰인의 업적이 지닌 철학적 의의를 탐구하는 것이다. 나는 콰인의 저작 대부분, 특히 그의 논문 "존재론의 상대성"의 근저에서 입증 근거 역할을 하고 있는 단순하지만 파악하기 쉽지 않은 철학적 조망이 (철학에서 전통적 형이상학을 제거했던 비엔나 학단 논리실증주의자들의 유명한 작업이 그랬던 것처럼)

실은 이 시대에 널리 유행하는 철학적 사고 방식을 그 나름대로 근본적으로 이탈하고 있다는 것을 밝히고자 한다.

"존재론의 상대성"이란 논문이 콰인의 완숙한 생각을 가장 완벽하게 표현하고 있다는 것은 콰인 자신도 시인하고 있다. 이 논문에는 언어의 구성과 해석에서 인간의 약정이 하는 역할과 범위를 이해하는 콰인의 가장 포괄적인 방법이 피력되어 있다. 콰인은 이 논문에 그 이전의 저작에서 내세웠던 몇 가지 기본 주장—특히 그 가운데서도 서로 평행하는 "번역의 비결정성 주장"과 "언어적 언급의 불가해성 주장"—을 자신의 존재론의 상대성 주장을 전개하기 위해 치밀하게 결합시켜 놓고 있다. 그의 존재론의 상대성 주장은 어떤 언어의 주제에 대한 궁극적 이해 즉 존재론의 이해는 그 언어를 다른 언어로 해석하거나 번역할 때 사용하는 방법의 적어도 일부분에 대한 임의의 선택에 완전히 상대적으로 성립한다는 것이다.

콰인의 존재론의 상대성 주장은 쿤(T. Kuhn)의 "동일 표준에 의한 평가 불가능 신조"나 "워프(B. L. Whorf)의 가설"*과 비슷한 상대주의를 표현하거나 함의하고 있다고 자주 잘못 해석되어 왔다. 오늘날의 철학자들은 언어에 관한 이런 주장을 언어 바깥에서 성립하는 철학적 의의에 비추어 거의 자동적으로 받아들이고 있는데, 이런 식의 오해는 놀랄 만한 일이 못된다. 하지만 내가 이 책에서 밝히고자 하는 것은 콰인의 존재론의 상대성 주장이 실제로 밑동을 자르려는 목표는 이 세계에 대한 지식의 객관성에 관한 신념이 아니라 오히려 대부분의 분석철학자에게 널리 퍼져 있는 언어 분석에 대한 선입견, 즉 이런저런 형태로 진행되는 언어 분석이 종래의 철학적 문제에 대해서 답을 찾아내어 해결하거나 다른 형태의 물음으로 바꾸어 해석하거나 잘못된 문제라고 해소시켜버리는 데 본질적 역할을 한

---

* 워프는 언어의 구조가 그 언어를 사용하는 사람의 사고 방식을 규정하므로 다른 언어를 사용하는 사람들은 세계를 각기 다른 방식으로 본다고 주장하였다. 따라서 어떤 언어를 사용한 사고의 표현은 그 언어가 지닌 문법의 일부분이기 때문에 사고를 표현하는 언어의 문법이 다르면 사고도 다르다고 본다. [옮긴이]

다는 선입견일 뿐이다.

    철학을 할 때 어떤 사람은 언어에 관한 문제를 모조리 피하면서 곧장 실재의 궁극적 본성이나 실존의 기본 범주에 관한 근본 원리나 진리를 발견하는 일에 전념하는 수가 있다. 이런 철학이 고전적 형이상학이다. 한편 어떤 사람은 이런 형이상학적 진리를 직접 "파악"하거나 "이해"하는 인간의 능력이 인식론적으로 심각한 한계를 지녔다고 인정하므로, 우리가 이 세계에 관해 말하는 방식이나 그렇게 말할 수밖에 없는 방식을 면밀하게 조사하여 형이상학적 진리를 탐구하는 간접적 연구 방법을 취한다. 이런 식으로 연구하는 철학자들은 언어의 기초 구조나 의미가 형이상학적 사실의 그림을 보여주거나 적어도 궁극적 진리를 깨닫게 하는 암시나 단서를 제공한다고 생각한다. 바로 이 생각이 "논리원자주의"를 추구했던 초기의 러셀(B. Russell)이 가졌던 철학적 투시도이며, 또한 "이상 언어"(理想 言語, ideal language)를 구성하려고 연구한 베르크만(G. Bergmann)이 가졌던 철학적 투시도이다. 이보다 뒤에 이른바 일상 언어 철학을 지지했던 오스틴(J. L. Austin), 라일(G. Ryle), 헤어(R. M. Hare)의 저작 속에서도 본질적으로 이와 똑같은 형이상학적 투시도를 찾아볼 수 있다. 이런 철학자들이 분석적 형이상학자에 속한다고 할 수 있다. 이들의 궁극적 관심은 전통적 형이상학자와 마찬가지로 언어 바깥에 있는 사실들의 근본적 성질과 그 사실들에 관한 인간의 지식에 있다. 언어에 관한 이들의 관심은 전통적 철학 문제들에 대한 혐오감을 반영하는 것이 아니라 그 문제들의 해결책을 찾는 가장 성과 있는 연구는 언어가 우리와 주위 세계의 중간에서 매개하는 특별한 역할을 수행하기 때문에 언어에 관한 탐구를 통해서 이루어진다는 신념을 반영하고 있을 뿐이다.

    전통적 형이상학에 대해서는 앞의 입장보다 약간 더 철저한 또 하나의 언어적 반론이 있다. 이 입장은 전통적 철학 문제들을 가망 없는 것으로 여겨 거부하거나, 형편에 따라서는 순전히 언어적 문제 즉 언어의 문법,

용어의 언급 기능, 언어 체계의 유용성 등에 관한 문제로 바꾸어 생각한다. 이 세계에 관한 일상인의 이야기는—언어와 이론과학에 관한 성찰과 떼어서 생각하면—이치가 닿지 않고 조리가 맞지 않으며 무의미한 것으로 간주된다. 그래서 철학사에 이어지는 논쟁들은 일상 언어의 모호성과 애매성으로 인한 혼동 때문에 일어났거나, 아니면 이와 반대로 일상 언어를 철학적으로 오용하거나 남용하였기 때문에 일어났다고 본다. 이 철저한 반형이상학적 접근 방식은 전기 비트겐슈타인(L. Wittgenstein)과 비엔나 학단의 실증주의자들에 의해 극적으로 모양을 갖추었는데, 후기 비트겐슈타인과 그에게서 아주 강한 영향을 받은 일상 언어 철학자들 예컨대 스트로슨(P. F. Strawson), 햄프셔(S. Hampshire), 툴민(S. Toulmin) 같은 철학자의 태도 속에 지속되고 있다. 나는 이들을 언어적 칸트주의자라 부르겠다. 이런 철학자들은 "치료적 분석"을 하거나 개념 체계들의 역사나 특징을 밝히거나 과학철학의 형태로 진행되는 인식론을 연구하는 데 주로 관심을 보였다고 할 수 있는데, 이 가운데 어느 일을 하든 그들의 궁극적 관심은 존재의 배후에 있는 것으로 가정된 어떤 영역에 있는 게 아니라 언어 체계 자체나 개념 체계 자체에 있을 따름이다. 따라서 이 철학자들은 언어 바깥의 세계에 관한 의미 있는 탐구는 모조리 특정한 언어 체계나 개념 체계를 도구로 사용하여 탐구하는 자연과학이나 경험과학의 영역에서 이루어진다고 일반적으로 인정하였다.

이 두 진영의 철학관 근저에 깔려 있는 생각은 언어 분석 개념 즉 (개별적 표현이든 언어 체계 전체든) 언어의 구조나 의미는 어떤 근본적 방식을 사용하여 객관적으로 조사하고 분석할 수 있지만, 언어 바깥의 실재 그 자체를 객관적으로 조사하고 분석할 수는 없다는 생각이다. 따라서 언어는 우리가 이 세계를 보거나 표현하거나 개념화하는 일반적 방식 또는 우리가 이 세계를 경험하는 일반적 방식을 구체적으로 보여주는 것이 된다. 분석적 형이상학자들은 이 세계에 있는 것이나 이 세계의 실제 모습에 관한 전통적 철학 문제들을 해명하는 실마리가 될 수 있는 경우에만 언어적 자료를 연구한다. 그들 역시 자신이 연구하는 언어가—실재에 관한 진짜 그림이나 정확한 그림을 제공한다는 점에서—올바른 언어나 정확한 언어인지 아닌지에 대해 약간은 고심한다. 언어적 칸트주의자는 단 하나의 진짜 언어나 이상 언어가 있다는 생각은 어느 것이든 모조리 거부한다. 그들은 언어 자체를 위한 언어를 연구하는데, 그 목적은 개념 체계의 기본 모형을 발견하거나 때로는 더욱 생산성 있는 개념 체계의 기본 모형을 찾는 데 있다.

이 책의 주된 관심사는 언어에 대해서 위의 두 진영의 철학자들이 유일하게 공유하고 있는 이 생각의 타당성을 검토하는 일인데, 이 생각은 이십 세기 분석철학 속의 두 가지 형이상학 전통에서 기초 역할을 하고 있다. 이 과정에서 나는 언어 분석 개념이 언어적 칸트주의 속에서 하는 결정적 역할을 특별히 강조하게 될 텐데, 언어적 칸트주의는 사실상 철학이 다룰 수 있는 전적으로 정당한 주제는 언어일 수밖에 없다고 주장한다. 하지만 결국에는 언어 분석 개념에 대해서 이치가 닿고 조리가 정연하고 의미가 이해될 수 있도록 설명하려는 모든 노력에 가장 중대한 장애는 형이상학에 대한 철저한 거부 그 자체임이 드러나게 될 것이다. 내가 이 책을 통해 도달하려는 목표는—이런저런 형이상학이 독립적으로 주장하는 가정들은 제쳐두고—언어 분석 개념 그 자체가 받아들이기 어렵고 무의미하다는 점을 명료하게 드러낼 수 있는 방식으로 언어에 관한 콰인의 여러 가지 관찰과 비판적 논증에 초점을 맞추어 설명하려는 것이다. 따라서 이 논지는 언어 분석 개념을 반박하는 것으로 보일 수도 있고, 형이상학의 튼튼한 발판을 마련하려는 간접적 시도로 보일 수도 있을 것이다.

언어 분석 개념을 이상 언어에 관한 "형이상학 의존 이론들"과 별도로 살펴보면 본질적으로 차이가 있는 두 가지 견해가 있는데, 이 두 견해는 대체로 일상 언어 철학자들의 입장과 언어 개혁가들의 입장 차이에 대응한다. 언어 분석 개념의 첫 번째 형태는—통상 언어 개조와 인공 언어 구성에 찬성하는 철학자들의 견해와 동일시되는데—언어의 기초적 의미나 구조나 개념적 내용은 일련의 완벽한 통사 규칙과 의미 규칙에 의해 빠짐없이 명백하게 조목조목 요약될 수 있다고 본다. 이 통사 규칙과 의미 규칙은 전적으로 인간이 고안하고 약정하여 만들어진 것으로 간주되며, 그래서 이 두 가지 규칙은 문제의 언어가 적용되는 세계의 근본적 특징들과 개념적 범주들을 규정하게 된다. 언어 분석 개념의 두 번째 형태는 어떤 언어의 의미나 내용을 명백하게 조목조목 요약하는 것을 문제로 삼지 않는다. 이 두 번째 형태의 언어 분석가는 그 대신에 언어적 표현이 일상 생활 속에서 실제로 어떻게 사용되고 어떤 기능을 하는지 세밀하게 살피는데, 특히 어떤 언어적 표현이 적절하게 사용되는 여러 가지 상황의 다양성과 그 언어적 표현이 그 언어 속에서 다른 언어적 표현과 어울려 보여주는 체계적 관계의 통로를 치밀하게 살핀다. 언어 분석 개념의 이 두 가지 형태는 형이상학이 (자각 여부와 자각 정도에 관계없이) 혼합된 생각을 편들었던 견해들을 어느 정도 증류시키거나 이상화시켜 만들어진 것이다. 언어에 관한 이 두 생각은 서로 완전히 배척하는 게 아니라 단지 강조하는 영역이 다를 뿐이다.

  2장에서는 언어 분석이 전통철학의 난점들을 풀기 위한 대책으로 갑자기 나타나 중요성을 인정받게 되는 과정과 더불어 이 언어 분석 운동을 밑받침하는 언어 분석 개념이 명백하게 모습을 드러내는 과정을 다루겠다. 3장과 4장에서는 콰인의 견해들이 방금 위에서 개략적으로 소개한 두 가지 언어 분석 개념에 끼친 충격을 정면으로 다루고자 한다. 5장과 6장에서는 이런 결론들을 현대 의미론의 좀더 전문적인 주제들 가운데서 특히 진리성에 관한 타르스키의 의미론적 분석과 연관시켜 음미하고 나서, 전통적 형이상학의 가정과 언어 분석 개념의 밑받침 없이 이루어져 유지되는 언어와 과학과 철학의 통합 체계에 관한 그림을 개략적으로 그려보고자 한다. 이런 작업을 통해 이루려는 궁극의 목표는 콰인의 저작 속에 담겨 있는 기본 주장들이 철학적 문제들을 본질적으로 언어적 방법이나 분석적 방법으로 연구하는 철학 활동과 이 활동을 근저에서 밑받침하고 있는 언어 분석 개념에 대해 거침없이 통렬하게 반박하고 있다는 것을 증명하려는 것이다. 그러니까 이 책의 근본 취지는 콰인의 저작이―겉으로는 언어에 관한 문제들에 매혹 당해 몰두하고 있는 것으로 보임에도 불구하고―아주 근본적이어서 무어(G. E. Moore)와 러셀에서 오늘날에 이르기까지의 여러 가지 형태의 분석철학 어디에나 스며들어 지배적 역할을 해온 언어 분석 개념의 종말이 시작되었다는 것을 보여주고 있다는 것이다. 그렇지만 마지막에 드러나는 것은―아마 존재론의 상대성에 관한 콰인의 신조 속에서 가장 극적으로 드러날 텐데―분석이라는 철학적 방법 역시 근본적으로는 분석이라는 방법이 보완하거나 대신하려 했던 형이상학적 탐구 방법보다 덜 사변적인 방법도 아니고 더 훌륭하거나 일관성 있는 방법도 아니라는 것이다.

제 2 장 형이상학 거부와 "언어적 전회"

1. 실증주의자의 신조

철학의 문제들 가운데 서로 연관되어 있는 중요한 문제들에 대해서 지금까지 튼튼한 철학적 합의가 이루어진 적이 있다면, 유명한 비엔나 학단을 형성했던 철학자들과 과학자들이 도달한 합의가 확실히 처음일 것이다. 이 초기 실증주의자들은 다른 무엇보다도 철학적 합의를 소중히 여겼으며, 이 태도는 철학의 관건이 되는 여러 가지 문제에 관한 의견들을 놀랄 만큼 훌륭하게 수렴하여 일치된 의견에 도달하게 하였다. 그들의 철학 활동을 논리실증주의 운동으로 규정하게 했던 주장들 가운데 핵심 주장에 관해서는―비록 표현의 세세한 차이로 인해 아주 다양한 의견이 널리 유행하는 것으로 보였던 게 사실이긴 하지만―포괄적인 표준 견해와 일반적으로 인정받는 정설이 유지되었다.

실증주의자들이 우선적으로 내세우는 신조들 가운데 첫 번째 신조가 전통적 형이상학 특히 칸트(I. Kant) 이후에 등장한 이런저런 형이상학을 폐지하거나 제거해버려야 한다는 신조라는 것은 두말할 것도 없다. 이 목표를 달성하는 수단이 바로 언어에 대한 논리적 분석이었다. 그들은 초월적 실재나 존재 자체에 관해서 말하려는 진술들을—원리상으로조차 검증될 수 없음은 물론이고 최소한의 확증 가능성도 없기 때문에—단순히 그른 진술이 아니라 아예 인지적으로나 이론적으로 무의미한 진술로 간주하였다.

실증주의자들은 인지적 의미의 열쇠인 검증에는 두 가지 기초적 검증 즉 논리적 검증과 사실적 검증이 있으며, 이 두 가지 검증은 서로 철저히 배척하기 때문에 겹치는 일이 전혀 없다고 믿었다. 다시 말하면 그들은 진정으로 유의미한 주장은 어떤 것이든 분석적 주장—순전히 언어의 사정 덕택으로 어떠한 경험적 상황과도 관계없이 항상 옳은 주장—이거나 아니면 종합적 주장—특정한 경험적 절차에 따라 검증되거나 반증될 수 있는 사실적 주장—일 수밖에 없다고 믿었다.

논리학과 수학의 주장들은 그 진리성이 분석 범주에 포함되기 때문에 인지적 유의미성을 보장받을 뿐만 아니라 지식론에서 선천적 격위를 보존할 수 있다. 경험과학의 진술과 법칙은 바로 그것들 전체가 종합 범주를 형성시키는 주장이다. 이 경우 심리학이나 사회학 같은 사회과학은 물리학이나 생물학 같은 자연과학과 동일한 토대 위에 서 있는 것으로 간주되고 있다.

하지만 형이상학의 선언들은 분석과 종합이라는 두 범주 어느 쪽에도 깔끔하게 들어맞지 않는 것으로 보이기 때문에 의의 있는 담화의 논리나 규칙을 어긴 표현으로 취급되었다. 형이상학은 그것이 발휘할 수 있는 의의가 무엇이든 순전히 문학적 표현이나 시적 표현이라는 평가를 받았다. 신학도 같은 방식으로 취급되었다. 규범을 다루는 윤리학과 미학 같은 분야도—곧 이 분야에 관해서 여러 가지 형태의 "표현주의 이론"과 "정서주의 이론"이 나타났지만—진정한 이론적 탐구의 영역에서 배제되기는 마찬가지였다. 논란의 대상이 되었던 이 분야들은 어느 것이든 적절한 경험적 탐구 방법이 마련되면 사회학적 연구의 주제가 될 수 있지만, 이 분야들에 대한 가지각색의 주장은 언어와 경험적 사실 어느 쪽에도 토대를 두고 있지 않은 것으로 여겨졌기 때문에, 실증주의자들은 그 주장들을 그른 주장이라고 반박하는 게 아니라 딱 잘라 무의미한 주장 즉 "인지적 의미가 없는 표현"이라고 거부하였다. 그러므로 실증주의자들은 이런 작업이 — 저들이 인정하는 경험주의 지식론을 기초로 하지 않고 오히려 언어 자체에 관한 논리적 비판이나 분석을 기초로 하여 — 형이상학을 비롯하여 그와 관련 있는 분야들의 토대를 허물어버린다고 생각하였다.

분석적 진리에 관한 언어적 견해는 실증주의자들에게는 결정적으로 중요하다. 왜냐하면 이 견해는 비경험적이면서 확실한 논리 수학적 지식의 성격을 형이상학적 제일 원리나 개념과 관념 같은 추상적 대상에 전혀 의존하지 않고서도 설명할 수 있기 때문이다. 실증주의자들은 현대의 논리학과 수학에 대해 건전한 존경심을 지녔었고, 논리학과 수학이 물리과학에서 수행하는 근본적 역할을 깊이 이해하고 있었다. 그들은 밀(J. S. Mill)의 경험주의와 같은 극단적 경험주의에 빠져들지 않으려고 노력했는데, 밀의 경험주의는 논리학과 수학의 명제를 — 일반성의 정도는 훨씬 더 넓지만 — 경험과학의 명제와 마찬가지로 경험적 일반명제나 경험적 가설일 뿐이라고 보았으며, 따라서 원리상 당연히 경험적 증거에 의해 반박될 수 있다고 주장하였다. 그들은 논리학과 수학의 명제의 진리성을 논리적 분석에 의해 드러나는 언어의 본성 자체, 즉 언어의 구조나 의미 그리고 언어의 규칙이나 약정에 뿌리를 두고 있는 것으로 취급함으로써, 논리학과 수학의 선천적 격위가 철저한 경험주의와 양립할 수 있도록 하는 방법을 발견했다고 생각하였다. 실증주의자들은 언어에 대한 이해 역시 경험에 의해 가능하다는 반론이 제기되더라도, 이 이해 자체의 본성에만 기초를 두고 있는 논리적 진리와 수학적 진리는 그 자체로서는 경험적 명제가 아니라고 계속 주장할 수 있었다. 비트겐슈타인은 이렇게 해서 분석적 진리를 "항진 진술" 즉 이 세계에 관해 "말하는 내용이 전혀 없는" 공허한 진술이라고 주장하였다.1) 에이어(A. J. Ayer)는 언어가 인간의 약정에 의해 만들어진 도구라는 점을 강조했는데, 이 노선에 따라 논리학과 수학의 명제는 "상징 기호들을 일정한 양식으로 사용하겠다는 인간의 결심을 기록하고 있을 뿐"이라고 주장하였다.2)

실증주의자들은 저들의 수정된 경험주의 안에 논리학과 수학을 확보한 반면에 의의 있는 탐구 영역에서 형이상학을 일시에 모조리 추방하고 나자, 남은 일거리는 철학 자체의 자격과 위치를 마련해주는 것이 전부였는데, 철학의 자격과 위치는 위의 두 가지 목표를 달성하는 과정에서 유용성이 그처럼 확실하게 증명된 바로 그 논리적 분석 방법에 의해 곧장 마련되었다. 이 방법에 따른 비판적 탐구와 분석은 이성주의의 형이상학이나 전통적 경험주의의 심리주의에 빠지지 않고서도 지식론을 전개할 수 있는 방법을 제공하는 것으로 보였다. 이에 따라 각기 다른 특성을 지닌 여러 가지 "분석"이 나타났다. 한 쪽의 극단적 입장은 슐리크(M. Schlick)와 비트겐슈타인의 초기 견해인데, 이들은 분석이 "의미를 추구하는"3) 일종의 정신 활동이며, 그 정신 활동의 결과는 원리상 명쾌하게 진술될 수 없다고 보았다. 다른 쪽의 극단적 입장은 카르납(R. Carnap)의 저작이 보여주었는데, 여기서는 "분석"이 점점 더 이론과학의 특수한 분야 특히 경험적 언어학과 아주 비슷해져 갔다.4)

그렇지만 논리적 분석이나 언어적 분석으로서의 철학과 진정한 과학의 근본적 차이는 과학이 사실이나 진리를 추구하는데 반해서 철학은 언어나 의미에 관심을 가진다는 사실에서 여전히 발견될 수 있었다. 방법론의 유

---

1) Wittgenstein (2), 4.46-4.4661, 5.142.
2) Ayer (3), 29쪽.
3) Schlick (2), 48쪽, 55-57쪽.
4) 카르납은 (2) 282-284쪽에서는 철학의 특성에 대해 "언어에 관한 수학과 물리학"이라고 주장하였다. 그러나 나중에는 철학의 과업이 결국 언어 사용을 실제로 조사하는 언어학자의 일과 똑같은 성격의 일일 수밖에 없는 "의미에 관한 탐구"라고 보았다.

사성으로 인정되거나 거부될 수 있는 점이 무엇이든, 철학과 과학의 주제에 관한 이 구별이 지극히 중요하다는 것은 확실하다. 경험과학은 언어 바깥의 세계의 진리에 관한 올바른 물음을 모조리 규명한다. 게다가 철학자들이 탐구해야 하는 이보다 더 고급의 영역이나 초월적 영역은 없으므로, 철학자들이 탐구해야 할 유일한 대상은 여러 가지 이론적 탐구에 종사하는 과학자가 사용하는 도구인 언어뿐이었다. 그래서 분석의 목적은 다른 무엇보다도 언어를 명료하게 밝혀 지금보다 훨씬 더 정확하게 만드는 일이며, 그와 동시에 분석을 통해 철학의 전통적 "사이비 문제"를 폭로함으로써 진정한 이론적 문제의 본성과 범위를 해명하는 것이었다. 실증주의자들이 분석이라는 이 새로운 철학 방법의 특성을 정확하게 설명하려 할 때 부딪치는 난점이 무엇이든, 철학과 과학의 근본적 차이는 언어와 그에 의해서 기술되는 세계의 차이만큼이나 기초적이어서 환원될 수 없는 차이라고 믿어졌다.

한편 논리적 분석이 관여해야 할 언어의 특정한 측면에 대해서도 의견의 차이가 있었다. 초기 분석철학자들은 언어적 표현의 (논리적) 구조나 형식에 관한 **문법적 물음**이나 **통사론적 물음**과 그 언어적 표현의 의미나 내용에 관한 **의미론적 물음**의 차이를 강조하기 좋아했다. 일부 초기 실증주의자들은 이 구별에서 강한 인상을 받았을 뿐 아니라 의미라는 개념이 형이상학적으로 오염되어 있다고 여겼기 때문에 오로지 언어의 통사론적 특징에 관해서만 이야기하려고 했던 반면에, 슐리크의 노선을 따랐던 다른 실증주의자들은 언어의 의미에 관한 이야기를 공공연히 인정하였다. 카르납은 한때 중요한 의미론적 용어들을 모조리 순수한 통사론적 용어로 해석하려고 했었으나, 나중에 의미론이 독립 분야로서 철학적 중요성을 점점 더 강하게 인정받게 되자 언어에 관한 "기호론적 분석"을 제안하였는데, 이 기호론적 분석은 언어에 관한 제 삼의 연구 영역인 "활용론"(活用論, pragmatics)뿐만 아니라 통사론과 의미론까지도 진지하게 고려한다.[5]

그렇지만 언어의 형식이나 구조에 관한 통사론적 고찰과 언어의 의미나 내용에 관한 의미론적 고찰의 구별이 표면상으로 그럴 듯하고 직관적 호소력을 지니고 있다 할지라도, 이 구별이 지닌 정확한 이론적 본성과 중요성을 논란의 여지가 없도록 명쾌하게 표현하는 일은 매우 어렵다. 이처럼 종류가 다른 언어 현상으로 여겨져 온 세 가지 탐구 가운데 어느 하나를 설명하려는 대부분의 비형이상학적 시도는 결국 언어행위에 대한 고찰이나 그런 언어행위를 지배한다고 믿어지는 규칙이나 약정에 대한 고찰에 호소하게 되었다.

여기서는 분석이 목표로 삼아야 했던 언어의 고유 특징들이 – 분석 자체에 대해서도 여러 가지 견해가 있었던 것처럼 – 여러 가지로 달리 기술되었다는 사실을 확인하는 일을 넘어서 더 나아갈 필요는 없다. 왜냐하면 용어상의 이런 불일치가 원대한 철학적 중요성에 관한 무언가 중요한 실질적 차이를 실제로 일으키는지 않는지를 음미하는 것이 이 책의 목표이기 때문이다.

2. 실증주의 선언의 배경

실증주의자들이 철학적 반란을 일으키도록 만든 가장 중요한 사정은 1900년 무렵에 철학에서 전개되고 있던 절망적 혼란 상태였다. 위대한 반형이상학자였던 칸트의 저작은 참으로 얄궂게도 철학의 역사에서 지극히 혼란스럽고 전례 없이 극단적 입장에 빠진 형이상학 체계들 가운데 상당수의 체계를 유발하는 발단이 되었다. 칸트가 인간의 경험이 지닌 지각적 특징과 개념적 특징을 과학의 기초로 삼았던 것은 인간의 지식을 이성주의자들의 지나친 형이상학을 피하면서 경험주의자들의 심각한 의심에서

---

5) Carnap (7), 250쪽.

구제하고 싶었기 때문이다. 하지만 칸트는 과학적 이해의 영역을 일반적으로 그렇게 생각하듯이 오직 현상의 영역에만 아주 명확하게 제한함으로써 그러한 현상의 배후에 있어야 하고 또 합리적으로 생각할 수 있다고 여겨지는 초월적 실재 즉 존재 자체의 영역에 관한 철학적 관심을 새로이 자극하였다. 그래서 몇 가지 초월적 실재에 관한 지식은 실제로 가능하다는 주장이 인간 지식의 경계선을 칸트 자신이 설정할 수 있었다는 바로 그 사실을 근거로 하여 주장되었다.6) 게다가 칸트의 <순수 이성 비판>은 형이상학을 완전히 전복시키기는커녕, 점점 약해져 가던 형이상학과 과학의 연합 관계를 단호하게 끊어버렸을 뿐 아니라, 형이상학만의 독립된 주제 영역과 더불어 독특한 자율적인 탐구 방식까지 제공함으로써, 오히려 형이상학에 새로운 생명을 불어넣는 결과를 가져 왔다.

그후 과학은 ─ 칸트의 해박하고 권위 있는 학문이 상식에 제공한 추가 지원에 의해 더욱 확고해졌으므로 ─ 과학의 주장이 당연히 지식임에 틀림없다는 새로운 확신을 가지고 제 길을 찾아 나갔다. 이에 반해서 형이상학적 성향을 지닌 철학자들은 과학자들이 애써 고수해야 한다고 믿고 있는 개념적 구속에서 벗어나게 되어, 저들이 실재 자체의 궁극적 본성을 파악하는 방도로 여겼던 더 높은 수준의 이해나 인식에 주의를 기울이게 되었다. 이렇게 해서 형이상학은 당연히 그래야 한다는 생각 아래 진행되는 사변적 작업이 되었다. 형이상학을 과학의 일상 세계와 과학적 이해에 결속시키고 있던 끈이 결정적으로 끊어지자마자, 다른 어느 시대의 것보다도 더 대규모의 형이상학 체계들이 활발하게 번식되어 나갔다. 형이상학의 이 급격한 번식은 오직 철학자 개개인의 상상력의 한계에 의해서만 제약을 받았을 뿐이다.

그러나 곧 이어 서로 경쟁하는 형이상학적 주장들의 우열을 판정할 수 없다는 사실이 철학의 진보를 가로막는 커다란 장애물로 나타났다. 경험

---

6) Wittgenstein (2) 머리말과, Bradley 1-6쪽을 참고하기 바란다.

과학자들은 서로 경쟁하는 과학 이론 체계들의 장점을 평가할 수 있는 몇 가지 표준을 갖고 있었다. 그러나 형이상학자들에게는 어느 체계든 (헤겔주의자에 의해 아주 기발하게 해석된 바 있는) 내적 정합성을 갖추어야 한다는 조건 이외에는 경험주의자들의 표준처럼 일반적으로 인정받는 표준이 전혀 없었다. 요컨대 형이상학자들이 입증 증거를 객관적으로 제시할 수 있는 가능성 자체를 거부하게 되자, 철학자들의 논쟁은 막다른 골목에 부딪치게 되었고, 철학의 발전은 절망적인 교착 상태에 빠져버렸다. 대립하는 학파들은-견해의 차이를 해소하기 위한 의의 있는 방책을 전혀 마련하지 못한 채-끊임없이 학파끼리 싸우기도 하고 자체 내부에서 싸우기도 하였다. 톰슨(M. Thompson)은 이 상황을 "형이상학 체계는 어느 것이든 모든 형이상학 체계가 시험을 받게 되는 상황을 제 나름대로 규정하므로, 그와 경쟁하는 형이상학 체계를 옹호하는 사람은 합의의 도출에 토대가 되는 상황을 도저히 찾아낼 수 없다"[7]고 묘사하였다.

이처럼 형이상학 논쟁을 중재하는 일에 근거로 사용될 수 있는 공통의 표준이 없기 때문에 형이상학에 대한 판정의 문제가 주관적 판단에 의존하는 쪽으로 전환될 것은 뻔한 이치다. 따라서 형이상학 체계를 정당화하려는 시도는 불가해한 통찰이나 낭만적 직관이나 종교적 신앙에 파격적으로 호소하는 것으로 최후를 장식하게 되었다. 게다가 하나의 형이상학 체계에는 본래 포함하려고 하게 마련인 진리성이라는 요소 못지 않게 창조적 독창성이나 사변적 대담성이나 장엄함과 우아함이 포함되는 것 같다. 이래서 형이상학은 개인의 취향 문제로 되어버렸는데, 옛말대로 개인의 취향에 관해서는 논란이 있을 수 없는 법이다. 하지만 이 도덕률은 철학자들에 의해 준수될 수 없게 마련인데, 왜냐하면 철학자들의 주장은 단지 좋아한다 싫어한다는 표현이 아니라 궁극적으로는 여전히 진리성에 관한 주장이기 때문이다. 진리성에 관해서는 논란이 많게 마련이라는 옛말은 이

---

[7] Thompson, 138쪽.

점을 잘 표현하고 있다.

 이처럼 철학자들이 철학을 망치는 상황 즉 철학자들이 항상 서로 어긋나는 목적을 가지고 헛된 주장을 하면서 제 나름대로의 개인적인 형이상학 체계 속에 빠져 고립되어 있는 상황은 과학에 익숙하고 과학 정신이 몸에 밴 실증주의자들을 몹시 불쾌하게 만들었다. 터무니없는 공상들이 얽히고 설킨 혼란에 사로잡힌 채 설득의 방책으로서 거의 효력을 잃어버린 이론적 논쟁을 일삼고 있는 철학자들의 딱한 모습은 학문에는 협동 작업, 이성적 토론, 객관적 결정 절차, 체계적 진보가 당연히 갖추어져야 한다는 종래의 학문관이나 과학관과는 정면으로 배치되는 것이었다. 이런 상황에서 철학은 이래야 한다는 것을 효과적으로 보여주는 아주 좋은 예를 다른 곳에서 발견했다고 생각하게 되자, 철학에 무언가 근본적으로 잘못된 점이 있다는 확신이 실증주의자들에게 자라났다. 그러다가 실증주의자들은 칸트 이후의 형이상학자들이 보여주는 이런 타락한 모습은 철학의 진정한 본성에 대한 뿌리깊은 오해에서 나온 부산물임을 깨닫게 되었으며, 이로 인해서 그들은 철학이 해야 할 일 자체를 다시 검토하는 일에 주의를 돌리게 되었다.

 낙천적 성격을 지녔던 슐리크는 철학에는 진보가 있을 수 없다는 주장과 이를 이어받아 철학은 바로 철학의 역사일 뿐이라고 믿는 "역사주의자"의 교조적 신조에 맹렬히 반대하였다.8) 실증주의자들은 철학을 아무런 성과도 없이 헛된 논쟁만 일삼게 되는 본성 상 불합리한 활동이나 비이성적 활동으로 보는 견해에 전혀 찬성하지 않았다. 오히려 실증주의자들은 철학이 전통적으로 갖추고 있었던 것과 비슷한 자격과 위치를 다시 회복시키는 일에 열중하였다. 한 예로 에이어는 실증주의를 영어로 해설한 유명한 책 〈언어와 진리와 논리〉를 다음과 같은 말로 시작하였다. "철학자들의 해묵은 논쟁들 가운데 대부분이 성과를 거두지 못했다는 것은 말할

---

8) Schlick (2), 44쪽.

것도 없고 애초에 헛된 논쟁이 아니라는 보장을 받은 적도 없었다. 이런 쓸모 없는 논쟁을 걷어치우는 가장 확실한 방법은 철학적 탐구가 무슨 목표를 향해 어떤 방법으로 이루어져야 하는가를 누구도 의심할 수 없도록 확립하는 것이다."[9]

실증주의자들이 자신의 철학 개념을 수정하면서 언어에 관한 물음들에 초점을 맞춘 사실은 놀랄 만한 일이 아니다. 우선 첫째로 철학자들은 철학사 내내 "X는 무엇인가?" 또는 "X의 본질(본성)은 무엇인가?"라는 형식의 물음-항상 낱말에 관한 정의나 해명을 요구하는 물음인 것 같다고 의심을 받아온 물음-에 사로잡혀 왔었다.[10] 슐리크는 철학을 플라톤의 대화편들 속에 묘사되어 있는 소크라테스가 가장 극명하게 보여주고 있는 "의미를 탐구하는 활동"이라고 보았다.[11] 에이어 역시 "통상 위대한 철학자로 여겨지고 있는 철학자들 가운데 대부분은 본래 형이상학자가 아니라 분석가였다"[12]는 주장이 실상에 가깝다고 생각하였다. 다시 말하면 과거의 위대한 철학자들은 "사물들의 물리적 속성에 관해 탐구했던 것이 아니라 사람이 사물들에 관해 말하는 방식에 대해서만 탐구하였다"[13]는 것이 에이어의 견해이다. 이런 "위대한 철학자들" 가운데에는 특히 플라톤, 아리스토텔레스, 칸트, 그리고 홉즈에서 밀에 이르는 모든 영국 경험주의자들이 속하는 것으로 보았다.[14] 그렇지만 철학을 성격상 "정의하는 일"이나 단지 "언어에 대한 분석 작업"으로 보는 역사적 해석이 항상 어느 정도의 설득력을 갖는다는 사실만으로는 실증주의자들이 이 해석이나 이 해석을 그들 나름대로 독특하게 바꾼 해석을 만장일치의 합의로 채택할 때 보여준 열정을 거의 설명할 수 없다.

---

9) Ayer (3), 33쪽.
10) 참고 문헌에 있는 Sagal의 논문을 참고하기 바란다.
11) Schlick (2), 48쪽.
12) Ayer (3), 52쪽.
13) 같은 책, 같은 쪽.
14) 같은 책, 52-54쪽.

두 번째 핵심 요인은 새로운 철학 개념에 대한 요구를 자극하여 터져 나오게 했던 바로 그 상황의 특징, 즉 칸트 이후의 형이상학에서 벌어져 실증주의자들로 하여금 정면으로 반발하게 만들었던 헛된 말싸움을 일삼 던 상황의 특징에 거슬러 올라갈 수 있다. 이 논쟁들은 합의에 도달하기 어려운 것은 말할 필요도 없고 대부분의 경우에 의사 소통 자체가 이루어 지지 않는 것으로 보일 정도로 치열하면서도 해결될 가망은 거의 보이지 않았다. 서로 대립하는 형이상학자들은 단지 저들이 옳다고 주장하는 내 용에 의견의 일치를 보지 못할 뿐만 아니라 저들의 주장을 표현하는 언어 의 의미에 관해서도 달리 생각하기 일쑤였다. 톰슨이 역설했던 바와 같이, 이들의 형이상학 체계는 제 주장의 진리성을 결정하는 표준뿐만 아니라 제 주장을 표현하는 데 사용되는 어휘들의 의미까지 결정해버리는 게 상 례였다. 바로 이 사실 자체가 형이상학 체계들 사이의 논쟁이 대개는 단지 **언어 상의 논쟁**일 뿐이라는 것을 시사한다.[15]

하지만 이러한 사정이 논리적 분석이나 언어적 분석을 철학의 유일한 임무로 선택할 수밖에 없도록 했을지라도, 누구도 저항할 수 없도록 작용 한 가장 중요한 요인은 해결되지 못한 채 내려오던 수많은 철학적 문제에 관해서 (주로 러셀에 의해서 이루어진) 새로운 분석 방법의 놀라운 성공들 이라는 것은 의심의 여지가 없다. 이 "성공들" 가운데서도 가장 뛰어나고 널리 찬양 받은 것은 러셀과 화이트헤드(A. N. Whitehead)가 <수학 원리> (Principia Mathematica)에서 이룩했다고 믿어졌던 "수학을 논리학에로 환 원시킨 일"이었다. 이 책에서 러셀과 화이트헤드는 수학의 기초 개념들을 순전히 논리적인 개념들로 구성했는데, 이는 수학의 모든 진리가 궁극적 으로는 오직 논리학의 원리들에서 나올 수 있다는 것을 보증하는 것으로 여겨졌다. 일찍이 프레게(G. Frege)에 의해 연구되기 시작하여 러셀에 이 르러 정점에 도달한 이 성과는 곧바로 널리 가치를 인정받았으며, 분석이

---

15) Thompson, 142-149쪽.

철학적 사고의 도구로서 발휘하는 힘과 유용성을 극적으로 입증하는 역할을 하였다. 여기에 토대를 두고 이루어진 "수학은 본질적으로 순수 논리학에 속한다"는 신조는 실증주의 쪽으로 기울은 철학자들이 머지않아 활력을 되찾는 계기를 마련해주었다.

분석을 사용하면 이와 똑같은 종류의 가능성을 확보할 수 있다고 여겨졌던 또 하나의 아주 중요한 관련 영역은 러셀이 삼차원의 물리적 세계를 그보다 훨씬 더 기초적인 감각 요소들의 "논리적 구성체"로 재구성해보려는 탐구 계획에 의해 드러나게 되었다. 이 착상은 – 간단히 말하면 – <수학원리>에서 수학에 대해 했던 작업을 물리학에 대해 시도하려는 생각이었다. 이 구상이 실증주의자들의 눈에는 – 경험주의 지식론을 순수한 논리적 주제에 관한 이론으로 형태를 바꾸기만 하면 – 저들의 경험주의 지식론이 형이상학이란 소용돌이와 심리학이란 암초 사이를 빠져나갈 수 있는 길을 열어주는 것으로 보였다. 러셀은 이 과업을 대규모로 진행시키려고 한 적은 전혀 없지만, 공간 개념과 시간 개념에 한정되기는 했으나 시사하는 바가 큰 구성 방법을 정교하게 성공시켰으며,16) 이로 인해 물리적 세계를 "직접 경험"의 세계로 완벽하게 환원시키려는 이상이 초기 실증주의자들 사이에서 강력한 추진력을 빠른 속도로 얻게 되었는데, 이들은 이 이상을 경험과학의 기초를 명료하게 설명하는 일의 중심 목표로 삼았다. 지금까지 이 이상의 실현에 가장 가까이 접근해본 것은 카르납이 유명한 <세계의 논리적 구조>라는 책에서 시도한 구성인데, 카르납은 이 구성 과정에서 눈부신 재능을 보여주었으나 그 결과는 불운한 것이었다.

하지만 이 시도에서 분석이라는 방법은 다른 한편으로 형이상학을 비판하는 데 사용되면 놀랄 만큼 효과를 발휘한다는 사실이 증명되었다. 실증주의와 분석철학 전반에 걸쳐 엄청난 충격을 주었던 잘 알려져 있는 한 가지 분석 방법은 러셀의 "한정 기술 이론"(theory of definite description)이

---

16) Russell (5), 135-158쪽.

다.17) 이 이론은 일상의 영어에서 문법에 맞게 만들어지는 특정한 문장의 올바른 논리적 형식-<수학 원리>의 논리적 기호 체계에서 본질적 역할을 했던 논리적 형식-을 설명하는 것이었는데, 나중에는 마이농(A. Meinong)의 의미 이론을 밑받침하고 있는 얼토당토않게 과장된 존재론을 비판하여 완전히 폐기시켜버리는 힘을 발휘하는 쪽으로 전개되었다. 따라서 한정 기술 문장에 대한 분석은 가지각색의 형이상학적 주장을 만들어내는 근본 원인이 일상 언어에서 사용되는 진술들의 정확한 논리적 형식이나 구조에 관한 혼동에 있음을 밝히려는 노력의 원형으로 여겨지게 되었다. 종래의 형이상학을 비판하는 바로 이 방법이 철학을 "언어에 대한 비판 작업"으로 보는 비트겐슈타인의 철학관의 기초이며, 그래서 그의 철학적 목적은 이 비판 방법을 사용하여 "지극히 심오하다는 철학적 문제들이 실은 전혀 문제가 아니다"는 것을 밝히는 데 있었다.18) 비트겐슈타인에게서 행동 개시 신호가 내렸다고 생각한 실증주의자들은 종래의 "보편자 문제"와 "존재론적 논증"에서 하이데거의 "무"(無) 개념에 이르기까지 광범위한 전통적 철학 문제에 대해 전면적으로 강력한 공격을 가함으로써 비트겐슈타인의 노선을 따랐다. 이렇게 해서 언어 분석은 전통적 형이상학 비판에 쓸모 있는 강력한 무기임이 증명되었으며, 많은 철학자가 서슴없이 이 무기의 중요성을 여러 가지 방식으로 인정하였다.

분석이 전통적 형이상학을 비판하는 일에 유용하다는 것을 더욱 결정적으로 보여준 또 하나의 방식은 러셀의 "유형 이론"(theory of types)에 까지 거슬러 올라갈 수 있다. 이 이론은 러셀이 <수학 원론>(principles of mathematics)이라는 책에서 집합론에 관해 말썽을 일으키는 일군의 명제가

---

17) Rusell (4).
18) Wittgenstein (2), 4.003. 그래서 비트겐슈타인은 러셀이 이룩한 가장 중요한 철학적 업적은 그가 "명제의 겉보기 형식이 그 명제의 진짜 논리적 형식일 필요가 없다"는 것을 깨달은 사실이라고 보았다.
같은 책, 4.0031.

생기지 않도록 하기 위해 제안했던 이론이다. 이 이론에 따라 지금까지 문법적으로 올바르고 의의 있는 진술로 여겨져 오던 집합론의 진술은 개개의 구성 성분 표현들 사이의 이른바 유형 차이를 깨닫지 못함으로써 진정한 논리적 형식을 어기고 있다고 판정되었고, 그래서 기호들이 무의미하게 나열된 것으로 간주하여 제쳐놓게 되었다. 실증주의자들은 바람직하지 못한 주장의 허위성(그름)이 아니라 무의미성을 증명하는 이 착상을 -러셀이 집합론의 여러 가지 역설을 해결하는 데 사용한 것과는 달리- 모든 형이상학의 토대를 허물어 전복시키는 일반적 전략으로 채택하였다. 이 노력의 결과 수많은 형이상학적 주장이 실은 인식적으로 무의미한 "사이비 진술"-"어떤 종류의 대상에 적용되어야 할 술어가 대상에 적용되지 않고 그 대상의 속성이나 존재나 실존 또는 그 대상들 사이의 관계에 적용되어 있는 진술"19)-로 밝혀졌다는 것을 당연한 사실로 인정하게 되었으며, 이로써 유형 이론은 모든 이론적 담화에 적용되어야 하는 일반적 이론으로 인정되었다. 이렇게 해서 형이상학자들은 일상 언어의 문법을 오해하여 이중으로 과오에 빠졌다는 비판을 받게 되었는데, 첫째는 일상의 진술들이 보여주는 겉보기 논리적 형식을 그 진술의 진짜 논리적 형식으로 오해했다는 것이고, 둘째는 자신의 철학적 주장이 올바른 논리적 형식이라는 규범을 어겨서 무의미하다는 사실을 깨닫지 못했다는 것이다.

그런데 한정 기술 이론에 따른 분석은 다만 형이상학적 논쟁의 심리적 기원이 일상 언어에 대한 혼동에 있음을 설명할 수 있을 뿐이지만, 유형 이론이 시사하는 일반적 노선에 따른 분석은 바로 그 형이상학적 논쟁을 이어가고 있는 철학적 담화 자체에 대해서 언어를 오용하거나 악용하는 잘못에 빠져 있다고 논리적 비판을 가할 수 있다. 앞의 분석 방법은 기껏해야 일부의 형이상학자를 "치료"할 수 있을 뿐인데 반해서, 뒤의 분석 방법은 곧바로 형이상학을 철학에서 완전히 배제해버리는 목표를 지향하고

---

19) 사이비 진술에 대한 정의의 예는 Carnap (1), 75쪽을 참조하기 바란다.

있다. 이리하여 흔히 문제삼는 형이상학적 "사이비 신조"의 기원에 관계 없이 이루어지는 모든 형이상학적 "사이비 신조"에 대한 훨씬 더 노골적인 공격이 실증주의자들의 마음에 든다는 것이 드러났으며, 곧 이어 검증 가능성 원리가 인지적 의의나 이론적 의의를 평가하는 기준으로 사용되던 논리적 형식을 일반적으로 대신할 뿐만 아니라 보완하기 위해 무대에 등장하게 되었다.

그렇다면 철학을 지식에 중요하고 절대 필요한 분야로 다시 확립하려고 했던 실증주의자들이 사변적 형이상학을 피하는 길로서 분석이라는 방법을 이용한 것은 전혀 이상한 일이 아니다. 이 새로운 방법의 빛나는 성공과 밝은 전망은 19세기 내내 진행된 헛된 형이상학 논쟁에는 전혀 기대할 수 없는 것이었다. 철학의 여러 분야에 활용되는 이 새로운 탐구 방법은 사변적 형이상학이 그처럼 오래 실패를 거듭했던 목표를 정확하게 달성하는 것으로 여겨졌다. 다시 말하면 이 방법이 미해결의 철학적 문제들의 해결에 현저한 진보를 이룩하였고 또 철학적 문제들에 관해 실질적 합의에 도달할 수 있는 기초를 마련한 것으로 여겨졌다. 그와 동시에 이 방법은 형이상학을 철저히 전복시키는 논리적 근거뿐만 아니라 바로 형이상학 자체의 기원을 밝히는 설명까지 제공하는 것으로 보였다. 한 예로 카르납은 분석이라는 방법이 건설적으로 사용되기도 하고 파괴적으로 사용되기도 한다는 사실을 다음과 같이 설명하였다.

> 논리적 분석에 의해 과학적 진술의 인식 내용을 명료하게 밝히려 하고 또 그 때문에 과학적 진술에 등장하는 용어들의 의미를 밝히려 하는 응용 논리학 즉 지식론의 연구는 긍정적 성과를 이루기도 하고 부정적 성과를 빚어내기도 한다. 긍정적 성과는 경험과학의 영역에서 이루어지는데, 경험과학의 여러 분야에서 사용되는 개념들이 명료하게 밝혀지고, 여러 분야 사이의 형식적-논리적 관계와 지식론적 관계가 명확하게 드러난다. 하지만 논리적 분석은 가치와 규범에

관한 모든 철학을 포함하는 형이상학의 영역에서는 그 동안 이 영역에서 진술로 간주되어 왔던 문장들이 실은 전혀 무의미하다는 것을 밝히는 부정적 성과에 도달한다.[20]

하지만 러셀과 그를 추종했던 철학자들 가운데 많은 사람은 처음에 분석이라는 방법을 모든 형이상학을 공격하거나 제거하기 위한 대안이나 수단이 아니라 오히려 형이상학적 탐구 그 자체를 지휘하는 방법으로 사용하였다. 따라서 한정 기술에 관한 분석은 전통철학에서 온당한 존재론적 견해를 편들어 그보다 못한 존재론적 견해를 논파하기 위해 사용되었던 절약의 원리 — "오캄의 면도날"로 불리는 "필연성 없이 실재를 증가시키지 말라"는 원리 — 와 관련시켜 유익하게 사용되기에 이르렀다. 그러므로 <수학 원리>가 시도했던 수학 전체를 논리학에 환원시키는 작업도 수가 실존하는 게 아니라 집합과 속성이 실존한다고 주장하는 존재론적 견해를 지지하는 것으로 간주되었다. 이와 마찬가지로 물리적 사물을 감각 자료로 이루어진 논리적 구성체라고 주장했던 견해는 결국 감각 자료가 물리적 사물보다 존재론적으로 우선한다는 것을 증명하려는 목표를 추구했다고 할 수 있다.

그러나 실증주의자들은 그처럼 오랫동안 헛된 사변의 기초로 사용되었던 초월적 존재 영역을 노골적으로 거부하면서 진리성이나 실존에 관해 성립할 수 있는 모든 진정한 물음은 전적으로 과학의 영역에만 속한다는 견해를 철저히 지지하였다. 그러므로 실증주의자들이 과학에서 사용되는 개념들과 명제들을 분석하고 명료하게 밝히는 작업을 할 때 철학자로서 지녔던 목적은 형이상학적 성격의 것이 아니라 순수하게 인식론적 성격의 것이었다. 그래서 그들은 한정 기술에 관한 분석을 다만 어떻게 형이상학이 언어에 대한 혼란된 생각을 기초로 삼고 만들어질 수 있는가를 보여주

---

[20] 같은 책, 60-61쪽.

는 한 가지 예로만 보았다. 그들은 수학을 논리학에 환원시키는 일도 집합, 속성, 수의 실존이나 비실존에 관한 어떤 입장을 지지하는 일이 아니라 오직 수학 지식이 논리학 지식처럼 확고한 토대 위에 세워져 있어서 논리학 지식만큼 확실한 지식이라는 것만을 밝히는 일이라고 생각하였다. 이와 마찬가지로, 카르납은 <세계의 논리적 구조> 속에서 자신의 "논리적 구성 작업"이 현상적인 것들 즉 현상적 대상들이 존재론적으로 우선하는 것이 아니라 단지 인식론적으로 우선한다는 것을 증명할 뿐이라고 생각하였다.21)

3. 언어적 재해석

형이상학에 대한 실증주의자의 공격은 형이상학적 주장을 단적으로 무의미한 사이비 주장으로 간주하지 않고, 언어 바깥의 세계가 아니라 언어 자체에 관한 의의 있는 주장으로 재해석하려는 노력에 의해 어느 정도 완화되었다. 철학의 역사가 "X는 무엇인가?"라는 물음에 압도되어 있었다는 사실은 앞에서 지적했었는데, 실제로 이 물음은 그 답으로 순전히 언어적 정의 비슷한 것을 요구하는 것으로 해석될 가능성을 항상 시사하고 있다. 정의에 관해서 철저히 아리스토텔레스 식으로 생각하고 있는 사람에게는 이 암시가 형이상학적 탐구 과업 자체의 건실성에 위협으로 작용할 소지가 거의 없다. 그러나 실증주의자들은 이런 철학적 물음이 순전히 언어에 관한 물음으로 재해석될 때에만 철학적 물음으로서의 의의를 허용하려고 하였다.

---

21) Carnap (8), 88-92쪽, 270-272쪽, 특히 284-287. 그리고 Carnap (6), 18쪽에 있는 논평도 참조하기 바란다.

달리 말하면 철학의 명제는 성격상 사실에 관한 명제가 아니라 언어에 관한 명제이다. 다시 말하면 철학의 명제는 물리적 대상의 동태를 기술하지 않으며, 심지어 정신적 대상의 동태를 기술하지도 않는다. 철학의 명제는 정의를 표현하거나 아니면 정의의 논리적 귀결을 표현한다. … 그러므로 물질적 대상의 본성을 묻는 것은 실은 "물질적 대상"이란 말의 정의를 묻는 일이며, 더 나아가 이 일은 어떻게 물질적 대상에 관한 명제를 감각 내용에 관한 명제로 번역할 수 있는가를 묻는 것이다. 이와 마찬가지로 수가 무엇이냐 라는 물음은 자연수에 관한 명제를 집합에 관한 명제로 번역할 수 있느냐라는 물음과 비슷한 물음이다. 그리고 이런 말은 "X는 무엇인가?", "X의 본성은 무엇인가?"라는 형태로 제기되는 모든 철학적 물음에도 그대로 적용될 수 있다. 이런 물음은 모두 정의를 요구하고 있다.22)

그런데 과거의 위대한 철학자들이 자신이 제기했던 물음을 정말로 성격상 본래 언어에 관한 물음으로 보았는가 라는 철학사에 관한 주장의 미심쩍은 정확성 문제를 무시하고 생각해보면, 에이어의 이 제안은 과거의 위대한 철학자들이 자신의 물음을 어떻게 보았어야 했던가, 그리고 지금 우리가 과거의 위대한 철학자들의 물음의 답을 찾는 일에 무언가 진전을 이루고 싶다면 그들의 물음을 어떻게 보아야 하는가를 분명하게 알려주고 있다고 할 수 있다.

에이어가 주장한 대부분의 견해는 카르납이 <언어의 논리적 통사론>에서 설명한 유사 통사론적 문장에 관한 신조에서 유래한다. 카르납은 유사 통사론적 문장이 진정한 "사실적 진술"(사물에 관한 진술)과 진정한 "언어적 진술"(통사에 관한 진술) 사이의 중간 영역에서 형성되는 문장으로 보았다.23) 왜냐하면 "유사 통사론적 문장은 사물에 관해 언급하는 것

---

22) Ayer (3), 57쪽, 59쪽.
23) 앞에서 말한 바와 같이, 나중에 카르납은 "의미론적" 사항들을 훨씬 더 중요시하는 연구 방법을 지지하여 "통사론적" 연구 방법을 거부하였다. 하지만 전기와 후

처럼 보이지만 실제로는 통사론적 형식 특히 그 문장과 관련 있는 듯한 사물을 지칭하는 형식에 관해 언급하기 때문이다. 따라서 이런 문장은 사물에 관한 문장인 것처럼 위장되어 있지만 주장 내용의 성격 때문에 실제로는 통사론적 문장이다."24) 유사 통사론적 문장은 사물에 관해 언급하는 것으로 생각하게 만드는 **실질적 화법**(實質的 話法, material mode of speech)의 문장으로 되어 있지만, 의사 소통의 명료성과 정확성을 확보하기 위해서 유사 통사론적 문장이 통사에 관해 주장하는 내용이 명백히 드러나도록 인용 부호 장치를 사용하여 **형식적 화법**(形式的 話法, formal mode of speech)의 문장으로 번역될 수 있다. 그래서 "다섯은 수다"라는 사이비 사물 문장은 ("다섯은 홀수다"라는 진정한 사물 문장의 경우와 마찬가지로 다섯이란 수에 관해 참으로 언급하는 문장처럼 보이지만) 실제로는 "다섯"이란 낱말에 관해 말하는 문장이라서 순수하게 통사론적 문장인 "'다섯'은 수사다"라고 번역되어야 가장 완벽한 문장일 수 있다.

실증주의자들은 문장 전체 속에서 중요한 위치를 차지하는 이 유사 통사론적 문장이나 사이비 사물 문장이 이른바 보편적 낱말을 술어로 사용하기 때문에 생긴다고 보았다. 보편 술어(普遍 述語, universal predicate)의 예로는 "수", "집합", "속성", "관계" 등을 들 수 있는데, 이 밖에도 많은 낱말이 여기에 속한다. 이런 낱말은 겉보기에는 사물의 기본적 집합이나 범주를 지칭하는 것처럼 보이나 사실은 그렇지 않고, 크라프트(V. Kraft)의 말을 빌리면 "논리적 문법을 연구하는 철학자들이 식별해낸 개념적 범주

기의 이 불일치는 현재의 논점과 관련이 없다. 왜냐하면 현재의 논의는 오직 전통적 철학 문제들이 본질적으로 언어에 관한 물음으로 재해석될 수 있는가 없는가 하는 더 넓은 문제에만 관심을 두고 있기 때문이다. 카르납이 <언어의 논리적 통사론>에서 시도한 일반적 연구 방법의 도움을 많이 받았다고 강조했던 에이어조차도 철학의 연구 대상을 오로지 언어의 형식적 특징이나 "통사론적" 특징에 한정하는 카르납의 주장에는 반대하였다. 에이어의 <경험적 지식의 기초> 84-92쪽을 참조하기 바란다.

24) Carnap (9), 285쪽.

나 문법적 범주를 표현한다."25) 그러므로 보편적 낱말이 어느 문장에서 ─ 위의 "다섯은 수다"라는 예문 속의 "수"처럼 ─ 어떤 종류의 사물을 서술하는 술어로 사용되면, 그 술어는 실제로는 그런 사물을 지칭하는 데 꼭 맞는 유형의 모든 언어적 표현에 적용되는 위장된 언어적 술어 즉 위장된 통사론적 술어로 간주해야 한다. 위의 예문의 경우에는 그런 언어적 표현이 "다섯"과 같은 수사(數詞, numerical expression)일 것이다. 따라서 "다섯은 수다"라는 문장에는 사실에 관해 주장하는 내용이 전혀 없으므로, 이 문장은 ─ 그리고 "다섯"이 차지하고 있는 주어 자리에 어떤 수사가 대입되어 만들어지는 다른 문장도 ─ 단지 그 언어의 통사론적 유형 구별을 나타내는 분석적으로 옳은 문장으로 간주되어야 한다.

카르납은 실질적 화법으로 보편적 낱말을 사용하는 일은 철학적 저작 속의 문장에서 많이 일어나며, 그런 보편적 낱말은 탐구의 주제가 실재의 근본적 범주나 근본적 특징의 본성이나 실존이라고 오해를 일으키게 되는데, 실은 그때의 탐구 주제는 그 언어에서 사용되는 기본적 표현 유형에 관한 문제일 뿐이라고 주장하였다. 카르납에 따르면, 이 혼동과 그로 인해 일어나는 해결할 수 없는 의견 대립과 논쟁에 대해 할 수 있는 최선의 조치는 문제의 실질적 화법의 문장을 형식적 화법의 문장으로 번역함으로써 의견 대립과 논쟁을 없애는 것이다.

카르납은 겉보기에 대립하는 주장들을 일단 그 쟁점 특유의 언어적 본성이 표면에 드러나도록 바꾸어 표현하기만 하면 금방 만족스럽게 해결될 수 있는 전형적 철학 논쟁의 한 예로 수의 본성에 관한 논리주의자와 형식주의자 사이의 논쟁을 들었다.26) 다음의 대립하는 두 주장을 살펴보자.

논리주의자의 주장(L)   "수는 사물 집합들의 집합이다."

---

25) Kraft, 69쪽.
26) Carnap (9), 300쪽.

형식주의자의 주장(F)   "수는 특수하고 기본적인 종류의 대상이다."

카르납은 이 두 문장이 실질적 화법을 잘못 사용하고 있는 문장이므로, 아래와 같이 형식적 화법을 사용하는 문장으로 번역될 수 있다고 주장하였다.

논리주의자의 주장(L')   "수사는 둘째 수준의 집합을 나타내는 용어다."
형식주의자의 주장(F')   "수사는 첫째 수준의 집합을 나타내는 용어다."

위의 L과 F는 언어 바깥의 사물 즉 자연수를 다루는 것처럼 보이는 사이비 사물 문장이지만, 그 번역문인 L'과 F'는 L과 F가 실제로는 언어 즉 수사와 관련 있는 문장임을 분명하게 보여주고 있다. 이렇게 되면 이 논쟁을 해결하기 위한 무대는 마련되었다고 할 수 있으나, 대립하는 양편의 철학자들은 아직도 제 주장 즉 L'과 F'를 표현하기 위해 제 나름대로 달리 사용하고 있는 자신의 언어를 상세히 해명할 줄 알아야 한다. 철학자들이 이러한 해명의 필요성을 깨닫지 못한다는 사실 자체가 실질적 화법의 사용에서 발생한 혼동의 또 하나 주요 원인으로 간주된다.

> … 실질적 화법의 사용은 언어와 관련 있는 통사론적 개념 대신에 시대에 뒤져 쓸모 없어진 개념을 사용함으로써 문장의 의미를 몽롱하게 만든다. … 실질적 화법의 사용은 철학적 문장이 언어에 대해 갖는 상대성을 무시하게 … 만든다. 따라서 이 사실이 철학적 문장을 절대적인 것으로 잘못 생각하게 되는 원인이다.[27]

하지만 양쪽 철학자들의 언어에 문제가 있다는 사실을 깨닫기만 하면,

---

27) 같은 책, 299쪽.

위에서 예로 든 것과 같은 주장들의 타당성을 조사하는 일은 의심의 여지 없는 기계적 절차에 따라 이루어진다고 여겨졌다.

카르납은 대립하는 두 주장의 진정한 언어적 "내용"이 드러나도록 바꾸어 표현하는 일이 그 대립을 즉시 해소시키게 되는 다른 대표적 실례로 물질적 대상의 본성에 관한 현상주의자와 실재주의자 사이의 논쟁을 들었다. 아래의 두 문장은 사이비 사물 문장이다.

현상주의자의 주장(P)   "물리적 사물은 감각 자료들의 복합체다."
실재주의자의 주장(R)   "물리적 사물은 원자들의 복합체다."

위의 두 문장은 다음과 같이 순수한 통사론적 문장으로 바꿀 수 있다.

현상주의자의 주장(P')   "사물 지칭어를 포함하고 있는 문장은 어느 것이든 사물 지칭어가 아니라 감각 자료 지칭어를 포함하는 일군의 문장과 효력이 같다(동등하다)."[28]

실재주의자의 주장(R')   "사물 지칭어를 포함하고 있는 문장은 어느 것이든 시공 좌표와 (물리학적 기술에 필요한) 다른 요소들을 포함하는 문장과 효력이 같다(동등하다)."[29]

---

[28] 카르납은 통사론적 방침을 단호하게 취했던 <언어의 논리적 통사론> 이전에 발표한 논문 "철학적 물음의 성격에 대하여"에서는 이 주제를 설명할 적에 이 관계에 대해 "내용이 같다"고 표현하였다(Rorty, *The Linguistic Turn*, 59쪽.). 카르납이 여기서 "효력이 같다"라는 표현을 의도적으로 사용하는 일은 내용이나 의미라는 개념의 거부를 나타내는 것이 아니라 다만 내용이나 의미라는 개념을 통사론적 용어로 완전히 정의할 수 있다고 믿었던 당시의 확신을 나타내고 있을 뿐이다.

[29] Carnap (9), 301쪽.

이 경우에도 양쪽의 주장이 지닌 애매성을 완화시켜 상대적 입장을 분명히 드러내기 위해서는 양쪽 진영의 철학자들이 문제의 언어를 상세히 해명할 필요가 있다. (말이 난 김에 한 마디 덧붙인다면, 바로 이 점이 에이어의 논의에서는 소홀하게 취급되고 있다.)

그렇다면 카르납은 철학적 물음을 단지 특정한 언어를 사용하여 이루어진 표현들의 형식과 상호 관계에 관한 물음—에이어의 용어에 따르면 "정의"에 관한 물음—으로 취급할 수 있는 방책을 제안한 셈이다.30) 따라서 명백하게 "수는 사물 집합들의 집합이다"라고 논리주의 언어로 말하거나 "물리적 사물은 감각 자료들의 복합체다"라고 현상주의 언어로 말하는 것은 흥미롭지도 못하고 공허한데다가 뻔히 옳은 말을 하는 것에 지나지 않는다. 이런 진술은—산술학 문맥 안에서 "다섯은 수다"라고 말하는 경우와 꼭 마찬가지로—그저 이런 진술이 만들어져 쓰이는 언어 속의 표현들을 지배하는 언어적 약정이나 규칙을 반영할 뿐이다. 하지만 분석가로서의 철학자가 흥미를 느끼는 것은 실재의 본성에 관한 절대적 주장이 아니라 이런 약정이나 규칙 자체의 본성이나 취지이다.

그런데 전통적 철학 문제들이 전적으로 언어적 문제라고 밝힌 이 유명한 명료화 작업은 실증주의자들 사이에서조차도 구식 논쟁들을 가라앉히는 데 충분하지 못하였다. 어쨌든 유명주의 대 실재주의 논쟁이나 현상주의 대 물리주의 논쟁과 같은 흔히 보던 형이상학적 논쟁들이 이 새로운 언어적 환경 속에서도 제 입장을 다시 주장하며 계속되는 경향을 보였다. 여러 가지 언어가 지니고 있는 규칙이나 약정의 본성에 관한 물음이 명백하게 해결되거나 한 동안 보류되기만 해도, 금방 어느 언어를 더 좋아해야 하는가에 관한 물음이 다시 일어났던 것이다. 예를 들면, 유명주의 언어를 지지하는 철학자들은 실재주의 언어를 지지하는 철학자들과 어느 쪽 언어

---

30) 이 방책이 제안일 수밖에 없다는 사실은 <언어의 논리적 통사론>에서 이 작업의 결과에 대해 언급하는 카르납의 말이 알려주고 있다. 302쪽.

가 수학을 위해서 사용되어야 하는가를 두고 논쟁을 벌였다. 마찬가지로 현상주의 언어를 지지하는 철학자들은 물리주의 언어를 지지하는 철학자들과 자연과학을 위해 필요한 언어가 어떤 종류의 것이어야 하는가에 대해 의견의 일치를 보지 못했다. 실증주의를 비판하는 철학자들의 눈에는 언어에 관한 것으로 보이는 이 의견의 불일치가-실질적 화법이 역시 철학 고유의 어법일 수밖에 없을 듯하다고 암시하고 있기 때문에-오히려 보편자의 실존과 바깥 세계의 실재에 관한 전통적 형이상학의 논증들을 어설프게 변장시킨 변형으로 보였다.

카르납은 이런 식의 비판에 대한 자신의 답을 <언어의 논리적 통사론>에서 사용하기 시작한 **관용의 원리**에서 끌어내었다. 이 원리는 어떤 목적을 위해 어떤 종류의 언어를 궁극적으로 받아들여야 할 것인가에 대해서는 선천적 제약을 설정하지 말고 여러 가지 언어적 대안을 자유롭게 제한 없이 구성하고 탐색하도록 허용해야 한다는 원리이다. 그는 비유클리드 기하학들이 발전해온 역사를 살펴보는 대목에서 이 점에 대해 다음과 같이 설명하였다.

> (그러므로) 우리가 해야 할 일은 금지 조건을 설정하는 것이 아니라 약정에 도달하는 것이다. … 논리학에는 도덕 규범이 없다. 누구나 자유롭게 자신의 논리, 다시 말하면 자신이 원하는 형태의 언어를 만들 수 있다. 자신의 언어를 만드는 사람에게 필요한 모든 것은-혹시 이 일에 관해 상의하고 싶다면-그 언어를 만드는 방법을 명료하게 진술해야 하기 때문에 철학적 논증이 아니라 통사 규칙을 제시해야 한다는 것이다.31)

이 관용의 원리는 결국 카르납으로 하여금 철학적 기본 주장들 전부는 아닐지 몰라도 대부분을 언어에 관한 사실을 언급하는 진술로 간주하는

---
31) 같은 책, 51-52쪽.

것이 가장 훌륭한 입장일 수 있다는 가능성을 고려하게 만들었다.

> 철학적 기본 주장이 때로 주장이 아니라 제안을 표현한다는 사실을 특히 주목할 필요가 있다. 이러한 철학적 기본 주장의 진리성과 허위성에 관한 논쟁은 어느 경우든 전적으로 빗나간 논쟁이라서 단지 공허한 말싸움에 지나지 않는다. 따라서 우리가 할 수 있는 일은 기껏해야 그 제안의 유용성을 검토하거나 그 제안의 귀결을 탐구하는 것뿐이다.32)

이 구절이 바로 전통적 형이상학이나 존재론의 기본 주장을 언어에 관한 제안으로 바꾸어 해석해야 한다는 카르납의 주장의 기원을 보여주고 있다. 카르납은 이 주장을 나중에 "경험주의와 의미론과 존재론"이란 논문에서 가장 명료하고 완벽하게 표현하였는데, 그는 이 글에서 사변적 형이상학에 반대하는 실증주의 입장을 약간 더 복잡하게 다듬어 제시하였을 뿐만 아니라 실증주의자들의 철학 활동 자체 안에서 벌어지고 있는 형이상학적 논쟁의 진행 상황을 설명하고 있다. 이 설명 과정에서 카르납은 "어떤 것의 실존이나 실재 여부를 묻는 물음에는 근본적으로 다른 두 종류의 물음이 있다"는 것을 깨닫는 일이 중요하다고 강조하였다.33) 이 두 종류의 물음은 그가 언어 체계라고 부른 것에 의존해서 형성되는데, 카르납은 각기 언어 체계 내적 물음과 언어 체계 외적 물음이라고 불렀다.

언어 체계 내적 물음은 어떤 대상들의 일정한 체계에 속해 있는 대상의 실존이나 실재 여부에 관한 물음이다. 이런 물음은 그 대상들에 관해서 말할 목적으로 특별히 고안된 언어 체계 특유의 문맥 안에서만 제기될 수 있다. 내적 물음과 그에 대한 답은 그 언어 체계의 규칙에 따라 표현되며, 그 규칙은 그 언어 체계의 구성 요소로 인정받는 모든 올바른 표현을 지

---

32) 같은 책, 299-300쪽.
33) Carnap (2), 78쪽.

배한다. 그래서 내적 물음에 대한 답은-물음이 순수한 논리적 물음이 아닌 한-역시 그 언어 체계의 규칙에 의해 구체적으로 서술되는 방식에 따라 경험적으로 시험될 수 있다. 내적 물음이 순수한 논리적 물음인 경우에는 누군가가 주장한 답의 진리성과 허위성이 그 언어 체계의 규칙에 의해서만 밝혀진다고 보았다. 예를 들어 일단 우리가 사물 언어(事物 言語, thing language. 사물 지칭어들의 체계 참조)34)와 그 언어의 규칙을 승인하면 "검은 백조라는 새가 있는가"와 같은 사실적 물음을 유의미하게 묻고 답할 수 있다. 이와 같은 방식으로 일단 우리가 산술학 체계(숫자 표현들의 체계 참조)와 그 언어의 규칙을 인정했다면 "100보다 큰 소수(素數)가 있는가"라는 물음에 답하는 일은 전적으로 틀에 박힌 논리적 작업일 것이다. 그러므로 카르납이 여러 가지 개별 과학의 영역 안에 완전히 포함될 뿐만 아니라 어느 과학 속의 어떤 종류의 대상이든 그에 관해 이루어질 수 있는 이론적으로 의의 있는 모든 물음이라고 주장했던 내적 물음은 전적으로 이미 승인된 언어 체계-물론 그 대상에 관한 모든 진술을 개진하고 시험하는 규칙을 지닌 언어 체계-와 관련을 유지하면서 성립할 수 있을 뿐이다.

이와 달리 언어 체계 외적 물음은 항상 특정한 언어 체계의 문맥 밖에서 만들어지는 물음이며, 물리적 대상들의 체계나 자연수들의 체계의 실존이나 실재 여부를 묻는 물음처럼 "대상들의 체계 전체"의 실존이나 실재 여부를 묻는 물음이다. 외적 물음은 앞에서 언급했던 바와 같이 특정한 언어나 언어 체계와 관계없이 제기되고 또 실재 그 자체의 기본 범주나

---

34) 카르납은 "경험주의와 의미론과 존재론"을 쓰기 훨씬 전에 의미론에로 전환하였기 때문에 이 맥락에서의 "사물 언어"라는 말은 대체로 "어떤 언어의 표현들이-그 언어의 의미론적 규칙에 따라-물리적 사물을 언급하거나 지칭하는 언어"라는 뜻으로 사용되고 있다. 통사론을 기초로 삼던 시기의 카르납은 "사물 언어"의 특징을 "'사물 표현들'처럼 그 언어의 통사론적 규칙에 의해 지칭되는 일정한 형태의 표현들로 구성된 언어"라고 설명했을 것이다.

궁극적 구성 성분에 관해 주장하려고 하는 점에서 전통적 철학자들의 "절대적" 기본 주장과 비슷하다. 그래서 일반적으로 이러한 "철학적 물음"은 그 물음을 제기한 철학자가 제안한 언어 체계의 승인을 정당화시키는 수단으로 사용될 수 있는 답을 요구하고 있다고 생각되었다. 카르납은 이런 전통적 견해에 대해 "이와 정반대로 나는 새로운 언어적 표현 방식을 도입하는 일이 실재에 관한 어떤 주장도 함축하지 않기 때문에 이론적 정당화 작업을 전혀 필요로 하지 않는다는 입장을 취한다"고 말했다.35) 카르납에 따르면 모든 의의 있는 이론적 물음은 특정한 언어나 언어 체계에 상대적인 물음인데, 그 이유는 모든 의의 있는 주장을 명확하게 표현하는 일과 그로 인해 진행되는 그 주장의 진리성과 허위성을 결정하는 일이 오직 그 주장을 표현하기 위해 이미 사용되고 있는 특정한 언어 체계만이 제공할 수 있는 방법과 기준을 전제로 가정하고 이루어지기 때문이다. 물론 누구나 어떤 대상에 관해 언급하기 위해 고안된 언어 체계 안에서 그 대상들의 체계 전체의 실존 여부에 관해 물을 수 있지만, 이렇게 설정된 내적 물음의 답은 뻔히 옳아서 하나마나한 말일 텐데, 그 이유는 애당초 그 언어 체계를 승인했던 결심만을 다시 표현할 것이기 때문이다.36)

이렇게 해서 절대적 존재론 물음 즉 외적 물음은 결국 이론적 의의를 완전히 상실하게 되었다. 따라서 카르납은 어떤 언어 체계가 실재와 일치한다는 생각에 기초를 두고 그 언어 체계를 도입해야 한다는 견해에 반대하였다. 하지만 카르납은 어떤 언어 체계에 대한 외적 물음을 이론적 내용에 관한 물음이 아니라 어떤 목적을 달성하기 위해 그 언어 체계의 사용이 바람직한가 어떤가라는 실제적 물음으로 간주한다면 어떤 의의를 인정할 수 있는 방식이 있다고 제의하였다. 카르납은 물리적 사물의 실재 여부

---

35) Carnap (2), 78쪽.
36) 이 대목을 특별히 카르납이 현상주의 언어나 논리주의 언어 속에서 이루어진 물리적 사물에 관한 주장이나 수에 관한 주장에 대해서 <언어의 논리적 통사론>에서 개진한 견해를 살펴본 앞의 논의와 비교해보기 바란다.

에 관한 외적 물음과 관련 있는 자신의 생각을 다음과 같이 명쾌하게 서술하고 있다.

> 사물 세계 자체의 실재 여부에 관한 물음을 제기하는 사람들은 그 물음이 저들에게 그렇게 암시하고 있다고 여기는 이론적 물음이 아니라, 오히려 우리가 사용하고 있는 언어의 구조에 대한 어떤 실제적 결심과 관련 있는 실제적 물음을 제기하고 있다. 우리는 문제의 언어 체계 속의 여러 가지 형태의 표현을 승인하고 사용할 것인지 말 것인지 선택하지 않을 수 없다. … 만일 어떤 사람이 사물 언어를 승인하기로 결심했다면 그가 사물들의 세계를 인정했다는 주장에 대한 반론은 있을 수 없다. 그러나 이 사실이 그가 사물 세계의 실재성에 관한 어떤 신념을 승인한 것처럼 해석되어서는 안 된다. 다시 말하면 사물 언어의 채택은 그런 신념이나 주장이나 가정을 전혀 함축하지 않는다. 왜냐하면 사물 언어의 채택 여부에 관한 물음은 이론적 물음이 아니기 때문이다. 사물 세계를 인정하는 일은 어떤 형태의 언어를 채택하는 일, 달리 말하면 여러 가지 주장을 진술하는 규칙과 아울러 그 진술들을 시험하고 승인하고 거부하는 규칙을 채택하는 일에 지나지 않는다. … 그 언어를 사용하여 달성하려고 하는 목적이 그 언어를 선택하는 결심과 관련 있는 요인이 무엇인지를 결정할 것이다. … 그 목적을 달성하는 데 사물 언어를 사용하면 얼마나 효율이 높고, 얼마나 성과가 많고, 얼마나 단순할 것인가 등등은 결심에 영향을 주는 요인에 속할 것이다. 그리고 이런 성질에 관한 물음은 실제로 이론적 성격의 물음이다. 그렇지만 이런 물음이 실재주의에 관한 물음과 동일한 것으로 간주될 수는 없다. 이런 물음은 '예/아니오'를 묻는 물음이 아니라 정도에 관한 물음이다.37)

그러므로 카르납은 철학자들이 어떤 언어 체계에 관한 진리를 선언할

---

37) Carnap (2), 73-74쪽.

때에는 무의미한 말—뜻조차 알 수 없는 말—을 하고 있다고 강하게 주장하면서도, 그 말이 순전히 언어적 제안 즉 특정한 목적을 달성하기 위해 제안된 다른 언어 체계들과의 상대적 유용성에 따라서만 정해지는 언어적 제안으로 해석된다면 그 말에 담긴 이치에 닿는 실제적 취지를 기꺼이 인정하고자 하였다.

카르납은 표면상 형이상학적 논쟁으로 보이는 실증주의자들의 논쟁을 자신이 제안한 이런 전체적 조망 속에서 보게 되면 역설을 일으키는 듯하던 분위기가 금방 사라져버린다고 주장하였다. 왜냐하면 그런 논쟁들은 여러 가지 특정한 목적을 달성하기 위해 다른 언어나 언어 체계를 사용하는 실제적 이점(利點)에 관한 논쟁으로 보일 뿐이기 때문이다. 그래서 유명주의 언어 대 실재주의 언어를 두고 벌어지는 논쟁의 초점은 보편자(普遍者, universal)의 실존에 관한 의견의 불일치가 아니라 오히려 어느 언어가 수학의 기초 언어로서 가장 적당한가라는 물음에 대한 의견의 불일치이다. 이와 마찬가지로 현상주의자와 실재주의자는 물리적 대상이나 현상적 대상 가운데 어느 것이 참으로 실재하는가에 대해서가 아니라 오직 현상주의 언어와 물리주의 언어 가운데 어느 것이 자연과학의 목적을 달성하는 데 가장 적절한가에 관해서 논쟁하고 있을 뿐이다.

존재론적 탐구에 관한 카르납의 견해와 상당히 비슷한 또 하나의 견해는 베르크만이 주장한 견해이다. 베르크만은 다른 실증주의자들과 마찬가지로 언어에 관한 물음이 철학을 위해 근본적으로 중요하다는 기초 신념을 확고하게 가졌을 뿐만 아니라 수학적 논리학과 과학철학에 대한 관심도 갖고 있었다. 베르크만은 존재론적 주장을 이상 언어에 관한 제안으로 바꾸어 표현하자고 주장하였다. 베르크만은 스피노자나 라이프니츠의 이성주의 형이상학조차도 그런 언어적 제안으로 해석하는 것이 최선이라고 보았다. 유명주의 대 실재주의 논쟁과 현상주의 대 물리주의 논쟁에 대한 베르크만의 견해는 이미 카르납의 견해를 살펴보았으므로 익숙하다는 느낌을 줄 것이다.

> 보편자가 없다는 고전적 유명주의의 기본 주장을 살펴보자. 언어적 전회가 이루어지고 나면, 이 기본 주장은 이상 언어가 고유명을 제외하고는 "정의되지 않은 서술적 기호"를 전혀 포함하지 않는다는 주장으로 바뀌게 된다. 다시 고전적 감각주의의 기본 주장을 생각해 보자. 언어적 전회를 한 다음에 보면, 이 기본 주장은 이상 언어가 일차 질서를 표현하는 비관계술어를 제외하고는 감각 자료로 드러나는 특성들을 표현하는 "정의되지 않은 서술적 술어"를 전혀 포함하지 않는다고 주장하게 된다. … 38)

카르납과 베르크만의 결정적 차이는 이상 언어에 대한 베르크만의 개념에 있다. 베르크만은 이상 언어에 대해 "우리는 이상 언어를 (이치에 닿는 어떤 의미에서도) 선택하지 못하며"39) 오히려 반대로 누구나 이상 언어가 실재를 표현하는 데 적절하다는 것을 "발견한다"고 주장하였다. 그렇다면 이상 언어는 순전히 실제적 편의를 도모하는 도구에 불과한 것이 아니라 언어 바깥의 세계를 정확하게 표현하려는 목적을 지닌 것이다. 따라서 베르크만은 "기술적 형이상학"을 실제로 만드는 일에 수단으로 사용할 수 있는 이상 언어를 구성하자고 제안하였다. 그는 이상 언어를 구성하는 일에 대해 언어와 실재의 관계를 그림과 그려지는 대상 사이의 관계에 비유하여 설명하면서 다음과 같이 주장하였다. "어떤 그림이 그림이기 위해 어떤 특징을 갖추어야 한다고 말하는 것은 분명히 그 그림이 그리고 있는 대상의 어떤 점에 대해 말하는 것이다."40) 철학적 주장은 순전히 언어에 관한 주장일 뿐이라고 보는 실증주의자들의 견해와 달리 베르크만의 견해

---

38) Bergmann (3), 40쪽.
39) 같은 책, 40쪽.
40) 같은 책, 41쪽.

는 "철학적 논의가 순전히 이상 언어에 관한 것이 아니라 이상 언어에 관한 논의를 통해 이 세계에 대해 말하고 있다"는 것이다.41) 카르납을 비롯한 실증주의자들은 고전 철학의 기본 주장들의 언어적 재해석을 저들이 무의미한 형이상학적 논의라고 믿었던 것의 대안으로 채택했었지만, 베르크만에게는 이 언어적 재해석이 형이상학을 계속 진행하면서 형이상학의 무의미성에 대한 비난을 피하려는 술책에 불과한 것으로 보였다. "나는 언어적 전회가 피하는 함정에 빠지지 않고 이 세계의 범주적 특징들에 대해서 말할 수 있는 다른 방도를 전혀 모른다"42)는 그의 말은 이 점을 잘 보여준다.

그렇지만 베르크만의 견해는 한 예로 애당초 보편자가 실존하지 않는다는 형이상학적 주장을 정립하는 일조차 못하므로 유명주의 언어의 적절성을 증명하는 방법을 제시하지 못하는 것 같다. 그리고 보면, 우리가 이상 언어를 발견한다는 베르크만의 주장은 언어를 이용하여 변장한 형이상학임에 틀림없으므로 실증주의자들의 기질과 조화를 이루지 못한다. 이에 반해서 카르납의 제안은 더 엄격한 반형이상학적 모습을 지니고 있다는 점에서 훨씬 더 흥미를 끈다. 궁극적으로 실제적 고려 사항들이 처음에 우리로 하여금 물리적 사물과 수 등등의 것에 대해 말하게 한다는 생각은 카르납을—고전적 실증주의와 본질적으로 정합하는 한—미국의 철학자 루이스(C. I. Lewis) 등의 견해에 아주 가까이 접근시키고 있다. 그래도 카르납의 견해는 과학과 철학 둘 다에 대해 훨씬 더 완벽하고 균형 잡힌 설명을 제시하면서, 그와 동시에 흔히들 사변적 형이상학이 실패했다고 말하는 이유를 훨씬 더 명쾌하게 밝히고 있다.

하지만 카르납에게는 철학자가 해야 할 일은 여전히 "X는 무엇인가?"라는 정의를 요구하는 물음을 탐구해서 답을 찾는 것, 다시 말하면 개념

---

41) Bergmann (2), 93쪽.
42) Bergmann (3), 41쪽.

체계의 위상에 변화를 일으키는 요인 즉 여러 가지 언어 체계의 통사 규칙과 의미 규칙에 의해 부여되는 의미 조건과 그 귀결들을 탐색하고 조사하는 일이었다. 카르납의 말에 의하면, 이런 철학이 바로 학문다운 철학(학문으로서의 철학)이다. 하지만 여러 가지 언어 가운데서 하나를 선택하는 일을 이론적 문제가 아니라 실제적 문제로 보는 카르납은 그러한 선택의 가능성을 확보하기 위해서 전통철학의 형이상학적 물음들 즉 곧바로 "무엇이 실재하는가", "무엇이 실존하는가"라고 묻는 물음을 자신의 반형이상학 원리가 손상 받지 않는 다른 물음으로 조정하였다. 그러고 보면, 이런 총괄적 조망을 갖고 그 안에서 "학문답게 철학하는 철학자"는 어떤 실제적 목표를 달성하는 데 사용되는 도구들을 갖추고 있는 과학자와 비슷하다. 철학자는 과학자가 유용하게 사용할 수 있는 언어 체계나 개념 체계를 마련해주고, 과학자는 이 언어 체계나 개념 체계를 곧바로 기술적으로 활용될 수 있는 이론을 만드는 일에 사용한다.

4. 실증주의자들이 새로 정의한 철학 속의 칸트적 성분

실증주의자들이 철학은 본질적으로 논리적 분석이라는 저들의 철학관을 정당화시키는 논증의 전제로 어김없이 의지하는 판에 박힌 명제는 누구나 어떤 진술이 옳은가 그른가를 결정할 수 있기 전에 먼저 그 진술의 의미를 이해해야 한다는 것이다. 실증주의자들은 (명제, 진술, 문장 등등의) 의미와 진리성의 이분법을 보편적으로 인정한다고 할 정도로 고집스럽게 유지하면서, 이 전제는 철학자와 과학자가 하는 일의 차이를 반영한다고 해석한다. 슐리크는 이 점에 대해 다음과 같이 말했다.

그렇다면 이 점에서 우리는 의미의 발견을 목표로 하는 철학의 방법과 진리의 발견을 목표로 하는 과학의 방법이 보여주는 명확한 차이를 깨달을 수 있다. … 나는 과학은 "진리를 추구하는 작업"으로 정의되어야 하며, 철학은 "의미를 추구하는 작업"으로 정의되어야 한다고 믿는다.43)

그러니까 철학자는 과학의 진술들이 지닌 의미를 찾아내어 명료하게 밝히고, 또 필요하면 과학의 언어를 구성하거나 개조해야 하며, 과학자는 그런 언어로 이루어진 진술들의 진리성과 허위성에 관한 물음의 답을 찾는 일과 자신이 마음대로 활용할 수 있는 언어를 사용하여 이론을 구성하는 일을 해야 한다.

앞에서 말한 바와 같이 과학자는 두 가지 일을 한다. 과학자는 명제의 진리성을 밝혀야 하며 동시에 명제의 의미도 밝혀야 한다. … 과학자가 자신이 과학을 할 때 사용하는 명제들 속에 숨어 있는 의미를 밝히는 일을 하고 있을 때에는 언제나 과학자가 아니라 철학자이다.44)

의미와 진리성을 가른 이 단순한 구별은 과학과 철학을 구별하는 근거로 사용되었을 뿐만 아니라, 철학이 인류의 지적 탐구 양식으로서 엄격한 의미의 이론적 과학보다 선행한다는 주장의 근거로 사용될 수 있었다. 어떤 진술의 의미를 아는 일이 그 진술을 검증하는 능력의 논리적 선행 조건으로 인정되는 것과 마찬가지로, 철학자가 하는 일이 과학자가 하는 일보다 논리적으로 우선하거나 인식론적으로 우선하는 것으로 간주되었다. 철학자는 의의 있는 담화의 본성과 범위를 밝히거나 적어도 발견함으로써 과학적 탐구 자체의 위상에 변화를 일으키는 요인—풀어 말하면 과학적

---

43) Schlick (2), 48쪽.
44) 같은 책, 49쪽.

진리나 이론적 진리가 확립될 수 있는 한계를 결정하는 요인—을 설정한다. 철학자는 진정한 이론적 탐구—다시 말하면 무엇이 옳거나 그른 것으로 확립될 수 있고 없는가—의 범위를 규정함으로써 과학적 탐구가 어디까지 이루어질 수 있는가를 알려주는 개념적 한계를 확정한다. 그러므로 실증주의자들은 의미와 진리성에 대한 근본적 구별과 이 둘 사이의 명백하게 친밀한 관계에 초점을 맞춤으로써 논리적 분석이나 언어적 분석에다 진정한 "제일 철학"(第一 哲學)의 특성, 풀어 말하면 모든 지식 즉 학문의 가능성 조건을 연구하는 인식론의 특성을 부여할 수 있었다. 이 점에 관해서도 슐리크는 더없이 명쾌하게 다음과 같이 설명하고 있다.

> 우리는 의미와 진리성이 검증의 과정에서 서로 연결된다는 것을 알고 있다. 그러나 의미는 진술이 이 세계 속의 가능한 상황을 반영한다는 사실에 의해서만 성립하는 반면에, 진리성은 그 가능한 상황이 성립했는지 안 했는지를 실제로 발견하는 일에 의해서 결정된다.45)

다시 슐리크에게 크게 영향을 끼친 전기 비트겐슈타인의 말을 빌어 이 점에 대해 살펴보자.

> 철학은 많은 논쟁을 일으켜 온 자연과학의 활동 범위를 제한한다. 철학은 사람이 생각할 수 있는 것을 제한해야 하며, 더 나아가 그렇게 함으로써 사람이 생각할 수 없는 것을 제한해야 한다. 철학은 사람이 생각할 수 있는 것을 완전히 밝혀냄으로써 사람이 생각할 수 없는 것의 경계를 드러내야 한다.46)

위의 두 구절에 나타난 실증주의자들의 프로그램에는 칸트의 생각을 연

---

45) 같은 책, 같은 쪽.
46) Wittgenstein (2), 4.113-4.114.

상시키는 점이 적지 않게 있다. 칸트는 독일 이성주의의 "월권"에 어느 정도 반발했던 데 비해서, 실증주의자들은 칸트 이후의 독일 관념주의의 "방탕"에 반발하였다. 칸트는 흄(D. Hume)의 회의주의로부터 과학적 지식 자체를 안전하게 지키려고 노력했던 데 비해서, 실증주의자들은 비슷한 의도에서 과학적 지식의 "논리적 기초"를 확립하려고 노력하였다. 칸트가 "비판 작업"에 사용한 첨단 무기는 실재에 관해서는 인간의 개념적 사고에 의해 조정되지 않은 순수한 인식이 있을 수 없다는 생각, 다시 말하면 이 세계에 대한 지식은 경험을 누구나 인지적으로 소화할 수 있는 형태로 바꾸는 개념적 범주들의 도움을 받아야 이루어진다는 생각이었다. 따라서 이 세계에 대한 지식은 어떤 것이든 반드시 그러한 개념 체계에 상대적인 것일 수밖에 없었으며, 더 나아가 실재에 대한 절대적 이해나 직접적 이해는 모조리 불가능한 것으로 거부될 수밖에 없었다. 칸트의 이 생각은—칸트가 모든 경험을 여과시켜 조직하는 개념적 처리 장치를 인간 정신의 구조에서 찾아낼 수 있다고 주장한 데 반하여, 오늘날의 실증주의자들은 그러한 장치가 바로 과학의 언어 속에 구체적으로 드러나 있다고 주장했던 점을 제외한다면—실증주의자들이 채용했던 것과 본질적으로 똑같은 견해이다.

칸트에게는 심리 현상을 기반으로 삼는 개념들 즉 범주들이 인간의 모든 지식이 성립하기 위한 전제 조건이었던 것과 마찬가지로, 실증주의자들에게는 인간의 모든 생각을 현실적으로 보여주는 사고의 화신(化身)으로서의 언어가 모든 과학의 전제 조건이었다. 그래서 실증주의자들에게는 "인간 지식의 가능성을 성립시키는 조건"이 "유의미한 담화의 가능성을 성립시키는 조건"과 동일한 것으로 여겨지게 되었다. 실증주의자들은 의심의 여지없이 과학자의 임무가 수많은 옳은 명제나 진술이나 문장 그 자체의 체계를 확립하는 일이라고 생각하였으며, 그러므로 옳은 명제나 진술이나 문장의 유의미성에 관한 조건을 그로부터 자연스럽게 귀결되는 이론적 지식의 조건과 동일하다고 생각하였다. 슐리크의 다음 말은 이 점을 잘 보여준다.

> 과학의 충만한 영혼과 정신이 결국 실제로 과학의 진술들이 의미하는 것에 담겨 있다는 것은 당연하다. 그러므로 의미를 부여하는 철학적 활동은 모든 학문적 지식의 시작이자 끝이다.47)

인간의 개념적 사고의 특징을 실재에 투사하는 일을 반대하는 칸트의 사고 구조는 언어 체계의 특징을 그 주제에 투사하는 일을 반대하는 실증주의자들의 비슷한 사고 구조와 평행을 이루고 있다고 할 수 있다. 하지만 지식의 성립 조건을 유의미한 담화의 성립 조건과 같다고 보는 실증주의자들은 초월적 영역을 인정한 다음 그에 관한 지식의 가능성을 단적으로 부정하는 게 아니라, 처음부터 초월적 영역에 관한 생각의 유의미성 자체를 부정하지 않을 수 없게 되어 있었다. 따라서 누구나 예상할 수 있는 바와 같이 지식의 한계를 정한다고 장담하는 사람은 항상 바로 그 일로 인해서 그 한계 너머에 있는 어떤 것을 미리 인정할 수밖에 없다는 칸트에 대한 비난이 유의미한 생각과 담화에 관한 (위에서 인용한 비트겐슈타인의 주장과 같은) 실증주의자들의 주장에 대해서도 비슷한 형태로 되풀이되었다. 칸트의 경우에는 이 세계에 관한 모든 지식은 인간 정신의 개념화 작용과 범주화 작용에 상대적으로 성립하는 것인 반면에, 실증주의자들의 경우에는 이 세계에 관해서 하는 모든 이야기의 유의미성뿐만 아니라 이 세계에 관한 모든 지식까지도―언어는 그걸 고안한 사람이 처음에 부여한 역할을 맡는다는 점 이외에는―정확하게 똑같은 방식으로 상대적으로 성립하는 것이다.

게다가 개념화 작업의 부담을 인간성에서 언어로 옮겨 놓은 일도 새로

---

47) Schlick (5), 56쪽.

운 인식론을 여러 가지 과학(학문)에서 논리적으로 독립시켜 확립하는 일에 중요하다. 이는 "심리적 내성"에서 떠나 그보다 더 순수한 "논리적 분석"에로 이동하는 일이다.

> 심리학은 어떤 자연과학도 철학과 밀접한 관련이 없는 것과 마찬가지로 철학과 밀접한 관련이 없다. … 내가 하고 있는 연구 즉 기호 체계로서의 언어에 대한 연구는 종래의 철학자들이 논리철학에 필수적이라고 그처럼 중요시했던 사고 과정에 대한 연구에 해당하는 것 아닐까. 그러나 종래의 철학자들은 대부분의 경우에 별로 필요하지도 않은 심리적 탐구에 사로잡혀 있었다. … 48)

비트겐슈타인의 이 생각은 나중에 이에 동조한 에이어에 의해 널리 퍼지게 되었는데, 에이어는 실증주의자들이 "초월적 형이상학의 불가능성 문제"를 (칸트의 경우에는 사실의 문제 즉 경험과학 자체에 관한 문제였음에 반하여) "논리학의 문제"로 바꾸어 놓은 사실을 깨달았었다.49)

그러므로 이 세계에 관한 모든 지식이―그리고 실재에 관한 생각의 유의미성조차도―언어나 그 속에 구체적으로 나타나는 개념 체계에 상대적으로 성립한다는 주장은―때로는 암시적일 뿐일지라도―실증주의자들의 반형이상학적 입장에 필수적인 요소이다. 이 칸트적 생각의 요지는 지금은 널리 알려진 노이라트(O. Neurath)의 "개념의 배"(언어의 배)라는 상징적 표현으로 요약될 수 있다. 이 비유에 의하면, 인간은 실재의 바다에 표류하고 있는 "개념의 배"를 타고 있는데, 그 배를 언어 밖에서 발견되는 실재의 정확한 본성에 일치하도록 새로 건조하기 위해 배에서 내릴 수 없으며, 대신에 실재의 바다에서 계속 떠돌면서 그 개념 체계에 의해서만 파악되는 세계 자체의 모습에 그 개념 체계를 맞추려고 배의 널빤지를 하나

---

48) Wittgenstein (2), 4.1121.
49) Ayer (3), 34쪽.

씩 갈아 끼워 배의 모양을 개조해나가는 처지에 있다는 것이다. 언어 전체와 이 세계의 일치 여부에 관한 물음, 달리 말하면 어떤 언어의 수용을 실제로 이러저러한 것이 존재한다는 것을 근거로 삼아 정당화시킬 수 있는가 라는 물음은 아예 제기되지도 않았는데, 그 까닭은—카르납이 명확하게 깨달았던 것처럼—어떤 언어의 승인 가능성을 판정하는 근거로 언어 바깥에 있는 실재의 본성을 끌어들여 호소하는 일은 정말 진짜 형이상학적 사변이 되어버릴 것이기 때문이다.

베르그송(H. Bergson)은 위의 생각과 본질적으로 비슷한 언어관 즉 언어는 모든 실재가 반드시 그걸 통해 파악될 수밖에 없는 "상징들의 장막"이라는 언어관에 입각해서 실재에 대한 지식과 인식은 말로 표현될 수 없다고 주장하였다. 베르그송은 이성주의자들과 경험주의자들 사이에 벌어졌던 전통적 철학 논쟁의 기원을 찾기 위해서 그 자신이 실재나 그에 대한 경험이 아니라 본질적으로 언어의 차이로 간주하는 것에 대해 두 학파가 갖고 있는 편견에까지 거슬러 올라갔다. 베르그송은 이성주의 형이상학과 경험주의 형이상학이 이런저런 종류의 언어적 고려 사항에 뿌리를 두고 있다는 이 분석의 성과를 <형이상학 입문>이란 책에 상당히 길게 서술하였는데, 그 내용은 전통적 철학 논쟁 대부분이 실은 **언어적 혼동**으로 인해서 일어났다는 실증주의자들의 후기 견해를 곧장 연상시킨다. 그러나 실증주의자들은 실재에 대한 인식이 언어에 대해 상대적으로 이루어진다는 상대성을 일정한 언어 체계에 의해 정해지는 특정한 유의미성 조건을 떠나서 진행되는 실재에 관한 모든 담화의 유의미성에 불리하게 작용하는 것으로 간주했던 반면에, 베르그송은 이처럼 개념화 작용을 수행하는 언어의 역할을 실제로 있는 그대로의 세계를 인식하지 못하게 하는 장애물로 간주하였다. 그러니까 베르그송에게는 언어가 실재를 반드시 왜곡시키는 것이었고, 실증주의자들에게는 인간이 얻고 싶어하는 그림만을 보여주는 것이었다. 언어와 실재에 대한 베르그송의 이 신비주의적 견해는—어떤 사람들은 비트겐슈타인의 저작과 심지어 슐리크의 저작에도 그런 면이 있다고 보는데—일단 언어의 유의미성 조건과 이론적 지식의 조건이 분명히 일치한다고 생각한다면, 결국 인간의 모든 언어적 사고의 근저에 있는 절대적 실재에 관해서 이치에 닿는 말을 할 수 있다는 희망을 완전히 포기했을 때 택할 수 있는 유일한 대안이었다.

그렇다면 언어 바깥의 실재에 관한 절대주의 견해를 유지하는 일은 실재의 진짜 본성이 어떤 종류의 신비로운 통찰이나 직관에 의해서만 파악될 수 있다는 생각을 시인하는 일이 되어버린다. 실증주의자들이 이 생각을 허용한다는 것은 전혀 기대할 수 없다. 그럼에도 불구하고 엄밀한 경험주의 인식론을 명료하게 전개하려고 했던 실증주의자들의 초기 노력은 자신의 견해에 대한 그러한 해석을 피해야 한다는 절박한 압력을 받고 있었다. 이미 지적한 바와 같이, 언어의 구조나 의미에 대한 관찰 사실에서 실재의 구조나 본성을 끌어내는 추리는—개념적 사고 장치의 특징들을 실재 세계에 투사하는 일이 칸트에게 불합리한 것으로 보였던 것과 똑같은 정도로—실증주의자들에게 전적으로 불합리한 것으로 보였다. 러셀은 논리적 분석을—"추리된 대상을 논리적 구성체로 대체시켜라!"50)는 방침의 기초로 삼음으로써—칸트의 딜레마를 피하는 방법으로 사용할 수 있었지만, 실증주의자들에게는 러셀의 방법에도 불구하고 칸트의 딜레마와 비슷한 문제가 그대로 남아 있었는데, 그건 그들의 지식론이 감각 자료에 우선권을 부여하는 일을 그들의 엄밀한 반형이상학적 자세와 양립할 수 있도록 조화시키는 문제였다. 실증주의자들은 감각 자료가 물리적 대상으로 간주되는 것을 바라지 않은 것과 마찬가지로, 이 세계의 현실적 사물이 감각 자료로 인정되는 것도 바라지 않았다. 그들은 이런 일이야말로 모든 가능하고 유의미한 담화의 조건 이외의 것에 대해 설명하려는 노력임에 틀림없다고 파악하였기 때문에 진지하게 취급할 수 없었다. 이에 반해서 <수

---

50) Russell (1), 34쪽.

학 원리>의 논리적 통사론을 갖추고 있고, 직접 경험의 자료만을 언급하며, 유의미한 모든 진술 즉 검증 가능한 모든 진술이 번역할 수 있어야 하는 이상 언어에 대한 실증주의자들의 원래 생각은 이 반형이상학적 입장의 철저한 고수를 기껏해야 속임수를 부리는 것으로 보이게 만들었다.

 러셀과 전기 비트겐슈타인의 저작 속에서 이런 언어의 이상적 성격은 그 언어로 표현되는 여러 가지 명제가 이 세계 속에 실제로 있는 "사실"이나 "사태"와 대응한다는 주장이나, 그 언어가 사실이나 사태를 그리기 위해 필요한 논리적 구조를 갖추고 있다는 주장으로 이어지고 있다. 그래서 비트겐슈타인의 경우에는 진술의 의미가 그 진술이 "그린" 가능한 사태였으며, 만일 진술이 이상 언어로 번역될 수 없으면 그 진술은 가능한 사태를 표현할 수 없으므로 아예 사이비 진술일 수밖에 없었다. 이렇게 해서 유의미한 진술이 그리는 가능한 사태는 그 진술이 **옳게 되는 상황** 즉 진리성 조건이 된다. 어떤 실제 사태가 특정한 진술에 의해 그려진 사태와 일치한다고 발견되면 그 진술이 옳다는 것—즉 검증되었다는 것—이 밝혀지게 된다. 그러므로 어떤 진술이 "검증될 수 있으니까 유의미하다"는 말은 그 진술이 가능한 사태를 그리고 있다는 말이거나—결국은 같은 말인데—이상 언어로 표현되었거나 표현될 수 있다는 말이다. 이 견해에 입각해서 살펴보면, 진리성 개념과 의미 개념은 둘 다 언어 바깥의 세계의 본성과 구조에 관한 형이상학적 개념에 의지하고 있다. 따라서 이상 언어 속의 원자 명제에 부여되어 있는 인식론적 우선권은 대체로 원자 명제가 반영하거나 기술하거나 그리는 원자 사실의 존재론적 우선권에로 환원될 수 있다.

 실증주의자들은 의미와 진리성에 대한 이런 식의 형이상학적 설명에 대해 커다란 불쾌감을 느꼈다. 그래서 러셀은 언어의 구조—분석 즉 이상 언어로의 번역을 통해 드러나는 구조—에서 이 세계의 본성이나 구조를 추리하려고 시도했지만, 이런 종류의 추리를 보증하기 위해서는 이론적 배경으로 의미에 관한 "그림 이론"과 진리성에 관한 "대응설" 같은 것이 필요했었다. 실증주의자들은 형이상학적 결론을 끌어내기는 싫었지만 <수학 원리>의 논리와 문법을 사용하는 현상주의 언어에 의해 이루어지는 분석에 대한 그들의 인식론적 주장을 밑받침하기 위해서는 의미와 진리성에 관한 어떤 이론이 여전히 필요했다. 이로 인해 실증주의자들은 이상적 현상주의 언어의 특수한 유의미성과 검증 가능성에 대해 언어 바깥의 세계—달리 말하면 언어 자체의 제약을 받지 않는 절대적 의미의 세계—에 관한 담화에 의지하지 않는 설명을 시도하지 않을 수 없었다. 이런 까닭에 전기 비트겐슈타인은 진술의 의미를 그 진술의 진리성 조건 즉 그 진술이 그리고 있고 또 실존한다고 확인되면 그 진술을 옳게 만드는 사태로 해석했던 반면에, 실증주의자들은 결국 진술의 검증 방법에 대해 주장하는 쪽을 택하지 않을 수 없었는데, 실증주의자들의 이 주장은 진술의 의미가 그 진술을 옳게 만들어주는 언어 바깥의 가정된 "사실"과 전혀 관계없이 다만 그 진술을 검증하는 일이 밟아가야 하는 절차를 구체화함으로써 부여될 수 있다는 느낌을 준다.51) 그렇지만 검증 절차에 대해 자세히 해설하는 문장들은 결과적으로 (관찰 용어, 원초 문장 등등의) 현상주의 언어로 번역된 문장이 되어버리는데, 이 현상주의 언어 자체의 유의미성과 검증 가능성은 여전히 문제로 남아 있다. 어떤 철학자는 그런 문장의 언급 내용을 기술할 때 감각 자료나 현상적 대상이나 원자 사실에 대해 말하기보다 **직접 경험**이나 **주어진 것**에 대해 말하는 쪽을 더 좋아하기도 했지만, 그러한 원초적 경험의 특징을 유의미하게 서술하는 문제는 원자 사실 자체를 이치에 닿게 설명하는 것보다 결코 더 쉽지 않은 일이었다. 이 시도에 대해 어떤 철학자는 누구도 그런 순수 경험 영역에 대한 지식을 실제로 가질 수 없다고 주장했는데, 그 이유는 그런 지식은 경험과학 자체가 도달할 수 없는 종류의 것이라고 보았기 때문이다. 또 다른 철학자는 그런 원초적

---

51) 한 예로 다음 책을 참조하라. Carnap (1), 61-65쪽.

경험을 기술하려는 시도 자체가 아예 합당하지 못하다고 주장했는데, 그 까닭은 모든 의미가 어떤 방식으로든 결국에는 그 순수 경험에 의존할 것이기 때문이다. 이 딜레마는 언어의 유의미성이나 검증 가능성 그리고 특히 현상주의 언어의 인식론적 우선권을 설명하는 일에 관해서 결코 실재는 언어로 표현될 수 없다는 베르그송의 신조와 상당히 비슷한 신조에 도달하게 하였다.52)

실증주의자들의 인식론적 야심으로 인해 생긴 문제들에 대해서는 누구도 오늘날까지 만족스러운 해결책을 찾지 못하고 있다. 일찍이 노이라트는 물리주의 언어를 논리적으로 선행하는 언어가 아니라 심리적으로 선행하는 언어로 보자고 제안했었다. 하지만 이 주장도 칸트가 빠졌다고 여겨지는 것과 똑같은 상황—인식론이나 논리적 분석 자체를 과학보다 상위 탐구나 선행 탐구로 만들기보다는 오히려 과학의 일부로 만들어버리는 상황—에 빠질 소지를 지니고 있다. 이 노이라트의 제안에서 깨달은 바가 있었던 카르납은 (자신의 관용의 원리 때문에) 만일 물리주의 언어가 과학의 "여러 목적에 더 편리할" 때에는 언제나 물리주의 언어를 사용해도 좋다는 훨씬 더 관용스러운 견해를 받아들였다. 그러나 현상주의 언어가 인식론의 목적에는 더 적절할 수 있다는 생각에 관해서는 옛날의 문제가 그대로 남아 있었는데, 카르납이 선택 가능한 언어 체계들을 넓게 개방하고 또 그 가운데 어느 언어 체계를 선택할 때에는 실제적 고려 사항만을 감안해야 한다는 생각을 점점 더 강조하였기 때문에, 그 문제가 이런 생각에 대한 카르납의 강조 아래 숨겨져 있었을 뿐이다. 하지만 만일 현상주의 언어나 물리주의 언어를 다른 언어들보다 계속 더 좋아한다면—그 언어에 무언가 중요한 "실제적 고려 사항"이 있다 할지라도—그 밖의 모든 언어 가운데서 그런 특권을 누리는 그 언어의 자격과 위치가 보증되어 있는 것처럼 여겨질 것이다.

---

52) 한 예로 다음 글을 참조하라. Schlick (2), 55-57쪽.

그럼에도 불구하고 카르납이 칸트의 통찰을 언어에 관한 통찰로 전환시켜 가장 명료하게 보여주는 것은 관용의 원리와 필요에 따라 선택할 수 있는 여러 언어 체계가 있다는 생각을 발전시키려고 전념했다는 사실인데, 이 노력은 "경험주의와 의미론과 존재론"에 가장 자세하고 명료하게 표현되어 있다. 그는 이 글에서 명백한 형이상학적 주장은 새로운 담화 방식을 내세우는 위장된 제안이나 아니면 단지 특정한 언어 체계의 규칙에 관련 있는 물음으로 인정하기에 이르렀다. 카르납의 이 방책에 따르면 진정한 이론적 의의를 인정받을 수 있는 유일한 주장은 일정한 언어 체계 안에서 이루어지는 주장뿐이다. 이 세계에 관한 의의 있는 담화는 어떤 언어나 언어 체계와 관련되지 않고서는 성립할 수 없다. 따라서 언어 체계에 관한 카르납의 신조는 형이상학에 대해 근본적으로 비판하고 또 언어적 분석을 철학의 첫째 임무로 옹호했던 실증주의자들의 생각 속에 함축되어 있던 언어적 칸트주의를 가장 완벽하고 명료하게 보여주고 있다. 지금 문제삼고 있는 견해는 아주 단순한 생각인데, 그건 어떤 사람이 이 세계를 "보고", "생각하는" 방법은 항상 그 사람이 보고 생각하는 일에 사용하는 언어에 상대적으로 성립한다는 것이다. 하지만 카르납은 이 원리가—현상주의 언어에 인식론적으로 특권을 누리는 격위를 부여해야 한다는 주장을 희생시키지 않고—어떻게 직접 경험에 주어지는 것에 일관성 있게 적용될 수 있는가 라는 물음을 실제로 다룬 적이 전혀 없다.

 카르납의 것과 같은 견해가 자세히 개진된 후로는 개념 체계가 언어 체계 속에 자리를 잡게 되었는데, 그 결과로서 생긴 것은 누구나 제 마음대로 자유롭게 사변적 형이상학을 했던 전통철학의 풍토와 비슷한 분위기가 다시 형성되었다는 사실이다. 칸트가 주장한 바에 따르면, 인간은 세계에 대한 인간의 견해를 결정한다고 여겨지는 인간 정신의 구조를 갖추고 있기 때문에, 우리는 애초에 갖추고 태어난 그 방식에 따라 이 세계를 볼 수밖에 없다. 다시 말하면 우리는 사물을 그렇게 볼 수밖에 없는 방식을 타고났기 때문에 우리가 보는 바로 그 방식으로 보는 것이다. 우리가 사물을 볼 수 있는 다른 방식은 전혀 없다. 그렇지만 언어적 전회를 거쳐 변형된 카르납의 해석에서는 수많은 다른 방식으로 실재를 해석할 수 있는 자유가 우리에게 주어져 있다. 따라서 우리는 사변적 형이상학이 "사실"에 의해 제약을 받지 않았던 것과 마찬가지로 사실에 의해 제약을 받지 않는다. 하지만 이 자유는 우리가 이러이러하게 존재한다고 상상하거나 직관적으로 이해하는 방법에 사실의 본성이 의존하기 때문에 성립하는 게 아니라, 특정한 언어 체계나 개념 체계와 관련해서 성립하는 사실 아니고는 처음부터 그러한 "사실"이 없기 때문에 성립한다고 하겠는데, 이 점은 누구나 인정하고 싶을 것이다. 우리는 담화를 위한 대안의 언어 체계를 상상할 수 있고 고안할 수 있는 만큼 자유롭게 많이 구성할 수 있으며, 우리의 실제적 목적을 충족시키는 데까지는 그 언어 체계들을 자유롭게 인정할 수 있다. 요점은 어떤 언어 체계를 승인하는 일이 정말로 실존하는 것이나 실제로 성립해 있는 상황에 관한 의의 있는 신념에 입각해서 이루어질 수 없다는 것이다. 왜냐하면 존재하는 것에 관한 모든 의의 있는 물음은 "언어 체계 내적 물음" 즉 어떤 언어 체계 자체에 상대적인 물음이기 때문이다.

이와 똑같은 철학적 투시도를 훨씬 더 철저하게 보여주는 쪽으로 변형된 해석이 최근에 넬슨 굿맨(N. Goodman)에 의해 강하게 주장되었다. 굿맨은 우리로 하여금 이 세계를 충실하게 파악하도록 하거나 파악하도록 하지 못하는 어떤 양식의 기호적 표현과 직접 경험에 주어진 것 또는 둘 가운데 어느 하나와 관계없이 독립적으로 실존하는 절대적이고 자족적인 실재에 대해 이치에 닿게 생각할 수 있다는 생각―다시 말하면 실제로 있는 그대로의 세계나 그에 대한 경험에 대해 이치에 닿게 말할 수 있다는 생각―을 격렬하게 공격하였다.[53] 굿맨은 세계를 단지 "기술되거나 표현될 수 있는 것"일 뿐이라고 본다.

---

53) Goodman (1), 6-19쪽, (4).

우리가 직시해야 하는 것은 아무리 정확한 기술이라 할지라도 세계가 존재하는 방식을 도저히 그대로 재생할 수 없다는 사실이다. … 세계에 대해 동등하게 옳으면서도 다른 기술이 많이 있으며, 더욱이 기술의 진리성은 기술의 정확성에 대한 유일한 표준이다. … 나는 세계의 존재 방식을 알 수 있는 방도가 전혀 없으며, 그래서 어떤 기술도 세계의 존재 방식을 포착하지 못한다는 건 두말할 것도 없다고 생각한다. 오히려 나는 세계의 존재 방식이 많이 있을 수 있고, 그래서 옳은 기술은 저마다 그 가운데 하나를 포착한다고 생각한다. … 신비가는 세계가 존재하는 하나의 방식을 찾으면서도 그것이 표현될 수 없다는 것을 알기 때문에, 세계의 존재 방식에 대한 신비가의 마지막 답은 스스로 자각하고 있듯이 침묵일 수밖에 없다. 이와 반대로 나는 세계의 여러 가지 존재 방식을 찾고 있으므로, 나의 응수는 이런저런 기술을 많이 구성하는 것일 수밖에 없다. "세계의 존재 방식은 무엇인가", "세계의 여러 가지 존재 방식은 무엇인가"라는 물음에 대한 답은 입을 다물고 가만히 있는 것이 아니라 지껄이는 것이다.[54]

굿맨에 따르면, 세계에 대해 기술하거나 표현하는 이런저런 방식을 떠나서 세계의 진정한 존재 방식은 있을 수 없다. 세계를 표현하는 유일한 "올바른 방식"이나 "참다운 방식"이 있다는 생각은 이런저런 양식의 기술이나 표현의 "충실성"을 판정할 때 그 가운데 어느 것에 불리하게 작용하는 객관적 표준이 있다는 생각을 포함하고 있다.[55] 카르납이 주장했던 바와 같이, 실재의 본성에 관해서 진정으로 의미 있는 주장은 어느 것이든 그 주장을 표현하기 위해 사용되는 언어 체계의 특정한 문맥 속에서 이루어질 수밖에 없기 때문에 실재와 유일하게 일치하거나 대응하는 단 하나의 올바른 언어 체계나 참다운 언어 체계는 있을 수 없다.

굿맨의 비판이 지닌 흥미로운 특징은 러셀의 분석적 형이상학을 비롯해

---

54) Goodman (4), 29-31쪽.
55) 같은 책, 29쪽.

서 베르그송의 신비주의적 견해와 현상주의자의 인식론적 신조까지 모조리 반대 입장을 취한다는 것이다. 굿맨은 실재도 그에 대한 경험도 저절로 조리 있게 정돈되지 못하며, 그 대신 전체적으로 조리 있게 조직되기 위해서는 거기에 적용되는 어떤 기호들의 개념화 체계나 범주화 체계에 의존한다고 본다. 그래서 굿맨은 지식이 감각 기관을 통해 주어지고 "순수하게 정화하는 과정을 거치거나 해석을 의도적으로 제거하는 과정에 의해"[56] 발견되는 재료에 가해지는 어떤 종류의 가공 절차를 통해서 이루어진다는 생각은 인간의 언어 체계나 기호적 표현 양식에 얼마간 충실하게 포착될 수 있는 진정한 세계의 존재 방식이 있다는 생각과 똑같은 식으로 토대가 불확실하다고 주장하였다. 직접 경험 속에 "주어진 것"이나 "기초 요소"가 있다는 생각은 베르그송의 "말로 표현할 수 없는 것"이란 생각보다 더 나을 것이 없다. 굿맨은 기호 체계의 분류 기능과 조직 기능이 우선 첫째로 명확한 경험을 확인하는 일에도 미리 전제되어야 하는 필요 조건이라고 강력히 주장하였다. 굿맨은 경험에 드러나고 주어지는 그대로의 사물을 어떤 방법으로든 지각하는 순진한 눈에 관해서 다음과 같이 설명한다.

> 순진한 눈은 스스로의 힘으로 혼자서 임무를 수행하는 도구로서 작용하지 않고, 복잡하고 급히 변하는 인간 신체의 충실한 기관으로서 임무를 수행한다. 그래서 그것이 보는 방법뿐만 아니라 보는 그것까지도 인간의 필요와 선입관에 의해 규제를 받는다. 순진한 눈은 선택하고 거부하고 조직하고 식별하고 결합하고 분류하고 분석하고 구성한다. 그것은 거울처럼 사물을 그대로 비추는 일을 하기보다는 오히려 골라잡아서 만드는 일을 한다.[57]

---

56) 같은 책, 29쪽.
57) 같은 책, 7-8쪽.

그러므로 이 세계에 관한 모든 유의미한 진술이 언어에 대한 총체적 고찰에 상대적으로 이루어진다는 확실하고 명백한 인식이 "이상 언어"와 "주어진 것"과 "검증 이론"에 관한 신조가 무너져감에 따라서 그리고 그 언어적 고찰에서 나온 귀결들의 진가에 대한 올바른 이해와 함께 차츰차츰 이루어지는 동안에, 이 칸트 식 견해는 실증주의자들이 형이상학을 비판할 때에 제시하는 근본적 이유 속에 그리고 "논리적 분석"이 형이상학을 대신할 수 있다는 주장 속에 암암리에 그대로 유지되었다. 이 점은 생각의 구체적 모습이 언어를 통해 드러나며 또 인간은 "개념의 배"를 타고 실재의 바다에서 표류할 수밖에 없는 운명이라는 생각에 분명히 표현되어 있다.

5. 언어 분석 개념

실증주의자들이 일반적으로 그랬던 바와 같이, 언어에 관한 고찰이 정말 이론적으로 중요한 물음을 만드는 제한 조건이라고 인정하게 되면, 오로지 언어에 관한 탐구가 전통적 형이상학의 탐구를 대신하게 된다는 것은 이해하기 어렵지 않다. 일단 우리 바깥에 전적으로 독립해 있는 어떤 실재에 대한 탐구가 실제적 활동이나 이론적 활동의 범위를 벗어난 일로 여겨지게 되면, 주의의 초점이 인간의 개념화 작용 자체의 양식―이 경우에는 언어―에 집중되는 것은 당연한 일이다. 우리가 이런저런 언어 체계에 의해 표현되는 "개념의 배" 밖으로 나갈 수 없어서 "실제로 있는 그대로의 세계"에 대한 명확한 견해를 가질 수 없다면―정말 그러한 실재를 이치에 닿게 상상조차 할 수 없다면―"개념의 배" 자체와 그 배에 구체적으로 나타난 실재에 관한 생각에 주의를 돌릴 수밖에 없을 것이다. 칸트가 인간은 (세계 자체와 전혀 도달할 수 없을 정도로 멀리 떨어져 있지만) 세계에 관한 자신의 개념과 생각을 탐구하는 일에 대해서는 특권을 부여받은 입장에 있다고 생각했던 것과 똑같이 실증주의자들은 아주 자연스럽게 이와 비슷한 태도를 취하였다. 그래도 실증주의자들의 탐구는 주관적 내성의 성격보다는 모든 진정한 이론적 탐구의 주된 도구인 언어에 대한 순수한 "논리적" 분석의 성격을 지닐 것이다. 그렇지만 실증주의자들의 이 운동, 그리고 칸트의 운동이 미리 가정하고 있는 핵심 전제는 우리가 이 세계 자체를 어떤 궁극적이고 절대적인 방식으로 조사하고 이해할 수 없지만, 이 세계에 관해 우리가 말하거나 생각하거나 이해한 것은 어떤 궁극적이고 절대적인 방식으로 조사하고 이해할 수 있다는 생각이다. 좀더 풀어 말하면 그것은 이 세계가 실제로 있는 방식은 도저히 밝혀질 수 없을지라도, 이 세계가 어떠하다고 우리가 실제로 말하는 방식이나 실제로 생각하는 방식은 여전히 하나 이상 있다는 생각이다.

우리가 이론적 지식을 추구하고 축적하기 위해 늘 사용하는 개개의 낱말이나 진술이나 언어 체계가 확정된 의미나 내용을 갖고 있다든가, 어떤 고정된 구조적 특징이나 개념적 특징을 구체적으로 보여준다든가, 명확해서 정체를 식별할 수 있는 주제를 논하거나 논하려고 꾀한다는 생각은 전혀 실증주의만의 고유한 생각이나 특이한 생각이 아니다. 철학적 작업의 기초로 작용하는 이 언어 분석 개념은 철학적 분석에서 기초 역할을 하므로―이 방법이 단순히 전통적 철학 논쟁들의 기원과 도저히 화해에 도달할 수 없는 대립의 성격을 설명하는 데 사용되든, 그런 논쟁이 이론적으로 무의미하다는 것을 증명하는 데 사용되든―실제로 철학적 분석을 시도하는 모든 고전적 방법에 공통으로 전제되어 있다.

이와 마찬가지로, 목표가 궁극적으로 특정한 형이상학적 신념에 유리하거나 불리한 증거를 제시하는 데 있든, 아니면 단지 과학(학문)의 인식론적 기초나 "논리적" 기초를 명료하게 밝히는 데 있든, 언어 분석 개념은 언어가 실제로 말하는 것이나 실제로 관계하는 것이 진정으로 의의 있는 문제 – 객관적으로 진행되는 철학적 고찰인 분석을 당연히 받아야 하는 문제 – 라는 생각을 그대로 유지하였다.

한 예로 전기 비트겐슈타인은 "철학은 언어 비판이다"라는 철학관, 다시 말하면 철학은 일상 언어 진술의 겉모습에 드러나 있으면서 우리를 오해에 빠뜨리는 문법 구조 밑에 숨겨져 있는 진짜 논리적 형식을 밝히는 일을 주로 하는 언어 비판이라는 철학관을 주장하면서, 언어의 겉보기 형식이 그 언어의 진짜 형식일 필요가 없다는 점을 밝힌 공로를 러셀에게 돌렸다.[58] 한편 이와 비슷한 취지에서 라일은 어떤 표현에 기록된 사실의 진짜 형식을 발견하기 위해서 그 표현이 참으로 의미하는 것이 무엇인지 찾아내는 조사 작업을 주장하였다.[59] 하지만 러셀이 표현의 논리적 형식을 실재의 기초적 구성 성분을 찾아내는 실마리로 간주하는 점에 대해 에이어는 이의를 제기하였다. "… 철학자는 분석가이므로 사물의 물리적 속성들에 직접 관여하지 않는다. 철학자는 우리가 사물의 물리적 속성들에 대해 말하는 방식에만 관심을 갖는다."[60]

전통적으로 철학이 기도하는 탐구의 성격과 실행 가능성에 대해 서로 대립하는 여러 가지 견해는 이와 같이 언어가 "진짜" 형식이나 구조나 내용을 본래부터 지니고 있다는 언어관을 공통으로 바닥에 깔고 있으며, 이 "진짜" 형식이나 구조나 내용은 최종의 철학적 목표에 구애받지 않는 분석가의 날카로운 눈에는 쉽게 이해될 수 있다고 생각되었다. 그렇지만 언어 분석 개념을 가장 중요하다고 생각하여 명료한 모습으로 부각시킨 철학자는 (과학적 명제의 "숨은 의미"를 주장한 슐리크나 과학 언어의 "논리적 구조"나 "내용"을 찾았던 카르납 같은) 실증주의자들이었는데, 그렇게 된 이유는 언어의 그런 특징에 관한 탐구가 모든 지식의 기원과 본성과 범위를 적절하게 이해하는 데 반드시 필요할 뿐만 아니라, 그러한 탐구 자

---

58) Wittgenstein (2), 4.003-4.0031.
59) Ryle (3), 100쪽.
60) Ayer (3), 57쪽.

체가 합당한 철학적 탐구의 유일한 영역을 형성한다는 것까지 인정한 철학자는 이들 실증주의자들이었기 때문이다.

따라서 우리의 담화 속에서 분석을 통해 밝혀진다고들 하는 진짜 형식이나 의미가 "단 하나의 … 한 것" 같은 지칭 표현이나 "프랑스의 현재 왕" 같은 "개체" 기술이나 "한정 기술"의 겉보기만의 지칭 대상은 물론이고, 존재, 무, 절대자, 속성이나 보편자 같은 것, 더 나아가 디킨스의 소설 속의 인물 피크위크로부터 페가서스에 이르기까지 실제로는 없는 수많은 대상은 실은 그에 대해 언급하는 것처럼 보이는 진술의 주제가 아니라는 사실을 밝혀낸다고 주장되었다. 마찬가지로 분석은 "신은 실존한다"와 같은 진술들이 실존이라는 속성을 어떤 것에 실제로 귀속시키지 못한다는 것을 밝히려는 작업이라고 주장되었으며, 또한 진술들의 논리적 유형을 구별해야 한다는 유형 이론이 어떤 술어는 반드시 어떤 사물에 적용될 수 있도록 보증하는 반면에 다른 술어는 그 사물에 결코 적용하지 못하도록 금지하도록 훌륭하게 계층을 이루는 언어의 개념적 계층 구조를 설명한다고 주장되었다. 게다가 분석을 통해 얻은 가장 감명을 주는 업적으로서-물리과학의 언어가 물리적 대상 자체가 아니라 직접 경험의 요소들과 실제로 관련을 맺는다는 것을 밝히기 위한 같은 방향의 노력과 함께-겉보기에 수에 관해 말하는 것으로 보이는 진술은 실은 "집합들의 집합"에 관한 진술임을 밝히려 했던 수에 관한 집합론적 해석이 있다는 것은 말할 필요도 없을 것이다. 이 모든 실례에서 분석철학자들은 분석의 대상으로 삼았던 언어의 부분이 지닌 진짜 구조나 의미나 개념적 취지를 알아냈다고 주장하였다. 이런 것들이 밝혀졌다고 생각하면, 그들은 진짜 의미나 구조를 그 동안 해결되지 못했던 철학적 난문제들에 대해서 답을 찾아내어 해결하거나 다른 형태의 물음으로 바꾸어 해석하거나 잘못된 문제라고 해소시켜버리는 작업에 여러 가지 방식으로 사용하였다. 따라서 분석의 결과를 특정한 과제-이를테면 형이상학을 설명하는 일, 형이상학을 비판하는 일, 형이상학이나 인식론을 구성하는 일―를 처리하는 데 사용하는 일은 언어가 이 세계에 관해 말하거나 기술하는 특유의 방식을 묘사하는 역할을 하는 고정된 명확한 의미나 개념적 내용을 보여주므로 이런저런 형태의 일관된 철학적 분석을 할 여지가 있다는 일반적으로 인정된 가정과 무관하다.

　"실재의 구조는 무엇인가?"나 "실제로 실존하는 것은 무엇인가?"와 같은 절대적인 형이상학적 물음은 "우리 언어의 구조는 무엇인가?"나 "우리가 정말로 언급하고 있는 것은 무엇인가?"와 같은 절대적인 언어적 물음에 해당한다. 분석의 명확한 업적은 이러한 언어적 물음이 성립할 수 있다는 그보다 앞선 직관과 일치한다고 여겨졌을 뿐만 아니라, 그 물음에 대한 답은 새롭고 흥미로운데다가 평범한 것이 아니라는 생각을 일으켰다. 실증주의자들은 절대적 형이상학을 몹시 경계하므로 이 언어적 절대주의를 진심으로 받아들였다. 이 일은 마침내 사실상 생각할 수 있는 모든 절대적인 형이상학적 주장이나 존재론적 주장을―카르납이 시도했던 바와 같이―특정한 언어를 이루는 표현들의 통사론이나 구조나 의미에 관해 언급하면서 절대적인 형이상학적 주장이나 존재론적 주장에 대응하는 절대적인 언어적 주장으로 체계적으로 바꾸어 표현하는 작업을 하도록 만들었다. 이 방식을 사용하여 실제로 있는 것에 관한 진술 하나 하나가 어떤 언어나 그 부분이 있다고 정말로 말하는 것에 관한 진술로 대치될 수 있었다. 이렇게 해서 우리가 이 세계에 관해 정말로 말하거나 말할 수 있는 것에 관한 탐구가 실제로 있는 그대로의 세계에 관한 탐구를 체계적으로 대신하게 되었다.61)

---

61) 여기서 사용하는 "절대적인 언어적 물음"이란 말을 카르납의 "외적 물음"과 혼동해서는 안 된다. 카르납의 외적 물음은 이론적 의의를 지니지 못하고 단지 언어 체계 전체의 실제적 유용성에 관한 물음일 뿐이다. 이와 달리 절대적인 언어적 물음은 특정한 언어 체계의 구조나 내용에 관한 물음이며, 그래서 우리가 어떻게 말해야 하는가를 문제삼지 않고, 우리가 선택할 수 있는 여러 가지 언어 체계가 지

언어 분석 개념이 지닌 언어적 절대주의는 — 이미 지적한 바와 같이 — 이상 언어에 관한 신조나 의미에 관한 그림 이론과 혼동되어서는 안 된다. 실제로 있는 그대로의 세계를 그리는 이상 언어에 대한 러셀과 비트겐슈타인의 생각은 오히려 언어 분석 개념의 한 변형 — 하나의 변형이지만 실은 모범적인 변형 — 이다. 그림 의미 이론은 언어와 실재 사이의 신비로운 그리기 관계에 호소해서 (이상) 언어의 이른바 구조와 내용을 밝히려는 이론이다. 언어는 "사실"의 논리적 형식을 객관적으로 표현하는 일을 통하여 세계를 그린다.62) "그림은 실재의 모델이다."63) 이 견해에 따르면, 분석가의 일은 일상 언어가 우리에게 보여주지만 그 표면상의 문법 구조 때문에 혼란스럽고 비틀어진 그림을 제대로 된 모습으로 바로잡고 또 (올바른 논리적 형식을 가진다는 뜻에서) 정확하거나 참다운 그림을 보여주는 이상 언어로 바꾸어 표현함으로써 진짜 의미와 구조를 드러내는 것이다. 일단 명제가 이상 언어의 형식으로 만들어지게 되면, 명제의 의미나 뜻을 파악하는 일은 그림이 표현하는 것을 알아보는 방식에 비유할 수 있다. "명제는 자신의 의미를 보여준다."64) 명제 전체의 "뜻"(sense)은 — 그게 정말로 의의 있는 명제라면 — 그 명제가 실재와 공유하는 **논리적 형식**과 그 명제를 구성하는 개개의 용어가 약정에 따라 나타내는 **개별 사물들**의 함수라고 실제로 주장되었다.

그러므로 그림 의미 이론은 세계가 실제로 존재하는 방식에 호소함으로써 언어(이상 언어)가 정말로 말하거나 의미하는 것을 설명하려고 시도한다. 이 점에서 언어적 절대주의는 형이상학적 절대주의에 전적으로 의존하고 있다. 하지만 이 사실에 의해서 언어의 의미는 어떤 그림에 나타난 것을 우리가 이해하는 방식이라고 간주하는 방식으로 어떻게든 직접 파악

닌 개념적 내용을 명료하게 밝히려 할 뿐이다.
62) Wittgenstein (2), 2.1.
63) 같은 책, 2.12.
64) 같은 책, 4.022.

하거나 깨달을 수 있는 명확하고 구체적인 특징이다라는 강력한 심상에 도달하게 된다. 언어를 이해하는 일은—그 언어가 정확한 논리적 형식을 갖추고 있는 한—누구나 통상 형이상학적 통찰과 직관과 포착에 기대하게 마련인 특권적 방식의 인지적 이해와 상당히 비슷한 성격 즉 어떤 것의 중재 없이 직접 보고 아는 인식의 성격을 지닌다고 할 수 있다. 그림 의미 이론가들은 언어나 그것이 보여주는 그림을 형이상학자들이 실재를 조사하듯이 조사한다. 그러므로 언어는—비록 실재 자체는 실제적 영역이나 이론적 영역을 벗어나 있다 할지라도—실재에 관해서 직접적으로 조사할 수 있는 구체적이고 확정된 그림을 보여준다. 이렇게 해서 언어가 그려 보여주는 그림은 실재 대신에 철학적 탐구 대상으로 쓰이는 대용 주제로 된다. 그러므로 언어 그림이 지닌 겉보기에 명백한 성격은—누구도 세계가 실제로 있는 방식을 직접 "볼" 수 없을지라도—언어가 이 세계에 관해 정말로 말하는 것을 어떻게 "보게" 되는가에 대해서 그럴 듯하게 설명하는 것 같다.

러셀과 비트겐슈타인이 내세운 그림 의미 이론이 지닌 참고 넘길 수 없는 형이상학적 가정과 그에 수반되는 단 하나의 올바른 이상 언어나 참다운 이상 언어가 있다는 가정은 앞에서 강조했던 바와 같이 실증주의자들에게 호소력이 없었다. 그렇지만 언어의 절대적 확정성에 대한 생생하고 시사적인 성격 부여와 언어의 구조와 내용에 대한 명백한 접근 가능성은 실증주의자들과 그 밖의 분석철학자들에게 계속 강력한 영향을 미쳤으며, 그래서 그들은 언어에 관해서 의심받지 않을 수 있는 설명을 찾아내려고 단호하게 노력을 계속하였다. 그림 의미 이론의 형이상학을 피하기 위한 그들의 초기 시도는 언어적 담화를 지배한다고 믿는 규칙이나 약정을 새로이 강조하는 쪽으로 나아갔다. 언어와 언어 바깥의 세계 사이에 성립한다고 상상되면서 말로는 표현할 수 없는 관계는 언어가 정말로 말하거나 관련을 맺는 것을 찾아내는 원천인데, 이 관계를 설명하거나 옹호하는 그들의 시도는 언어의 규칙이나 약정에 의한 설명을 위해서 단념되었다.

약정의 역할은 물론 전기 비트겐슈타인이 개별 용어의 뜻을 설명할 때 어느 정도 인정되었다. 하지만 비트겐슈타인에게는 언어적 표현의 이 측면이 이차적이고 부수적인 것이므로, 그가 진정으로 의의 있는 방식으로는 직접 언급조차 할 수 없다고 생각했던 논리적 구조에 관한 비약정적 신조에 의존하고 있다. 따라서 언어의 이차적 측면 즉 약정적 측면은 설명될 수 있지만, 일차적으로 중요한 구조적 특징은 오직 인지되거나 파악될 수 있을 뿐이다. (언어에 관한 모든 이야기라 할 수 있는) 의미와 구조 둘 다 필요하면 상위 언어로 조목조목 서술되고 논의되고 바꾸어 표현될 수 있는 규칙이나 약정에서 생긴다는 생각은 부분적으로는 그림 의미 이론의 (초기 형이상학과 신비적 성향의) 부적절성이 명백하게 밝혀지자 이에 대한 대안으로 뚜렷하게 떠오르게 되었지만, 여기에는 힐베르트(D. Hilbert)와 괴델(K. Goedel)과 타르스키(A. Tarski)가 이룩한 수학의 형식적 체계 구성과 상위 수학적 연구 성과에 대한 점증하는 관심에서 유래하는 또 하나의 강력하고 실제적인 영향이 있었다. 이 새로운 견해는 여전히 언어가 실재의 그림을 제시한다고 생각하면서도, 이 그림의 기원은 언어에 의해 그려지는 그것과 논리적으로 결합되어 있지는 않다고 생각하였다. 그림을 성립시키는 열쇠는 문제의 언어가 지닌 규칙들—형성 규칙과 변형 규칙, 통사 규칙과 의미 규칙 등등—에 있다. 이 규칙은 언어 바깥의 세계와의 연결 고리를 나타내는 데 쓰이는 게 아니라, 다만 특정한 언어를 이루는 언어적 표현들의 의미 조건을 확인하고 부과하는 데에만 쓰인다. 그래서 언어가 정말로 말하는 것—다시 말해서 언어가 세계를 그리는 방법—은 언어의 사용을 지배하는 규칙이나 약정에 의해 완전히 결정되는 것으로 보이게 된다. 이 규칙의 임무는 문제의 언어가 이 세계에 관해서 말할 수 있는 바로 그것과 그 방법을 자세히 설명하는 것이다. 이 규칙은 그 언어의 개념적 내용을 조목조목 명확하게 설명하며, 따라서 (슐리크의 말을 그

대로 되풀이하면) 언어가 세계를 그리는 방식의 시작이자 끝이다.

그러므로 언어적 규칙과 약정에 관한 신조는 언어가 세계를 나타내는 방식에 관해서는 의미 있게 말할 수 없다고 단정했던 비트겐슈타인의 신비주의적 구속으로부터 철학을 자유롭게 해줄 뿐만 아니라, 말로 표현할 수 없는 "그리기 관계"와 그에 연관된 형이상학적 함축 내용에 의존해 있던 상태에서 해방시켜 주는 것으로 보인다. 언어의 사용과 의미의 철저한 약정성에 관한 이 신조로 인해서, 실증주의가 새로운 "제일 철학"으로서의 언어 분석에 대해 내세우는 근본적 이유가 확고해지는 것과 마찬가지로, 실증주의의 핵심을 이루는 반형이상학적 태도도 보장되는 것처럼 보였다. 과학적 탐구나 이론적 탐구라면 어느 것이든 반드시 개념적 영역 속에 한 자리를 차지해야 하는데, 이 개념적 영역의 한계는 언어에 반영되거나 언어에 의해 포착된 실재의 불변적 근본 특성에 의해 결정되는 것도 아니고 인간 정신의 구조에 의해 결정되는 것도 아니며, 단적으로 사람들이 "어떻게 (이 세계의 것들에 관해) 말할 것인가"에 관한 규칙이나 약정을 자각적으로든 비자각적으로든 마침내 채택함으로써 결정될 뿐이다.

결국 언어에 관한 이 약정주의 신조에 도달한 원리들을 시종 일관 고집하는 일은—아래 굿맨의 설명이 보여주는 바와 같이—**그리기 자체**에 관해서도 비슷한 이론에 도달하게 되었다.

> 나는 언어에 관한 그림 이론(picture theory of language)을 버리는 데서 시작하여 그림에 관한 언어 이론(language theory of picture)을 채택하는 것으로 끝냈다. … 어떤 사람은 언어에 관한 그림 이론에 대해서 이 이론은 그림에 관한 그림 이론이 그른 만큼 그르고 또 옳은 만큼 옳다고 말할지도 모른다. 아니면 말을 바꾸어 그른 것은 언어에 관한 그림 이론이 아니라 그림과 언어 둘 다에 관한 어떤 절대적 개념이라고 말할지도 모른다.[65]

---

65) Goodman (4), 31-32쪽.

그래서 굿맨에 따르면, 우리가 이 세계를 (단지 은유적으로가 아니라 정말 글자 뜻 그대로) 보는 방법이나 그리는 방법이나 조사하는 방법은 언어로 이 세계에 대해 말하거나 이야기하거나 기술하는 방식이 약정적으로 고안된 기호 체계에 상대적인 것과 마찬가지로 그러한 기호 체계에 상대적이다.

그렇다면 "언어의 규칙"에 대한 기본 주장은 세계에 관해 말하는 단 하나의 올바른 방식이 있다는 견해와 대립되는 만큼 카르납의 **관용의 원리**와 아주 잘 일치한다. 언어 체계들에 관한 카르납의 신조에 따르면, 세계를 보거나 기술하는 다른 대안의 방식은 언어적 표현의 구성과 사용을 위해 우리가 고안해내는 규칙 체계가 서로 다르고 독특할수록 그만큼 더 많아지고 독특한 방식으로 만들어진다. 갖출 것을 빠짐없이 갖춘 카르납의 사물 체계 속에서는 개개의 언어 체계가 저마다 일련의 규칙을 갖고 있고 또 그 체계가 제 자신의 일련의 규칙에 의해 구성되거나 규정된다. 하나의 언어 체계를 선택하는 것, 그러니까 세계를 생각하거나 기술하거나 어쩌면 그리는 일반적 방식은 단순히 적절한 일련의 규칙을 채택하는 것일 따름이다. 이론 과학자는 그러한 일련의 규칙에 의해 정의된 개념 체계 안에서 연구하고 있으므로, 이 세계에 관한 어떤 진술의 진리성과 허위성 문제를 그 개념 체계와의 상관 관계를 고려하여 결정하는 것으로 보인다. 하지만 그러한 규칙을 찾아내고 감정하고 명확하게 표현하고 다시 다듬는 일에 종사하는 철학자는 이 개념 체계 자체의 기본 구조를 분석하는 일, 즉 그러한 담화 규칙으로 구체적 모습을 드러내는 여러 가지 개념 체계, 세계관, 세계 그림을 조사하고 검토하고 비교하는 일에 적극적으로 종사하는 것으로 보인다. 철학자의 임무는 실재의 일반적 그림, 다시 말하면 언어 규칙으로 구체적 모습을 드러내고, 과학자가 그것과의 상관 관계를 고려하여 이론적 진리를 확립할 수 있는 실재의 일반적 그림을 찾아내어 기술하는 것이다.

그러므로 약정주의자가 가지고 있는 언어 분석 개념의 형태는 어떤 점에서는 여전히 언어에 관한 그림 의미 이론이다. 다시 말하면 이 견해는 여전히 언어가 실재에 대한 고정된 명확한 그림, 또는 모든 경험을 해석해내는 개념 체계에 대한 고정된 명확한 그림을 제공한다고 주장한다. 이 견해는 결국 전체적으로 보면 그리기에 관한 다른 이론을 선택하고 있을 뿐이다. 이 견해는 그리기가 더 이상 그려지는 것보다 논리적으로 우선한다는 생각을 갖고 있지 않으며, 오히려 그려지는 것의 일반적 특징은 그리기에 사용되는 상징적 표현 체계를 지배하는 규칙에 의해 결정될 뿐이다. 언어는 여전히 사물에 관해서 발견될 수 있는 고정된 그림을 제공하며, 철학자는 세계 자체의 특징에는 직접 관여하지 못하고 이 기초 그림의 특징에 관여할 뿐이다. 그러니까 이 견해의 요점은 (어떤 훌륭한 과학의 개념적 제한 요소를 그리고 있는) 이 그림이 세계 자체와 맺고 있는 어떤 표현할 수 없는 관계에 의해 구성되는 게 아니라, 오직 약정으로 채택되어 명확하게 열거되는 일련의 규칙에 의해서만 구성된다는 것이다. 따라서 철학적 분석이 해야 하는 임무의 특성을 부여하는 일은 형이상학적 관심에서 비롯된 어떠한 제안에도 구애받지 않고 자유롭다. 철학자는 세계 자체가 아니라 이런저런 언어로 모습을 드러내는 세계 그림을 탐구할 때 오로지 상징 기호를 창안하고 조종하기 위해서 설정된 단순한 규칙에만 관여한다. 그래서 이런 철학자의 언어적 절대주의는 모든 형이상학적 절대주의에서 벗어나 있으며, 또 자신이 승인하고 싶은 형이상학적 탐구에 따르게 되는 사실상의 상대성에 관한 어떠한 신조와도 (또는 형이상학의 무의미성을 주장하는 어떠한 비슷한 신조와도) 완전히 양립한다고 할 수 있다.

그럼에도 불구하고 언어 분석 개념이 지닌 언어적 절대주의는 그것이 어떻게 전개되든 상관없이 (세계에 관한 담화가 거기에 사용된 어떤 언어적 표현 체계와 상대적으로만 유의미하다는 견해와 결합되었을 때에는) 언어 자체는 이 세계에 속하지 않는 것이라는 생각을 함의하는 것 같다.

좀더 자세히 말하면 언어적 표현들의 개념, 의미, 관념, 사상, 형식, 구조, 내용, 주제 그리고 언어 체계 전체에 구체적 모습을 드러내는 개념 체계, 세계 그림, 세계 직관은 세계에 관한 진리를 결정하는 일상적 방식과 똑같은 방식 즉 언어에 의존하거나 상대적이지 않은 방식으로 "파악"되거나 "발견"될 수 있다는 생각을 함의하는 것 같다. 언어에 대한 분석이 모든 경험과학보다 (인식론적으로) 우선한다는 견해, 다시 말해서 언어에 대한 분석이 모든 진정한 경험적 탐구나 이론적 탐구의 개념적 기초를 탐구하고 결정한다는 견해 속에는 바로 이 생각이 암암리에 함축되어 있다. 이 견해는 세계가 언어를 떠나서는 명확하지 않은 반면에, 세계에 대한 생각이나 이해는 언어로 이루어지므로 명확하다고 본다. 그러니까 우리는 실재의 궁극적 특징을 의의 있게 탐구할 수는 없지만, (실재의 궁극적 특징에 대응하는) 언어 속에 고정되어 있는 실재의 구조적 특징이나 개념적 특징에 관해서는 절대적인 답을 찾을 수 있다. 그리고 기초 존재론과 논리-수학적 진리는 선천적 형이상학 원리에 의존하는 게 아니라, 오직 거기에 적용된 개념 체계나 언어 체계를 한정하는 특징만을 반영할 뿐이다.

이와 같이 실증주의자들이 취한 반형이상학적 입장과 분석철학이 성공적으로 진행되던 시절의 많은 분석철학자가 취한 반형이상학적 입장은 이런 종류의 언어적 절대주의에 최대한의 무게를 실었었다. 그들은 세계가 실제로 존재하는 방식을 전혀 인정하지 않았기 때문에 사람들이 세계가 어떠하다고 생각하거나 세계가 어떠하다고 실제로 말하는 방식이 있다는 견해와 이 언어의 절대적이거나 명확한 개념 내용이나 의미를 대상으로 삼고 통상 형이상학자들의 노력을 연상시키는 활연 관통의 철학적 통찰이 당연히 이루어질 수 있다는 견해를 계속 지지하였다. 그들은 실재에 대한 인식은 사고 작용에 상대적이지 않고서는 불가능하지만, 이 사고 작용에 대한 인식은 선명하고 분명하다고 생각하였다. 그러므로 분석철학자들이 실제로 존재하는 대로의 세계에 관한 담화는 완전히 무의미한 말일 수밖에 없다고 생각해서 언어로 돌아섰든, 단순히 그러한 세계에 대한 직접 지식은 훨씬 더 실제적 성격의 이유로 인해 성립할 수 없다고 생각해서 언어로 돌아섰든, 그들이 언어 분석 개념을 공통으로 승인한 일은 언어적 탐구의 본성에 관한 가정을 포함하고 있는데, 그 가정은 우리가 언어 바깥의 실재에 접근할 수 있다고 자부하는 사변적 형이상학의 주장에 필적하는 가정이다.

앞에서 간략하게 특징을 설명했던 입법적 공준 설정은 논리학과 존재론의 영역에서만 이루어지는 일이 아니라 학문을 가설 체계로서 구성할 경우에는 언제나 사용하게 마련인 일반적 방식이라 할 수 있다. 논리학과 존재론에서 논의되었던 실존과 실재는 인간이 이 세계에 관해 언급하기 위해 습득하거나 선택하는 방식에 의해 미리 전제되는 것이라는 생각은 어느 영역 어느 대상에 대해서도 맞는 말이라 할 수 있다. 마찬가지로 논리학과 존재론의 진리성은 인간이 의식적이든 무의식적이든 언어적 결정에 의해 미리 전제되는 것이라는 생각도 임의의 옳은 진술에 대해 성립한다고 말하기보다는 아예 모든 진술에 대해 성립한다고 말하는 편이 나을 것이다. 그러므로 언어적 의미나 개념적 내용에 관한 물음은 이론적 진리에 관한 일상적 물음에서 분리될 수 없을 뿐만 아니라 이론적 진리에 관한 일상적 물음과 무관하게 취급될 수도 없다.

제 3 장 언어가 규칙에 의해 규정하여 주장하는 것

1. 콰인의 "존재론의 상대성"

그렇다면 언어 분석 개념은 실증주의자들을 위해서—분석을 단지 형이상학이나 "제일 철학"에 대한 비판의 보조 수단으로서 지지해주는 것을 넘어서—결정적으로 중요한 인식론적 역할을 하였다고 할 수 있다. 언어 분석 개념이 분석을 "제일 철학" 바로 그것으로 보는 견해를 지지했기 때문이다. 실증주의자는 언어 바깥의 실재의 본성이나 언어 바깥의 사고의 본성이 아니라 언어적 표현의 기초적 의미나 구조나 내용 여하에 따라 전적으로 결정되는 주장으로 재해석될 수 있는 선천적 주장만이 진정한 의의나 타당성을 지닌다고 인정하였다. 앞에서 살펴본 바와 같이 카르납은 이 신조를 언어에 관한 고찰 내용에 입각하여 논리적 진리와 사실적 진리의 차이뿐만 아니라 실존에 관한 존재론적 물음과 과학적 물음의 차이를 설명하는 데까지 치밀하게 밀고 나갔다. 카르납은 세계를 이루고 있다고 여겨지는 대상들에게 기초적 범주가 있다는 사실은 (일반적으로 논리학과 수학의 진리들에 관해 그런 것처럼) 그 대상들에 적용하기 위해 채택된 특정한 언어나 언어 체계가 지닌 독특한 특성에서 나오는 귀결—다시 말해 우리가 실제로 있다고 상상할 수 있는 것이 아니라 (모든 언어는 제쳐놓고) 우리가 있다고 실제로 말하기 위해 선택한 특정 언어의 귀결―일 뿐이라고 주장하였다. 그래서 이미 언급했던 바와 같이 모든 언어의 형식과 내용은 약정적으로 채택된 규칙에 의해 전적으로 결정된다는 이론은 실증주의자와 신실증주의자의 철학적 건축물 전체를 유지하는 접착제 역할을 했던 그림 의미 이론을 대신하는 이론으로 점점 발전하였다.

콰인이 언어적 고찰만을 근거로 삼고 이루어진 논리적 진술 대 사실적 진술의 구별에 입각하여 진행되는 모든 노력과 실존하는 것이나 실재하는 것에 관한 과학적 물음과 존재론적 물음(철학적 물음)을 구별했던 카르납의 비슷한 접근 방법에 대해 끈질기게 반대한 사실은 오래 전부터 알려져 있는 일이다. 콰인의 반론은―초기의 논문 "약정에 의한 진리"에서 시작하여 연달아 발표된 "존재론에 관한 카르납의 견해", "카르납과 논리적 진리", "경험주의의 두 독단적 신조"와 같은 잘 알려져 있는 논문을 거쳐 <말과 대상>이란 책의 몇몇 중요한 절로 정리되기에 이르면서―언어적 의미나 규칙이나 약정에 관한 생각과 그와 연관된 다양한 쟁점을 한결같이 비판적으로 검토하는 형태를 취하였다. 콰인의 최근 논문 "존재론의 상대성"은 그의 입장을 형성하는 내용인데도 그의 저작들 여기저기에 산만하게 흩어져 있던 몇 가지 기본 주장을 통합해서 언어 구성, 약정이나 "규칙"의 역할, 언어 일반에 관한 물음의 이론적 격위에 관한 자신의 견해를 한 편의 글로 가장 밀도 있고 포괄적으로 표현하고 있다. 이 글은 몇 가지 점에서는 언어에 관한 약정주의 견해와 그 견해를 지지하는 데 사용되는 철학적 신조들에 대한 콰인의 초기 비판을 분명히 그대로 반복하고 있지만, 전례를 찾을 수 없을 정도로 넓은 논의의 범위와 정밀성은―어떤 점에서는 언어에 관한 이전의 견해들 가운데 일부와 모순되는 것처럼 보이기조차 하는데―뜻밖에도 그의 초기 저작보다 훨씬 더 깊은 통찰을 담고 있는 새롭고 통일된 철학적 조망을 보여주고 있다.

"존재론의 상대성"에서 전개되고 있는 논의는 아주 광범위한 문제에 연관되어 있는데다가 빈번히 매우 전문적인 내용을 다루고 있으므로 간단하고 명료하게 요약하기는 어렵다. 한정된 주제를 논하는 각 부분은 그 자체로는 명쾌하고 알기 쉬운 것처럼 보이지만, 그 부분적 논의들 사이에 성립하는 연결 관계와 전체에 걸친 철학적 의미는 흐릿해서 다소 수수께끼처럼 여겨지기 쉽다. 이런 이유로 아래에 그려보는 윤곽은 이 논문에 대해 더욱 치밀한 논의를 할 수 있도록 해주는 토대 역할을 하리라고 생각된다. 이 절에서는 우선 카르납에 의해 가장 잘 표현된 철학에 대한 전형적인 언어적 접근 방침에 특히 불리하게 영향을 미치는 콰인의 몇 가지 논증과 통찰과 비평에 초점을 맞추고자 한다. 이 비판의 대부분은 카르납과 그 추종자들에 대해 흔히 제기되는 비판들을 회상시킬 것이고, 언어와 이론 과학에 대한 콰인의 견해가 지닌 이미 잘 알려진 몇몇 측면을 생각나게 할 것이다. 하지만 그 다음에 이어지는 절들은 그런 언어적 접근 방침의 근저에 깔려 있는 언어 분석 개념―카르납의 견해는 이 개념에 대한 단지 중요하고 영향력 있는 한 형태에 지나지 않을 뿐인 언어 분석 개념―에 대해서 훨씬 더 새롭고 광범위한 비판적 결론들을 자세히 설명하려고 노력할 것이다. "존재론의 상대성"이라는 콰인의 중심 주장은 이중의 상대성 즉 어떤 이론이 언질을 주는 존재론이나 어떤 이론의 용어들이 언급하는 대상은 무엇인가에 관해 이야기하는 모든 담화가 말려들게 마련인 이중의 상대성이다. 콰인에 따르면 이론의 존재론적 취지는 오직 (액면 그대로 받아들인) 배경 이론이나 언어에 상대적으로만 결정될 수 있고, 또 전자를 후자에 의해 번역하거나 해석하기 위한 방법의 선택에 상대적으로만 결정될 수 있다. 게다가 콰인은 이렇게 이론의 대상들이 무엇인지 절대적으로 말할 수 없기 때문에, 어떤 경우에는 이론이 논의 대상의 세계를 끌어들이는지 않는지를 위의 경우와 마찬가지로 절대적으로 결정할 수 없다고 설명하기도 한다.

콰인은 잘 알려져 있는 자신의 두 주장 즉 번역의 비결정성 주장과 언어적 언급의 대상을 경험적으로 결정하는 문제에 관한 주장에 관련되는 몇 가지 친숙한 근거를 옹호하면서 논의를 시작한다.[1] 콰인은 낯선 언어의 일반적 용어가 하는 언급 작용이나 분할 언급 기능을 하는 용어의 언급 작용은 객관적으로 이해할 수 없다고 주장하는데, 그 이유는 그런 용어가 이 세계에 흩어져 있는 부분들의 어디에 적용된다고 해석하는 일이나 이 세계에 흩어져 있는 부분들을 그 용어가 개체 즉 개별 대상으로 구별하거나 분할하는 방법이 누군가가 그 언어를 번역할 때 그 언어 속의 다른 용어들을 번역상의 전체적 균형을 위해 어느 정도로 조정하고자 하는가에 아주 크게 의존한다는 데 있다. 특히 이 일은 번역자가 "일군의 서로 관련을 맺고 있는 문법적 낱말과 어구 즉 복수형 어미, 대명사, 수사, 동일의 'is', 이 'is'의 다른 표현인 '같다'와 '다르다'"의 번역을 최종적으로 어떻게 결정하는가에 의존하게 될 것이다.[2] 콰인은 이 일군의 서로 관련을 맺고 있는 표현 장치를 영어의 개체 구별 장치라고 부른다.

예컨대 콰인이 가정한 어떤 토착민의 언어에서 "가바가이(gavagai)"라는 말은 토끼의 출현을 물을 때마다 토착민이 토끼의 출현을 인정하는 데 사용될 수 있는 말이다. 하지만 토끼는 분할되지 않은 토끼 부분이나 한 시점의 토끼 단면이 똑같이 나타날 때 그리고 오직 그때만 출현한다. 이 점에 대해 콰인은 다음과 같이 주장한다.

> "토끼", "분할되지 않은 토끼 부분", "한 시점의 토끼 단면"의 유일한 차이는 그것들의 개체 구별 기능에 있다. 만일 당신이 이 시공 세계에 흩어져 있는 부분들 전체에서 토끼를 이루는 부분들, 분할되지 않은 토끼 부분들을 이루는 부분들, 한 시점의 토끼 단면을 이루는 부분들을 지적해 보인다면, 당신은 세 번 다 이 세계에 흩어져 있는 동일한 부분들을 보여주는 것이 된다. 유일한 차이는 당신이 이

---

[1] Quine (22), 2장, 그리고 (11), 1장.
[2] Quine (11), 32쪽.

세계를 어떻게 분할하는가에 있다. 그래서 이 세계를 분할하는 방법은 예시나 단순한 적응시키기를 아무리 끈기 있게 반복하더라도 예시나 단순한 적응시키기에 의해서 가르칠 수 없다.3)

"가바가이"라는 말이 정확히 어느 사물에 적용되는가를 결정하기 위해서는 우리가 토착 언어로 "이 가바가이는 저 가바가이와 같은가?"와 같은 물음을 물을 수 있어야 하며, 따라서 영어의 개체 구별 장치에 대한 어떤 선행 번역에 의존하지 않을 수 없다. 하지만 문제는 바로 여기 즉 이 개체 구별 장치를 번역하는 올바른 방식이나 그릇된 방식이 없고, 그래서 이 개체 구별 장치에 대한 여러 가지 번역은 그와 대응하면서 동등하게 훌륭하다고 주장되는 "가바가이"에 대한 여러 가지 해석으로 수용될 수 있다는 데 있다.

그렇다면 우리가 토착 언어로 "이 가바가이는 저 가바가이와 같은 종류인가?"라고 물으려 할 때에는 언제나 "이 가바가이는 저 가바가이의 부류에 속하는가?"라고 물을 수도 있을 것이다. 사정이 이런 한 원주민의 승인은 "가바가이"를 "분할되지 않은 토끼 부분들"이나 "한 시점의 토끼 단면"이 아니라 "토끼"로 번역하는 데 대한 객관적 증거가 못된다.4)

콰인은 이 가상의 상황이 "영어 속에서 개체 구별 기능을 하는 일군의 서로 관련 있는 표현 장치를 토착 언어로 번역할 수 있기 위해서 고려되어야 하는 모든 사항이 지니고 있는 명백하게 구조적이고 맥락적인 성격" 때문에 사실에 가깝다고 생각하였다. 좀더 자세히 말하면 이런 번역 작업에서는 "체계적으로 아주 다른 번역을 선택하게 마련인 것 같고, 그 번역

---

3) 같은 책, 같은 쪽.
4) 같은 책, 33쪽.

들은 언어행위를 일으키는 모든 성향을 관련된 모든 면에서 공평하게 취급한다."5) 어쨌든 결론은 "가바가이"를 분할되지 않은 토끼 부분들이나 한 시점의 토끼 단면을 언급하는 것이 아니라 토끼를 언급한다고 결정할 수 있도록 해주는 객관적 근거가 우리에게 전혀 없다는 것이다.

콰인은 "초록색"과 "알파"와 같은 용어의 체계적 애매성과 관련되어 있는 이와 다른 종류의 언급의 불가해성에 대해 설명한다. 이런 용어는 집이나 비문과 같은 개개의 구체적 사물에 적용되는 일반 용어로 사용되거나, 초록색이나 그리스 알파벳의 첫 글자와 같은 추상적 대상을 지칭하는 개체 용어로 사용될 수 있다. 이 경우 사용의 차이는 언급된 대상의 차이에 해당하지만, 다시 한번 "가바가이"의 번역을 결정하는 경우와 마찬가지로, 우리는 그 두 가지 사용을 식별하기 위한 객관적 기준을 전혀 확보할 수 없다.

> 구체적 일반 용어 "초록색"이나 "알파"를 가르칠 때 해주는 지적은 추상적 개체 용어 "초록색"이나 "알파"를 가르칠 때 해주는 지적과 전혀 차이가 없다.6)

우리가 이런 용어의 어떤 사용에 관여하고 있는가를 결정할 수 있는 유일한 방법은 그 낱말이 문장 속에 출현하는 방식 바로 그것에 주의를 기울이는 것뿐이다. 다시 말하면 그 낱말이 부정관사를 동반하거나 복수형 어미를 취하고 있는지, 단수 주어 자리에 있는지, 수식어 역할을 하고 있는지, 서술적 보어 역할을 하고 있는지 등등을 살피는 방법뿐이다. 이 물음들에 대한 답을 마련하기 위해서는 누구나 다시 영어의 개체 구별 장치에 의존하지 않을 수 없지만, 앞에서 살펴본 바와 같이 바로 이 장치의 번역 자체가 이론적으로 확정되지 않는다.

---

5) 같은 책, 34쪽.
6) 같은 책, 38쪽.

언급의 불가해성은 이와 같이 두 가지 차원에서 일어난다. 첫째는 낯선 언어의 일반 용어가 지닐 수 있는 다양한 구체적 외연 가운데 어느 하나를 결정할 수 있도록 해주는 이론적 기초가 없고, 둘째는 이와 비슷하게 그 일반 용어가 애초에 구체적 일반 용어로 사용되었는지 아니면 그에 상응하는 어떤 추상적 대상을 지칭하는 개체 용어로 사용되었는지 확실하게 주장할 수 있는 방법이 없다.

게다가 콰인은 고정된 장치로 여겨지는 개체 구별 장치를 갖춘 자신의 "모국어" 영어에서조차 좀처럼 없애기 어려운 어떤 "언급의 흐릿함"에 대해 설명하였다. 예를 들어, 비문 속에서 단독 기호 구실을 하는 원자 기호의 집합들과 그 다음에 일련의 단독 기호나 일련의 합성 표현을 나타내기 위한 기호/수 쌍의 유한한 수효의 집합들에 의존하여 (원초 통사론 학자에 관한 콰인의 예를 해석하는) "표현들에 관한 담화"를 명백하게 설명한다면, 우리는 여전히 언어적 표현들에 대해 이야기하는 것일까, 아니면 그에 대응하는 어떤 집합의 부분 집합들에 대해 이야기하는 것일까. 또는 우리가 숫자 표현을 곧장 해석하는 대신 단순성과 명료성을 위해서 그 숫자 표현에 해당하는 괴델 수를 택해서 이야기한다면, 대체 무슨 의미로 우리가 수와 그 산술학적 속성에 대해 이야기하는 것이 아니라 여전히 단지 숫자 표현에 대해서만 이야기하고 있다고 주장할 수 있는가. 마찬가지로 우리가 산술학을 위한 집합론적 모델을 찾아낸다면, 우리가 수에 관해서 실제로 이야기한다고 해석해야 하는 걸까, 아니면 집합에 관해서 실제로 이야기한다고 해석해야 하는 걸까.

일정한 이론의 모델 구실을 하는 동일 구조의 여러 우주 가운데 특정한 시점에 우리가 실제로 마음에 품고 있는 우주가 어느 것인가 라는 물음의 답을 결정하는 명확하고 일정한 방법은 없는 것 같다. 이런 이론들 가운데 어느 이론이 정확히 어떤 대상들에 관여한다고 주장하기는 정말 어렵다. 경험적 고찰은 전혀 도움이 되지 못하며, 또 낱말들의 의미를 명확하게 밝히려는 시도도 문제를 더 복잡하게 얽히게 만들 뿐이다. 콰인은 이 사실을 조사하여 다음과 같은 내용이 함축되어 있다고 지적하였다.

> 우리는 어떤 논의 대상의 세계를 구체화시키는 일과 … 그 세계를 다른 세계로 환원시키는 일에 명확한 차이가 없다는 것을 알고 있다. 우리는 숫자 표현의 개념을 자세히 서술하는 일과 숫자 표현의 개념을 수 개념으로 대체시키는 일에서 중요한 차이를 전혀 발견할 수 없다. 그러니까 더욱 구체적으로 말하면 수 자체가 무엇이라고 말하는 일은 수를 없애고 이를테면 집합론 같은 새로운 모델을 산술학에 할당하는 일과 조금도 다르지 않다.[7]

콰인은 이보다 더 도발적인 주장을 전개하였다. 그는 근본 번역에서 부딪치게 마련인 바로 그 극단적인 종류의 언급의 불가해성이 모국어에서도 일어날 수 있다고 단언하였다. 콰인은 우리 누구나 일상적으로 이웃 사람의 말을 (다소 무의식적으로) 제 자신의 말로 번역하며, 이런 번역은 실제적으로는 훌륭하게 정당화된다고 지적하였다. 그렇지만 이론적 정당화는 항상 이처럼 명쾌하게 이루어지지 못하는데, 그 이유는 이웃 사람의 개체 구별 장치 사용을 번역상의 전체적 균형을 위해 우리의 해석 방식으로 조정하고자 하기만 하면, 이웃 사람의 담화가 지닌 언급 내용으로 파악된 것을 마음대로 변경시킬 수 있기 때문이다.

> 우리는 토끼에 대한 이웃 사람의 분명한 언급을 참으로 토끼 단면에 대한 언급으로, 또 산술학 공식에 대한 분명한 언급을 참으로 괴델 수에 대한 언급으로 체계적으로 바꾸어 해석할 수 있으며, 이런 일은 반대 방향으로도 가능하다. 우리는 다방면으로 결합되어 있는 그 사람의 술어들을 존재론의 변경을 보충하도록 솜씨 있게 재정리

---

[7] 같은 책, 43-44쪽.

함으로써 이 모든 것을 이웃 사람의 언어 습관과 일치시킬 수 있다.8)

이래서 우리는 결국 자신이 사용하는 말의 언급 작용에 대하여 그 말이 정말로 어떤 대상을 언급하기는 하는가 라고 문제삼을 수 있다. 한 예로 "토끼"라는 말의 사용이 과연 토끼나 그 밖의 저대로 존재하는 것이라 할 만한 대상을 정말로 언급하는가 라는 것까지도 문제삼을 수 있다.

콰인은 언급에 대해 무의미한 말을 하기 시작하는 것은 바로 이 점에서라고 선언하였다. 그는 누구나 자신의 모국어에 대해 궁극적 언급이나 절대적 언급을 묻는 것은 참으로 무의미하다고 주장하였다. 콰인에 의하면 누구나 자신의 언어에 익숙하고 또 그 언어 속의 어휘를 당연하다고 여기는데, 우리는 그런 어휘를 가지고 단순히 다음과 같이 말함으로써 언급을 고정시킨다는 것이다.

> 이것은 식(式)이고 저것은 수(數)다, 이것은 토끼이고 저것은 토끼 부분이다, 이것과 저것은 같은 토끼이다, 이것과 저것은 다른 부분이다. 언급은 바로 이런 말들 속에서 고정된다. 이처럼 용어들과 술어들과 보조 장치들로 짜여지는 이 그물이 언급의 틀 또는 좌표계이다. 누구나 이 언급의 틀이나 좌표계에 상대적으로 토끼와 부분들 또는 수와 식에 관해서 유의미하고 구별짓는 이야기를 할 수 있고 또 실제로 그렇게 하고 있으므로 … 언급은 이 좌표계에 상대적인 경우를 제외하면 전혀 무의미하다.9)

그렇다면 우리는 어떤 언어에 속하는 용어의 언급에 관해 어떤 "배경 언어"에 의지해서만 유의미하게 물을 수 있고, 이 배경 언어는 "그 물음에 상대적 의미만 부여하는데, 이 언어는 다시 그 다음의 배경 언어에 의해

---

8) 같은 책, 47쪽.
9) 같은 책, 48쪽.

부여되는 상대적 의미를 지닌다."10) 그래서 콰인은 언급에 관한 절대적 물음은 절대 위치나 절대 속도에 관한 물음과 마찬가지로 무의미하다고 주장하였다. 공간 좌표계의 위치에 대해 거듭되는 물음에 대답하는 일이 계속 다른 좌표계로 후퇴하면서 그 다음 단계의 좌표계에 상대적으로만 제시되다가 결국 실제로 특정한 장소를 지적하는 일과 같은 행동을 함으로써 끝나듯이, 존재론적 탐구에서도 계속 배경 언어에 호소하는 끝없는 후퇴는 오직 우리가 "모국어를 묵묵히 받아들이고, 그 속의 어휘를 액면 그대로 해석할 때에만"11) 실제로 정지될 수 있다. 따라서 콰인은 "의미 있는 말은 어떤 이론의 대상들이 무엇이라고 무조건적으로 단정하는 말이 아니라, 어떤 대상들에 관한 이론이 어떻게 다른 이론으로 해석되거나 재해석되는가를 설명하는 말이다"12)라고 주장하였다. 이 말은 본질적으로 상대주의적 주장이다.

그러므로 일반적으로 이론은 "일련의 완전히 해석된 문장"으로 이해되고 있지만, 어떤 이론이 그 다음의 배경 이론에 상대적일 경우에만 완전한 해석이 이루어질 수 있다는 것은 의심의 여지가 없다.

> 어떤 이론을 자세히 해설할 때, 우리가 그 이론을 우리 자신의 말에 상대적이고 또 우리 자신의 말의 배후에 있는 배경 이론 전체에 상대적으로 완전히 해석하는 한에서는, 그 이론을 구성하는 문장들, 변항들의 값으로 취급될 수 있는 사물, 서술 어구를 만족시키는 것으로 취급될 수 있는 사물을 우리 자신의 말로 실제로 빠짐없이 열거해야 한다. 하지만 이 일은 그렇게 기술된 이론의 대상들을 오직 배경 이론 속의 대상들에 상대적으로만 고정시킨다. 그리고 누구나 원하면 이 배경 이론의 대상들도 다시 문제삼을 수 있다.13)

---

10) 같은 책, 49쪽.
11) 같은 책, 같은 쪽.
12) 같은 책, 50쪽.
13) 같은 책, 51쪽.

이런 까닭에 콰인은 절대적인 존재론적 물음을 무의미하게 만드는 것은 순환성(循環性, circularity)이라고 본다. "F는 G다"라는 문장은 "G"에 대한 무비판적 승인에 상대적으로만 만족스러운 문장이 될 것이다. 그래서 콰인은 "모든 이론을 포괄하는 이론 속의 모든 용어가 무엇을 언급하는지 묻는 물음은 단지 그 물음을 묻거나 답하기 위해 준거(準據)로 필요한 상대적 용어들이 없기 때문에 무의미한 말이 되어버린다"14)고 주장하였다.

단지 어떤 형태의 이론만 주어져 있다면, 그 이론의 실재적 모델이나 의도된 모델에 관해 하는 말은 의미를 띨 수 없게 마련인데, 그 이유는 그 이론을 옳게 만드는 해석은 어느 것이든 그 이론의 모델로 간주될 수 있기 때문이다. 그 가운데 어느 것이 그 이론에 맞는 해석인지는 그 이론의 형태만을 근거로 해서는 짐작될 수 없다. 원래 그 이론을 구성할 때 그 속의 용어들에 부여하려고 했던 언급 작용은 오직 그 용어들을 이미 익숙해져 있는 용어들로 바꾸어 표현한 의역(意譯) 표현들 가운데서 선택된 약간의 표현에 의해서만 완전히 습득될 수 있다. 경험적 기준 즉 예시(例示, ostension)는 경험적 관련이 지극히 중요하게 여겨지는 경우에조차 그러한 의역 표현을 결정하는 일에 이론적으로 부적절하다는 것은 이미 살펴본 바와 같다. "존재론은 실제로 이중으로 상대적인 작업이다. 왜냐하면 세계에 대한 어떤 이론의 상세한 설명은 어떤 배경 이론에 상대적으로만 그리고 한 이론을 다른 이론으로 바꾸어 말하는 데 지침이 되는 번역 편람의 선택에 상대적으로만 의미를 지니기 때문이다."15)

콰인은 또한 양화(量化, quantification)가 어떤 이론에 없을 때나 양화가 진리함수적 정의에 의해서나 양화 문장이 옳기 위한 진리 조건(眞理 條件, truth condition)을 그 대입 실례의 열거에 의해 밝힘으로써 제거될 수 있을 때 나타나는 한층 더 심화된 존재론적 상대성에 대해 논의했는데, 그 요지

---

14) 같은 책, 54쪽.
15) 같은 책, 54-55쪽.

는 다음과 같다. 일단 대상들에 대한 어떤 이론의 언질이 양화의 속박 변항에 의해서 성립한다고 합의하기만 하면16)—다시 말해서 그 이론이 옳게 되기 위해서는 그 이론 속의 속박 변항의 값으로 당연히 가정되어야 하는 대상들에 대한 언질을 그 이론이 주고 있다고 합의하기만 하면—양화가 없음으로 해서 변항이 없는 경우나 양화가 "대입적으로" 해석됨으로써 변항이 필요하지 않게 되는 경우에는 그 이론의 변항의 값에 대한 물음 역시 효력을 잃게 되며, 그래서 그 이론의 존재론에 관한 이야기는 진정한 "언급적" 양화를 사용하는 그보다 넓은 포괄적 이론에 상대적으로만 이치에 닿는 말이 될 수 있다는 것이다.

콰인에 따르면, 어떤 이론의 양화가 언급적으로 해석되어야 한다는 것을 증명하는 유일한 방법은 그 이론 속의 어떤 개방 문장이 모든 대입 실례에 관해서는 옳지만 보편 양화에 관해서는 그르다는 것을 실제로 보여 주는 것이다.

> 존재론은 … 어떤 이론의 유일한 양화가 대입적으로 해석되는 이론에 관해서는 무의미하다. 다시 말하면 그 이론이 그 자체로서 저절로 고찰되는 한에 있어서는 무의미하다. 그 이론의 존재론에 관한 물음은 그 이론을 우리가 언급적 양화를 사용하고 있는 배경 이론으로 바꾸어 말하는 어떤 번역에 상대적으로만 이치에 닿는 말이 된다. 그래서 그 물음에 대한 답은 두 이론에 의존하기도 하고 또한 전자를 후자로 번역하기 위해 선택하는 번역 방법에 의존하기도 한다.17)

콰인은 "존재론의 상대성"이란 논문의 서두에서 존재론 문제의 본성에 관한 자신의 논의를 이 논문의 결론이랄 수 있는 다음과 같은 말로 요약하고 있다.

---

16) Quine (4), 1-19쪽.
17) Quine (11), 64쪽.

… 존재론은 배경 이론을 떠나서는 다중적으로 상대적이고 다중적으로 무의미할 수 있다. 우리가 절대적 용어로 대상들이 딱히 무엇이라고 말할 수 없다는 것 외에도, 우리는 때로 언급적 양화와 대입적 위조품을 구별할 수조차 없는 수가 있다. 우리가 이 문제를 어떤 배경 이론에 상대적으로 취급하는 경우에는 그 상대화 자체가 두 가지 구성 성분으로 이루어진다. 하나는 배경 이론의 선택과 관련된 상대성이고, 다른 하나는 그 대상 이론을 배경 이론으로 번역하는 방법의 선택과 관련된 상대성이다. 다시 배경 이론의 존재론과 더 나아가 배경 이론의 양화의 언급성에 대해 생각한다면, 이 두 문제가 다시 다른 배경 이론을 요구할 수 있다.18)

2. 규칙과 존재론

앞장에서 언어 체계 내적 물음과 언어 체계 외적 물음에 관한 카르납의 신조를 논의했었는데, 그는 이 신조를 "경험주의와 의미론과 존재론"이라는 논문에서 설명하였다. 이 신조에 따르면 실존하는 것이나 실재하는 것에 관한 전통철학의 물음은 특정한 "언어 체계"의 한정된 경계 밖에서 생기는 물음이므로 이론적 의의가 전혀 없다. 이런 물음이 내적 물음과 확연하게 다른 외적 물음인데, 내적 물음은 전적으로 특정한 언어 체계의 맥락 속에서 생기고, 답도 그 맥락 속에서 발견될 수 있다. 내적 물음은 형식과학과 경험과학의 모든 내적 물음을 포함하며, 카르납의 견해로는 이 내적 물음이 진정한 이론적 의의를 지니고 있는 유일한 물음이다. 하지만 외적 물음은 곧이곧대로 유의미하진 못하지만, 왜 다른 언어 체계가 아니라 특정한 언어 체계를 선택하는 일이 바람직한가를 문제삼는 실제적 물음으로 재구성될 수 있다.

---

18) 같은 책, 67쪽.

그러고 보면, 카르납의 신조는 적어도 겉보기에는 콰인이 "존재론의 상대성"이란 논문에서 밝힌 상대주의적 주장과 비슷한 점이 많은 것처럼 보인다. 이 두 철학자는 존재론적 물음에는 이론적 논의에 사용되는 특정한 언어 체계에 상대적으로만 의의가 부여될 수 있다는 것을 밝히는 일에 관심을 가진 것으로 보인다. 그리고 두 사람 다 특정한 언어 체계와 그러한 관계를 명확하게 유지할 수 없는 물음은 무의미한 물음으로 간주하였으며, 많은 철학자가 그때까지 유의미할 뿐만 아니라 중요하다고 생각해왔던 물음들을 이 무의미한 물음 속에 포함시키고 있다. 그러므로 존재론의 물음들을 상대적 물음과 절대적 물음으로 나눈 콰인의 구별과 실존에 관한 물음들을 내적 물음과 외적 물음으로 나눈 카르납의 구별이 정말로 얼마나 밀접한 관련이 있으며, 그래서 콰인의 엄격한 구별이 (혹시 그랬다면) 이 상황에 관해 얼마나 많은 사항을 추가적으로 밝혔는가를 알고 싶어하는 것은 당연하다고 하겠다.

그렇지만 카르납의 신조와 콰인의 신조의 겉보기 유사성은 좀더 자세히 살펴보면 금방 사라져버린다. 카르납의 내적/외적 구별은 이 세계에 관한 물음들과 관련이 있는데 비해, 콰인의 상대/절대 구별은 언어에 관한 물음들과 관련이 있다. 카르납은 "물리적 대상은 실재하는가?", "추상적 대상은 실제로 있는가?"와 같은 이른바 무의미한 물음을 "일각수는 실존하는가?", "100보다 큰 소수(素數)가 있는가?"와 같은 표면상 유의미한 물음에서 분리시키려고 했었다. 이에 반해서 콰인은 "수에 관한 이야기를 집합에 관한 이야기로 바꿀 수 있을까?", "이론의 통사 구조에 관한 이야기를 어떻게 단순화시킬 수 있을까?"와 같은 물음과 대립하는 "산술학 논의의 진짜 대상은 무엇인가?", "이런저런 외국 언어는 우리에게 익숙한 일상 언어가 언급하는 사물과 정말로 똑같은 사물을 언급하는가?"와 같은 물음의 무의미성을 증명하고자 하였다. 카르납은 정말로 실존하는 것에 관한 물음 — 절대적인 형이상학적 물음 — 이 이론적 관점에서 무의미하다는 것을 밝히려고 하였다. 하지만 콰인은 어떤 언어가 정말로 말하는 것에 관한 물음—절대적인 언어적 물음—도 무의미하기는 마찬가지라는 것을 밝히려고 하였다. 따라서 카르납의 외적 물음은 카르납과 다른 실증주의자들이 개탄했던 전통적 형이상학에 속하는 물음이다. 그 대신에 콰인의 절대적인 존재론적 물음은 카르납을 비롯해서 그처럼 많은 철학자가 형이상학적 물음을 이런저런 방식으로 대체시키려고 찾았던 바로 그런 언어적 물음이다. 그러므로 콰인의 상대주의적 주장은 여러 가지 철학적 분석에서 그처럼 근본적 역할을 해온 언어 분석 개념의 언어적 절대주의를 직접적으로 공격하고 있는 게 분명하다. 우리의 현재 관심은 카르납에 의해 사용되고 널리 퍼진 신조를 좀더 자세히 살펴보는 것이다.

　이미 살펴본 바와 같이, 카르납의 경우에는 언어가 정말로 말하는 것은 그 언어의 규칙에 의해 절대적으로 결정된다. 카르납은 명제에 관한 논의를 위해 필요한 언어 체계와 관련하여 "언어적 표현들을 만들어내는 규칙 체계가 … 그 언어 체계를 도입하기 위한 충분 조건임을 아는 것이 중요하다. 이 이상의 설명은 … 이론적으로 전혀 필요하지 않다."[19] 그래서 어떤 언어 체계에서든 적어도 원리상으로는 완전한 규칙 체계를 명백하게 밝혀낼 수 있다고 미루어 생각할 수 있다. 정말이지 카르납은 우리 모두가 어린이처럼 얼마간 무비판적이고 무의식적으로 받아들이고 있는 "사물 언어" 속에 "함축되어 있는" 규칙조차도 "합리적 재구성"에 의해 명백하게 밝혀낼 수 있다고 확언하였다.[20] 어떤 언어 속의 규칙이 그 언어 체계를 구성하고 규정하며, 그래서 여러 언어 체계 가운데 하나를 자각적으로 선택하는 일이 결국에는 이런저런 규칙 체계에 따라 말하는 것을 결정하게 된다. 카르납의 경우에는 어떤 형태의 언어를 승인하는 일 즉 이 세계를 기술하는 일반적 방법을 승인하는 일은 다만 "진술들을 형성하는 규칙과

---

19) Carnap (2), 76쪽.
20) 같은 책, 73쪽.

그 진술들을 시험하거나 승인하거나 거부하는 일정한 규칙을 승인하는 일"이다.21)

이 견해에 따르면 기초적 존재론은 언어 체계의 일련의 규칙에 의해 결정된다. 그 규칙이 그 언어 체계가 경험을 분류하거나 조직하거나 분할하는 기초적 범주를 일일이 지정하기 때문이다. 이론적 진리를 탐구하는 과학자의 일은 전적으로 어떤 언어 체계의 규칙에 의해 규정된 기초적 개념 체계 안에서 진행되는데, 이런 종류나 체계를 형성하는 대상들의 실존 여부는 이론적 문제로 간주되는 게 아니라 그러한 일련의 규칙을 채용할 것인가 말 것인가라는 실제적 문제로 간주된다. 따라서 어떤 존재론에 새로운 대상을 도입하는 일은 실존의 기초적 범주를 찾아내거나 밝혀내는 일이 아니라 단지 새로운 언어 체계를 일련의 언어 규칙의 형태로 채용하는 것을 선택하거나 결정하는 일로 간주된다. 이 점은 "만일 누군가가 자신의 언어로 새로운 종류의 대상에 관해 말하고 싶으면 새로운 규칙의 지배를 받는 말하는 방식의 체계를 새로이 도입해야 한다"는 말이 잘 보여준다.22) 이래서 우리는 새로운 존재론을 도입하는 일 또는 새로운 대상 체계를 실존 속에 도입하는 일이 어떤 실제적 목적에 적절하면서 사실이나 진리성 등등에 관한 물음이 전혀 문제를 일으키지 않을 경우에는 언제나 마음대로 자유롭게 새로운 존재론이나 대상 체계를 도입할 수 있다. 카르납의 외적 물음은 궁극적으로 이러한 언어 규칙의 승인이나 거부와 관련이 있을 뿐이다.

카르납이 언어 규칙에 부여한 철학적 중요성이나 그가 그러한 언어 규칙의 본성과 다양성 및 이론적 논의를 통제하고 안내하는 일에서 해낸다고 여겨지는 역할을 고찰하는데 들인 엄청난 시간과 노력에 필적할 만한 철학자는 설사 있다 해도 얼마 안 된다. 카르납이 "경험주의와 의미론과

---

21) 같은 책, 74쪽.
22) 같은 책, 73쪽.

존재론"이란 논문에서 윤곽을 소개한 관점은 이미 강조한 바와 같이 20세기 실증주의 철학의 기본 투시도를 가장 충실하게 표현하고 있는 극치라 할 수 있으며, 그가 이 글에서 언어의 규칙에 관해서 말한 내용은 초기의 저작에 보이는 많은 양의 전문적 예증과 자세한 설명에 비하면 순진하다고 할 정도로 단순하고 간결하지만, 지금 우리의 목적에는 그 내용만 살펴보는 것으로도 충분하다.

카르납의 기본적 착상은 아주 단순하다. 어떤 언어의 모든 원자 표현과 중합 표현의 **통사론적 명세** 외에, 우리에게는 이 모든 표현의 의미나 사용에 관한 지침으로서 **의미론적 해석**도 필요하다. 카르납은 "새로운 종류의 대상에 대한 승인은 새로운 일련의 규칙에 따라 사용되는 새로운 형태의 표현들의 체계를 도입함으로써 그 언어로 표현된다"라고 단언하였다.23) 통사 규칙은 어떤 표현을 새로운 형태의 표현으로 간주해야 하는가를 알려주고, 의미 규칙은 그 새로운 형태의 표현이 어떻게 사용되는가를 알려준다. 어떤 언어 체계의 규칙에 속한다고 상상할 수 있는 규칙은 어떤 규칙이든 적어도 통사 규칙과 의미 규칙의 완벽한 명세에 포함된다는 것은 명백하다.

특히 의미 규칙은 어떤 언어 속의 표현이 어떤 종류의 기본적 대상에 적용될 수 있는가를 일일이 알려주며, 그래서 그 언어 체계를 채용한 사람이 수용하고 있는 존재론을 구체적으로 알려준다. 카르납은 새로운 언어 체계의 도입이 두 단계로 이루어진다고 생각하였다. "첫째 단계는 새로운 종류의 대상에 적용되는 일반 명사(一般 名辭, general term)와 더 높은 수준의 술어(述語, predicate)의 도입이고, … 둘째 단계는 새로운 유형의 변항의 도입이다. 새로운 대상은 이 변항의 값이다. 상항은 … 그 변항에 대입될 수 있다."24) 새로운 일반 명사가 어떤 종류의 대상에 적용되는 것으

---

23) 같은 책, 78쪽.
24) 같은 책, 같은 쪽.

로 이해되어야 하고, 그래서 어떤 대상이 새로운 유형의 변항의 값으로 간주될 수 있는가를 정의하는 일이 새로운 언어 체계의 사용을 설명하는 방식이다. 실제로는 이 일이 바로 의미 규칙이 하는 역할이다. 이 일 역시 콰인의 "상대주의적 주장"이 첫째로 관심을 갖는 바로 그 문제라는 건 두말할 것도 없다.

  언어 체계와 그와 연관된 내적 물음과 외적 물음의 구별에 관한 카르납의 전체 신조 가운데 핵심 가정은 언어의 의미 해석은 실제로 충분히 명확하고 독립적인 방식으로 이루어질 수 있다는 것이다. 카르납은 우리가 일정한 표현 체계에 대해 원하는 해석을 어느 것이든 자유롭게 선택할 수 있다고 인정하면서도, 한편으로는 가능한 대안의 해석들이 객관적 조사와 이론적 결정에 따라 곧장 수정될 수 있는 것인가라는 문제에 대해 고찰하였다. 하지만 우리가 어떤 언어의 변항들의 값과 술어들의 외연을 자세히 열거함으로써 그 이론에 대한 완전한 해석을 시작할 때에는 언제나 어떤 배경 이론이나 배경 언어라는 유리한 위치에서 그 일을 할 수 있다는 것은 콰인이 "존재론의 상대성"이란 논문에서 검토한 것으로 명백해졌다. 이렇게 볼 수 있는 이유는 원했던 완벽한 품질의 해석이 원래의 언어 체계를 이미 익숙한 배경 언어의 용어로 바꾸어 표현하는 일 즉 번역에 의해서만 이루어질 수 있기 때문이다. 그래서 이처럼 완전하게 해석된 이론 속의 존재론은 오직 배경 이론과 그 배경 이론으로 바꾸어 표현하기 위해 채택한 번역 방식에 상대적으로만 고정되는데, 한편 다시 배경 이론 자체의 존재론은―그 속의 여러 가지 용어가 아무리 익숙하다 할지라도―그 이론을 다른 이론으로 바꾸어 표현하는 어떤 번역에 상대적으로만 확정된다.

  그런데 카르납의 "언어 체계"가 어떤 선택된 배경 이론의 궁극적으로 설명되지 않은 용어로 바꾸어 표현하는 번역을 통해서만 해석되는 표현 체계로 분명하게 인정되자마자, 그런 언어 체계의 채택은 새로운 대상을 기존의 존재론에 도입하는 올바른 방법으로 간주될 수 없는데, 그 까닭은 그런 언어 체계의 존재론을 구체화시키는 규칙은 아직까지 지칭되지 않았던 대상에 대한 어떠한 언급도 창시하지 못하고, 오히려 그 언어 체계 속에 있는 변항들의 값과 술어들의 외연으로 할당되어 있는 대상을 지칭하는 배경 이론의 용어에 의존하지 않을 수 없기 때문이다. 따라서 이런 규칙은 해석된 언어 체계의 존재론이 배경 이론의 존재론이나 그 일부라는 것을 확인하는 데 쓸모 있을 뿐이다. 그러니까 대상을 채용할 것인가라는 물음은 결국 형식적 설명에 아무런 이득도 없는 배경 이론을 승인할 것인가라는 물음이 되어버린다. 명시된 해석 규칙의 지배를 받는 새로운 언어 체계의 승인은ㅡ카르납이 생각했던 바와 같이ㅡ새로운 존재론 체계나 개념 체계의 형식적 도입에 해당하는 게 아니라 어떤 배경 이론의 설명되지 않은 용어로 이미 취급되고 있는 대상에 대해 논의하는 데 쓰이는 새로운 표기 체계의 도입에 해당될 뿐이다.

전통적인 "존재론적 물음"을 언어 체계의 선택에 관한 실제적 물음으로 해석하자는 카르납의 제안이 지닌 이런 난점은 어떻게 새로운 대상 체계가 그에 대응하는 언어 체계의 승인을 통해 도입될 수 있는가를 보여주기 위해 카르납이 제시했던 실례를 조사해봄으로써 분명하게 드러낼 수 있다. 카르납은 자연수 체계가 주어지면 자연수 체계 속의 표현들을 어떻게 사용해야 하는가를 결정하는 의미 규칙 때문에 "수가 있다"라는 진술은 뻔히 분석적으로 옳은 진술이라고 주장하였다.25) 그래서 그는 수의 실존에 관한 물음은 자연수 체계를 채택할 것인가 말 것인가라는 순전히 실제적인 물음으로 바뀔 수 있다고 주장하였다. 하지만 이 자연수 체계가 카르납이 제안한 방식으로 명시된 의미 규칙에 의해 완전하게 해석되면, 어떤 종류의 새로운 대상이 실존한다는 주장도 자연수 체계의 채택을 근거로 해서 분석적으로든 다른 방식으로든 결코 주장될 수 없다. 그러한 규칙

---

25) 같은 책, 75쪽.

은 단지 자연수 체계를 그보다 앞서서 자연수를 다루고 있는 것으로 확인된 배경 이론으로 번역한 결과만을 제공할 것이므로, 이 과정을 거쳐 이루어진 해석된 자연수 체계의 형식문(공식)은 이미 배경 이론 속에서 자연수의 실존을 주장하는 것으로 이해되고 있는 진술과 동등한 번역 문장으로 확인될 것이다. 따라서 그러한 언어 체계를 채택하는 일은 배경 이론을 표현하는 새로운 표기 방법을 채택하는 일에 지나지 않는다고 간주될 것이므로, 수의 본성이나 자연수의 실존을 승인하거나 거부하도록 해줄 수 있는 사항에 관해서는 아무 것도 밝혀주지 못할 것이다.

게다가 카르납은 자연수 체계를 승인하고 나면 양의 정수와 음의 정수를 자연수들 사이의 관계로서 도입함으로써 자연수 언어 체계의 존재론에 양의 정수와 음의 정수를 추가할 수 있다고 설명해 나갔다. 그 다음에는 유리수가 정수들의 관계로서 도입되고, 실수는 "특수한 종류의 집합"으로서 도입된다.[26] 더 나아가 카르납은 공간-시간의 점을 "네 실수의 순서짝"으로 취급함으로써 겉보기에 계속 자라나는 것으로 보이는 존재론에 공간-시간의 점을 추가할 수조차 있다고 주장하였다.[27] 이 예상해 본 과정의 각 단계에서 새로운 유형의 변항과 술어는 형식적으로 도입되고 나서 변항의 값과 술어의 외연이 거기에 알맞게 설정되기는 하지만, 항상 우리가 자연수와 관계와 이런저런 종류의 집합에 대해 주저 없이 무비판적으로 언급할 때 의존해야 하는 배경 이론에 의해서 설정되지 않을 수 없다. 따라서 어느 단계에서도 진정으로 새로운 범주의 대상은 전혀 도입될 수 없다. 겉보기에 새로운 종류로 보이는 모든 대상은 이미 승인된 종류의 대상에 의해서 철저히 정의되고 있을 뿐이다. 이 과정에서 이루어지는 것은 단지 새로운 유형의 변항과 술어를 도입하는 것뿐이며, 게다가 이 새로운 변항의 값의 특이한 영역과 술어의 특이한 외연은 자연수와 관계와 집

---

[26] 같은 책, 77쪽.
[27] 같은 책, 같은 쪽.

합의 기존 영역 속에서 할당되고 있을 따름이다.

한 언어를 그저 다른 언어로 번역하는 데 쓰이는 규칙에 해당하는 것은 결코 두 언어 가운데 어느 언어의 존재론적 기초 가정도 고정시키지 못한다. 이런 규칙은 설령 완벽하다 하더라도 번역되어야 하는 대상 언어(對象言語, object language)의 문장을—그 두 언어의 기초적 표현과 문법적 구성을 여러 가지로 짝짓는 일을 통해서—그에 해당하는 배경 언어의 문장으로 바꾸는 방식을 제공할 뿐이다. 만일 대상 언어의 승인과 사용 바로 그것에 의해 실존한다고 가정되는 대상과 그 대상 언어를 채택하자마자 반드시 "실제로" 실존하게 되는 대상을 가르는 기초적 구별이 있다면, 우리는 이 구별을 의미에 관한 명시적 규칙이나 약정의 도움을 전혀 받지 않고서도 어떻게든 파악할 수 있을 것이다. 왜냐하면 그러한 규칙은 단지 이 두 집단의 대상을 구별하는 문제를 처음부터 대상 전체에 대한 언급 작용을 갖추고 있으면서 그 자체는 설명되지 않은 채로 대상 언어를 설명하는 배경 언어로 넘겨버리기 때문이다. 그 답이 실제의 사실이 아니라 순전히 언어에 의존하는 모든 실존 물음을 분류하는 문제는 모든 실존 물음과 그 물음들에 대한 가능한 답의 표기 형식을 체계적으로 바꾸는 것만으로는 조금도 해결될 수 없는 문제이다. 이 문제는 표현 형식에 관련된 문제가 아니라 표현이 말하거나 의미하거나 언급하는 것에 관련되어 있는 문제이다. 그래서 명시적 의미 규칙은 어떤 이론이 그에 특유한 언어로 그 주제의 본성에 관해 말하는 내용에 본질적인 것은 아무 것도 추가할 수 없다.

마틴(R. M. Martin)은 "범주 낱말과 언어 체계"라는 논문에서[28] 새로운 종류의 대상 체계가 체계적으로 구성되고, 해석된 언어 체계에 의해서 완전히 정의되고, 어느 부분도 빠짐없이 일괄적으로 온전하게 승인될 수 있다고 시인하였다. 하지만 마틴은 새로운 언어 체계의 도입은 카르납이 생각했던 것처럼 새로운 일반 명사의 명세와 새로운 변항 유형의 명세를 둘

---

28) Martin, 73쪽.

다 필요로 하지는 않는다고 애써 지적하였다. 그는 "엄밀히 말하면 이 두 조치가 모두 필요하지는 않으며, 그 가운데 어느 하나만으로도 목적을 이루는 데 충분하다"는 것을 깨달았다.29)

마틴은 우리가 "정밀한 통사 규칙과 의미 규칙에 의해서" 조직적으로 구성되고, 변항이 "어떤 잘 정의된 대상 영역 D"의 범위에 걸쳐 있는 언어 L 속에서 이론적 작업을 하고 있다고 상정한다. 그는 어떤 일반 명사나 술어를 새로운 대상 영역 D'의 모든 대상에 적용되도록 상세히 설명하는 것만으로도 새로운 대상을 도입할 수 있다고 주장하였다. 이렇게 되면, 언어 L 속에 있던 기존 변항의 영역은 D와 D' 두 영역의 대상을 포함하는 것으로 이해된다. 그래서 "새로운 변항은 전혀 필요하지 않으며, 기존의 변항이 약간 확장된 영역에 걸치게 될 뿐이다."30) 마틴에 따르면, 이것은 양자 택일의 상황이어서 우리는 어떤 변항이 D'의 대상을 값으로 갖게 함으로써 — 그러니까 그와 동시에 D'의 대상들에 적용되는 새로운 술어를 열거하지 않고서도 — 새로운 변항 전부를 간단히 열거할 수 있다. 그래서 마틴은 "그러한 술어는 실제로 그저 D' 자체에 적절한 표현으로서 정의될 수 있다"고 주장하였다.31)

하지만 카르납의 절차에 대한 마틴의 수정은 카르납의 이 견해에 대해 제기되었던 반론까지 처리하지는 못한다. 어떤 사람이 새로운 변항의 열거나 새로운 술어의 열거 또는 둘 다에 의해서 그 일이 이루어진다고 생각하든 않든, 진정으로 새로운 대상에 관한 담화를 도입하는 일에는 의문의 여지가 없다고 하겠는데, 그 이유는 우리가 새로운 변항의 범위나 새로운 술어의 외연을 어떤 가정된 새로운 영역 D'의 대상으로서 지시하는 일을 할 때에 (언어 L의 변항이 바로 D의 대상에 걸친다는 마틴의 가설과는 반대로) 이미 D'의 대상을 언급하는 어떤 수단을 갖추고 있다고 가정

---

29) 같은 책, 177쪽.
30) 같은 책, 같은 쪽.
31) 같은 책, 같은 쪽.

되어 있는 배경 언어―이 경우에는 언어 L―에 의존하지 않을 수 없기 때문이다.

　새로운 존재론적 가정이 마틴과 카르납이 생각했던 방식으로는 전혀 창설될 수 없다는 것은 이 일이 어떻게 성취될 수 있는가에 관한 마틴의 구체적 실례를 좀더 자세히 살펴보면 명백해진다. 마틴은 D를 물리적 대상의 영역 그리고 D'을 속성의 영역으로 취급하자고 제안하였다. 그러면 언어 L은 영역 D의 물리적 대상을 값으로 취하는 변항을 갖추고 있고 또 바로 이 대상에 적용되는 술어를 갖추고 있는 언어 체계라고 생각될 수 있다. 그런 다음 마틴은 우리의 존재론이 어떻게 물리적 대상만을 포함하는 존재론에서 물리적 대상과 속성을 둘 다 포함하는 존재론으로 확장될 수 있는가를 밝히려고 시도하였다. 그는 이 일이 (카르납이 궁극적으로 모든 외적 실존 물음을 해결할 수 있다고 암시했던 그 방식에 따라) 명시적 의미 규칙에 의해 결정되는 새로운 언어적 표현―새로운 일반 명사나 새로운 변항―을 도입함으로써 이루어질 수 있다고 설명하였다.

　그런데 마틴은 속성에 관한 담화를 발생시키기 위해 새로운 술어를 지배하는 새로운 변항을 선택하면 "새로운 대상의 도입은 그 대상을 값으로 취하는 변항의 도입일 뿐이다"32)라고 확언하였다. 하지만 (마틴이 그렇게 생각해야 한다고 역설했던 대로) 언어 L 자체가 속성을 값으로 취하는 변항도 갖지 않고 또 속성에 적용할 수 있는 술어도 갖고 있지 않다면, 속성을 값으로 취하는 변항을 도입하기 위해 도대체 어떤 용어를 사용한단 말인가. 마틴의 가설에 의해서 언어 L 속에 D' 영역의 대상을 언급하는 어떤 수단도 없다면, 어떻게 새로운 변항의 값을 자세히 열거할 수 있단 말인가. 마틴은 "언어 L 속에서는 이미 특수한 속성에 대한 약간의 이름 즉 약간의 일항 술어(一項 述語, one place predicate)가 사용되고 있을 수 있다"고 인정하였다.33) 하지만 이름은 술어가 아니며, 설혹 그렇다 치더라

---

32) 같은 책, 같은 쪽.

도, 만일 언어 L이 속성의 이름을 얼마쯤이라도 포함하고 있다면, 이것도 언어 L에 대한 마틴의 가설과 상반된다고 하겠는데, 왜냐하면 속성의 이름은 속성을 값으로 취하는 속박 변항(束縛 變項, bound variable)을 포함한 진술 속에 그런 속박 변항 대신 대입될 수 있다는 사실에 의해서 속성의 이름임이 확인될 것이므로, 결국 언어 L 속의 약간의 변항은 속성을 값으로 갖지 않을 수 없을 것이다.

만일 우리가 속성에 적용되는 새로운 일반 명사나 술어 대신에 다른 구체화 방식을 선택함으로써 언어 L 속의 기존 변항의 영역을 이 "새로운" 대상을 포함하도록 확장한다 하더라도 위의 경우에 필적할 만한 어려움이 일어난다. 마틴은 "술어이다"라고 읽는 그러한 새로운 술어 "P rp"를 제안하였고, 그래서 언어 L 속의 기존 변항 "x", "y", "z"를 사용하여 "x는 속성이다"라고 읽는 "P rp(x)"와 같은 문장을 만들어 사용할 수 있다.[34] 하지만 "x는 속성이다"라고 설명하는 문장은 대체 어떤 언어로 만들어진단 말인가. 이 문장이 언어 L로 만들어질 수 없다는 것은 확실한데, 그 이유는 "술어이다"라는 어구는 속성에 적용되는 술어이고, 언어 L의 술어는 영역 D의 물리적 대상에만 적용된다고 가정되어 있기 때문이다.

따라서 어느 방도도 최초에 오직 물리적 대상만을 포함하는 존재론에 속성을 도입할 수 있는 방법을 제공하지 못한다. 왜냐하면 오직 물리적 대상에 관해서만 말하는 L과 같은 언어는 새로운 표현이 필요로 하고 있는 해석, 즉 새로운 표현이 술어에 적용될 수 있다든가 술어를 값으로 취한다는 해석을 결코 마련할 수 없기 때문이다. 마틴이 제안한 방식으로 새로운 변항이나 술어를 열거하는 일은 우리가 적어도 물리적 대상과 속성을 둘 다 언급할 수 있어야 하는 언어 L보다 본질적으로 더 강한 배경 언어($\mathcal{L}$) 속에서 작업을 해야 한다는 것을 필요로 한다. 그러므로 새로운 변항이나

---

33) 같은 책, 같은 쪽.
34) 같은 책, 같은 쪽.

술어 Prp을 원하는 방식으로 도입하는 수단으로 배경 언어 $\mathcal{L}$을 채택하면, 우리는 $\mathcal{L}$의 변항이 값으로 취하는 더 넓은 영역의 대상(D)까지 당연히 인정해야 하므로, 방금 위에서 지적한 바와 같이 D는 이미 출발에서부터 D와 D'을 둘 다 포함하지 않을 수 없다. 따라서 마틴은 일종의 딜레마에 빠지게 된다. 왜냐하면 만일 배경 언어로 언어 L을 택한다면 그는 자신이 심중에 갖고 있는 명시적 의미 해석에 의해 새로운 표현 즉 새로운 변항이나 술어를 도입할 수 없을 것이고, 한편 배경 언어로 언어 $\mathcal{L}$을 택한다면 그로 인해서 그는 자신의 의미 규칙에 의해 체계적으로 도입하고자 하는 바로 그 대상을 처음부터 가정하지 않을 수 없기 때문이다.

그렇다면 마틴은 정확하게 카르납과 같은 배를 타고 있다고 결론지을 수 있다. 카르납과 마틴은 둘 다 어떤 이론이나 언어가 언질을 주거나 절대적으로 언급하는 대상이 무엇인지 명백하게 자세히 설명할 수 있다고 확신했지만, 어느 쪽도 어떻게 이 일이 개개의 경우에 이루어진다고 생각할 수 있는가를 밝히는 데에는 성공하지 못했다. 이 일은 어떻게 해서든 어떤 언어 체계의 어휘를 단지 선택된 배경 언어의 어휘로 번역하는 일에 의존하는 것 이외의 어떤 방식으로 그 언어 체계의 의미 규칙을 조직적으로 세우는 일―좀더 정확히 말하면 그 언어 체계의 변항이 취할 수 있는 값의 영역이나 술어가 적용될 수 있는 외연 또는 둘 다를 구체적으로 열거하는 일―을 필요로 할 것이다.

어떤 이론이든 그 주제의 본성이 객관적으로 결정된다는 카르납의 미심쩍은 생각은 (그가 러셀의 견해로 여겼던) 명제가 정신적 대상 즉 정신적 실재물로 간주될 수 있다는 견해에 대한 그의 반격에 뚜렷하게 드러나 있다. 정신적 대상에 대한 언급이 "명제들의 체계" 속에 전혀 없다는 것은 "규칙을 얼핏 살펴보기만 해도" 쉽게 알 수 있다고 카르납은 강력히 주장하였다.[35] 그는 이 사실을 명제는 정신적 실재물이 아니라는 것을 증명하

---

35) Carnap (2), 76쪽.

는 근거로 인용하였다. 이 점에서 카르납은 자신이 세운 관용의 원리를 어긴 것으로 보이는데, 그 까닭은 누구의 규칙을 참고해야 하는가를 정말로 문제삼을 수 있기 때문이다. 하지만 이 점을 제쳐두고라도, 우리는 또한 어떤 규칙이 그 명제들의 체계의 번역이나 해석을 위해 선택되느냐에 관계없이 명제란 무엇인가라는 물음이 여전히 배경 이론의 존재론이 의존하고 있다고 생각되는 것에 의존하리라는 것을 깨달아야 한다. 그런데 명제들의 체계를 그 쪽으로 번역한다고 가정되어 있는 이 배경 이론의 존재론 자체는 그것을 또 다른 이론이나 언어 체계로 바꾸어 표현하는 그 다음 단계의 번역에 상대적으로만 명확해진다는 것을 콰인은 밝혔다. 명제란 정말로 무엇인가 또는 명제들의 체계는 정말로 무엇에 관한 것인가라는 문제는 명제들의 체계를 위한 일련의 완벽하고 명시적 의미 규칙을 간단히 말함으로써 객관적으로 해결될 수 있는 문제가 전혀 아니다.

만일 카르납이 제안한 그런 종류의 언어 체계 구성이 조금이라도 존재론적 의의를 가지고 있다면, 그것은 그런 종류의 언어 체계 구성이 새로운 대상에 관한 이야기를 창시하는 수단으로서 이바지하기 때문이 아니라, 오히려 기존의 대상에 관한 이야기를 제거하는 수단으로서 이바지하기 때문이다. 예컨대 "공간-시간 점"을 네 실수의 순서 짝으로 구성하는 경우에 우리는 공간-시간 점에 관한 이야기를 완전히 제거하게 되며, 공간-시간 점이 사라짐으로써 우리는 이미 실수를 포함하고 있는 존재론으로 절약을 도모할 수 있다. 우리는 자연수, 유리수, 실수 등등의 수에 관한 모든 이야기를 여러 종류의 집합에 관한 이야기로 취급함으로써 우리의 존재론을 집합뿐만 아니라 수많은 종류의 수를 인정하는 존재론을 단순하게 오직 집합만을 포함하는 존재론으로 정리할 수 있다. 콰인은 우리가 자연수 개념을 명료하게 밝히기 위해 집합론적 방책을 사용할 때 어떤 일이 일어나는가를 설명하면서 이와 똑같은 생각을 다음과 같이 주장하였다. "우리가 자연수에 관한 이런 해명 가운데 어느 하나를 시도할 때에 하고 있는 일은 해명되기 전의 자연수가 만족시켜 왔던 법칙들을 만족시키는 집합론적 모델을 고안하는 것이다."36) 그래서 콰인은 다음과 같이 결론을 내렸다.

> 우리는 "논의 대상의 세계" 즉 양화 변항이 값으로 취하는 영역을 구체화시키는 일과 그 세계를 다른 세계로 환원시키는 일에서 명확한 차이를 전혀 발견할 수 없다. 표현에 관한 개념을 명료화시키는 일과 그것 대신에 수에 관한 개념을 대체시키는 일에서도 우리는 의의 있는 차이를 전혀 발견하지 못했다. 그렇다면 수 자체가 무엇인가에 대해 더 자세히 말하는 것이 단지 수를 빼고 산술학에 이런저런 새 모델을 지정하는 일 즉 집합론을 사용하여 말하는 것과 결코 다르지 않다는 것은 명백하다.37)

만일 새로운 언어 체계의 도입이 인공 언어나 이차 표기 체계(二次 表記 體系, second system of notation)의 구성 이상의 어떤 일로 간주될 수 있다면, 그 일의 의의는 새로운 존재론의 도입이 아니라 기존 존재론의 환원의 측면에서 발견될 수 있을 것이다. 어떤 언어 체계의 의미 규칙은 우리로 하여금 그 언어 체계의 존재론을 다른 언어 체계의 존재론으로 환원시킬 수 있게 해준다. 그렇다면 이 두 번째 언어 체계의 존재론을 세 번째 언어 체계의 존재론으로, 또 세 번째를 네 번째로, … 환원시키기 위한 일련의 의미 규칙을 계속 고안해낼 수 있다고 하겠지만, 우리는 자신이 언급하고 있는 대상 바로 그것이 실제로 무엇인지에 관해서 조금이라도 더 훌륭하게 말할 수 있는 위치에는 결코 도달하지 못할 것이다. 왜냐하면 콰인이 밝힌 바와 같이 그러한 물음은 그 담화를 어떤 선택된 배경 언어로 바꾸어 표현하기 위해 대부분 임의적으로 선택되는 번역에 상대적으로 답이

---

36) Quine (11), 43쪽.
37) 같은 책, 43-44쪽.

마련될 경우 이외에는 항상 무의미하기 때문이다. 그래서 콰인은 "이치에 닿는 것은-참으로 단언하겠는데-어떤 이론이 언급한다고 여겨지는 대상이 무엇이라고 (절대적으로) 말하는 것이 아니라, 대상에 관한 어떤 이론이 다른 이론으로 해석되거나 재해석될 수 있는 방법이다"라고 우리에게 상기시키고 있다.[38]

하지만 우리는 가장 포괄적인 배경 이론에서 승인되고 있는 용어 속에서 그 전포괄적 이론 자체를 강화하고 단순화시키기 위해서 진정으로 새로운 유형의 대상을 정말로 도입할 수 있다. 그러한 대상은 다른 대상으로 환원되거나 다른 대상과 완전히 동등하다고 생각될 수 없고, 배경 이론이 지니고 있는 존재론에 곧장 추가된다. 그 대상이 무엇인가는 명시적 규칙이나 정의에 의해서가 아니라 오직 배경 이론의 나머지 부분과 연결되어 있으면서 그 대상을 지배하는 법칙들에 의해서 결정된다. 그 대상이 매우 이론적인 것이어서 쉽게 관찰하기 어려운 것인 경우에는 그 대상의 동태나 독특한 특성과 그 배경 이론의 존재론 속의 훨씬 더 익숙해서 이해하기 쉬운 대상 사이의 유사성에서 끌어낸 유비(類比, analogy)에 의해 좀더 자세히 기술되는 수가 흔하다.[39] 이런 방식의 도입은 물리학에서 여러 가지 기본 입자를 도입할 때 사용되고 있으며, (원래는) 수학에서 무리수와 허수를 도입할 때 사용되었다.

유비의 사용 자체는 대상을 도입하는 수단으로서는 별로 중요하지 못하고 단지 이미 도입된 대상에 특성을 부여하는 수단에 해당될 뿐이다. 게다가 이 특성 부여 작업은 어떤 식으로도 다른 대상을 편들어 그러한 대상을 실제로 감소시키거나 제거시키지도 못한다. 이 일은 그러한 대상을 아마 훨씬 더 익숙한 현상-그러니까 유비가 아니라 정확한 설명을 할 수 있는 현상-에 관여하는 다른 대상으로 완전히 번역시킬 수 있는 법칙을

---

[38] 같은 책, 50쪽.
[39] Quine (22), 14-16쪽에 있는 논의를 참고하라.

필요로 할 것이다. 유비를 별문제로 하고 보면, 형식적 설명 대신에 배경 이론에 의해서 설정된 대상―일상적으로 관찰할 수 있는 물체나 이론 물리학의 기본 입자나 고전 수학의 추상적 대상―에 관한 지식은 주로 규칙과 정의가 아니라 배경 이론 자체에 대한 이해에 의존한다. 이 점에 관해 콰인은 다음과 같이 설명하였다. "… 대상이 무엇인가를 이해하는 일은 대체로 이론이 그 대상에 관해 말하는 내용을 숙달하는 것이다. 우리는 이론이 이야기하는 대상을 먼저 배우고 난 다음에 이론이 그 대상에 관해 말하는 내용을 배우지 않는다."[40]

그러므로 전통적인 존재론적 물음이 결국에는 대상들의 기초적 종류나 체계에 대한 언급이 규칙에 따라 어느 정도 자동적으로 이루어지는 어떤 형태의 언어를 채택할 것인가 말 것인가에 관한 물음으로 된다는 카르납의 견해는 콰인의 상대성 주장과 정면으로 충돌하게 된다. 이 충돌은 주로 어떤 이론이나 언어 체계가 실제로 관여하는 대상이나 실제로 언질을 주고 있는 대상에 관한 이야기가 객관적으로 이치에 닿는다는 가정―그것은 단적으로 그 객관적 의미를 결정하게 되어 있는 약정이나 규칙을 발견하는 문제라는 가정―이 카르납의 입장에 암암리에 함축되어 있기 때문에 생긴다. 만일 이 가정이 올바르다면, 대상들의 근본적 체계의 실존에 관한 물음이 그에 대응하는 어떤 언어 체계의 실제적 유용성에 관한 물음으로 변형되는 일은 실제로 이루어질 수 있다고 하겠다. 그렇지만 콰인은 그런 식으로 어떤 이론이나 언어 체계의 주제를 상세히 열거하는 일은 그 이론을 우리가 최종적으로 "액면 그대로" 승인하는 다른 이론으로 바꾸어 표현하는 어떤 식의 번역에 완전히 상대적인 일이라는 것을 밝혔다.

그러므로 (존재론적 관점에서 보아) 있는 것에 관한 물음은 그저 우리의 언어 체계나 이론 체계 속에서 개념적 사고의 기본적 한정 요소로 작용한다고 여겨지는 언어적 규칙이나 약정을 참고하는 것만으로는 해결될

---

[40] 같은 책, 16쪽.

수 없다. 그보다는 오히려 이 "존재론적" 물음은 궁극적으로 가장 익숙하고 포괄적인 어법(語法, idiom)에 뿌리를 박고 있을 수밖에 없으며, 이 점에서 존재론적 물음이 어떻게 (카르납이 "언어 체계 내적 물음"이라 부르는) 훨씬 더 관례적인 "과학적" 물음과 확연하게 구별될 수 있는가를 알기가 쉽지 않다. 언어 체계 구성이라는 카르납의 절차에 의해 어떤 대상도 새로이 도입되지 못하는 것과 마찬가지로 그 절차에 의해서는 그러한 대상에 관한 어떤 새로운 내적 물음도 생기지 못한다. 그 대신에 완전히 해석된 언어 체계의 규칙은 우리로 하여금 그 언어 체계에 특유한 용어로 명확하게 표현된 모든 물음을 배경 언어 체계에 특유한 용어로 명확하게 표현되는 물음으로 번역할 수 있게 해줄 뿐이다. 이 점에서 어떤 언어 체계의 대상에 관한 모든 물음은 그 언어 체계가 완전히 해석되자마자 그 언어 체계에 대한 외적 물음으로 바뀌게 된다.

예를 들면, 만일 실수 체계가 그 언어 체계의 규칙에 의해 집합론에 특유한 표현으로 해석되면, 실수와 그 속성에 관한 모든 물음은 (얼마만큼 사소한 물음이나 중요한 물음으로 간주되든) 집합에 관한 물음과 동일하다고 간주되거나 집합에 관한 물음으로 환원된다. 이런 식으로 실수 체계를 도입하는 일은 실수에 관해서 두 종류의 실존 물음, 즉 내적 물음과 외적 물음을 구별할 수 있는 무대 장치를 마련하지 못한다. 그 일은 단지 실수에 관한 모든 물음이 어떤 종류의 집합에 관한 물음으로 바뀔 수 있다는 것을 알려줄 뿐이다.

어떤 언어 체계의 도입이 인공 언어나 이차 표기 체계의 형식적 구성에 해당하는 경우에는, 이 목적에 사용된 규칙이 새로운 이론적 문제나 존재론적 가정을 도입하지 못한다는 건 두말할 것도 없다. 왜냐하면 인공 언어나 이차 표기 체계는 기존의 중요한 내적 차이들과 관계들을 어떤 방식으로든가 강화할지는 몰라도, 종래의 물음을 유지하면서 새로운 표기 형태로 번역하는 데에만 쓰일 수 있을 뿐이기 때문이다. 하지만 존재론적 환원이 실제로 이루어질 경우에는, 이전의 물음들 가운데 상당수가 그 물음들을 위한 새로운 용어들에 의해서 이전의 낡은 물음과 분간할 수 없는 물음으로 번역된다.

그렇다면 우리는 어떤 언어를 채택하기로 결정하기만 하면, 그에 따라 형성되는 철학적 가정이나 형이상학적 가정이나 존재론적 가정을 정확하게 알려주는 일련의 완벽한 명시적 규칙에 의해서 그 언어의 기초적 개념 내용이나 존재론이 완전히 구체적으로 밝혀질 수 있다는 식의 언어 체계 개념을 거부하지 않을 수 없다. 그런 규칙은 우리의 주의를 다른 배경 언어에 돌려놓을 뿐이므로, 우리는 그 배경 언어를 사용하여 종래의 물음을 다시 한번 묻지 않을 수 없을 것이다. 결국 우리는 그런 규칙을 전혀 갖지 않은 언어―콰인의 표현을 빌리면 우리가 "그저 묵묵히 따르기만 하는" 언어―에 맞붙어 싸우지 않을 수 없을 것이다. 이 언어의 경우에는 카르납이 언어에 본래 갖추어져 있다고 믿었던 환원 불가능한 개념적 구조나 논리적 구조를 명확하게 분리해낼 수단이 전혀 없을 것이기 때문에, 우리는 대상의 실존에 관한 순수한 철학적 물음이나 존재론적 물음과 통상의 이론적 물음을 가를 수 없을 것이며, 따라서 카르납이 대상의 실존에 관한 내적 물음과 외적 물음을 가르고자 했던 선은 그려질 수 없다.

3. 규칙과 논리적 진리

존재론적 물음은 오직 어떤 언어 체계의 채택이 바람직한가 그렇지 않은가에 관한 실제적 물음일 뿐이라는 카르납의 신념은 오랫동안 카르납과 관련지어 잘 알려져 있는데다가 대부분의 최근 분석철학자들에게 아주 좋은 평판을 누리고 있는 또 다른 독단적 신조와 밀접하게 제휴하고 있다. 그것이 바로 논리적 진리에 대한 언어적 신조인데, 때로 "약정에 의한 진리"에 관한 신조라고 불리기도 한다. 이 견해는 어떤 언어 속의 일정한 진술들의 진리성이 그 언어 속에서 형성되는 표현들을 지배하는 규칙이나 약정에 의해 당연히 성립하게 된다고 주장한다. 고전적 논리실증주의 입장은 이런 논리적 진리나 분석적 진리에는 ─ 물론 다른 진술들도 포함되지만 ─ 특히 논리학과 수학의 모든 옳은 진술이 포함되며, 그 진술들의 진리성은 그 근거를 사실에 두고 있는 게 아니라 언어적 의미나 약정에 두고 있다고 보았다. 따라서 존재론적 실존과 논리-수학적 진리성은 둘 다 순수한 언어적 고찰이나 개념적 고찰에 근거를 두고 있는 것으로 간주되었으며, 이 가운데 어느 영역에 대한 탐구든지 간에 형이상학적 과업이나 과학적 과업이 아니라 언어와 그 사용을 지배하는 규칙과 약정에 대한 탐구로 간주되었다.

그러기 때문에 카르납은 실존 물음을 철학적 실존 물음과 과학적 실존 물음으로 가르고 또 진리를 논리적 진리와 사실적 진리로 가르기 위해서 모든 표현의 사용과 적용을 지배하는 명확하게 진술된 규칙을 갖춘 언어 체계라는 개념을 사용하였다. 따라서 우리가 이런저런 언어 체계를 채택하기로 (자각적으로나 부지불식간에) 결정하는 일 ─ 다시 말해 이런저런 일련의 규칙에 따라 말하기로 (자각적으로나 비자각적으로) 결정하는 일 ─ 은 존재론에 관한 쟁점뿐만 아니라 논리적 진리라고 불리는 좀더 넓은 영역까지도 확정시킨다고 생각할 수 있다. 이처럼 언어적 규칙이나 약정은 논리적 진리와 존재론적 실존 둘 다의 근거로 취급되고 있기 때문에, 외적 실존 물음에 관한 카르납의 신조를 논리학과 존재론에 관한 그의 견해가 지니고 있는 공통의 방침과 근거를 강조하기 위해 "약정에 의한 실존"에 관한 신조라고 불러도 좋을 것이다. 대체로 "약정에 의한 진리"에 관한 신조는 어떤 언어가 주어지면 이러이러한 진술은 옳다고 할 수 있다는 주장이고, "약정에 의한 실존"에 관한 신조는 어떤 언어가 주어지면 이러이러한 것들이 실존한다고 할 수 있다는 주장이다.

콰인은 비교적 초기의 논문 "카르납과 논리적 진리"에서 논리적 진리성에 관한 여러 가지 형태의 언어적 신조를 비판하였는데, 그가 이 논문에서 주장한 대부분의 내용은 언어 규칙과 존재론적 물음에 관해 앞에서 논의한 내용과 뚜렷한 관련을 보이고 있다. 콰인은 논리-수학적 진리에 관한 약정주의 견해를 입증하기 위하여 비유클리드 기하학의 다소 인공적인 발전 과정도 새로운 표기 체계 구성에서 약정적 정의의 사용도 정당하게 증거로 삼을 수 없는 이유를 밝히는 과정에서, 카르납의 존재론적 입장이 의존하고 있는 신조와 약정에 의한 진리에 관한 신조를 동일시하는 생각의 근저에 숨어 있는 혼동을 폭로하였다. 게다가 약정이 실제로 진리성 문제에 개입하는 방식에 관한 콰인의 고찰은 약정이 어떤 종류의 대상이 실존하는가를 결정하는 범위에 관한 비슷한 고찰을 강조하고 있다.

콰인은 비유클리드 기하학의 발전 과정을 추적하면서, 우선 전통적 유클리드 기하학을 이루는 진리들의 근본 토대가 약정과 같은 것에 있는 게 아니라 "형식과 공허성"이라는 실제적 특성으로 이해되는 것에 관련되어 있는 게 확실하다는 사실에 주의를 환기시키고 있다.41) 이 진리들 가운데서 약간의 진리를 뽑아 그로부터 다른 진리들을 연역해내는 공준의 역할을 하도록 하는 선택이 보통의 선택과 거의 같은 것으로 보일 수 있지만, 이 수단이 전통적 유클리드 기하학을 이루는 진술들의 진리성에 영향을 준다고 도저히 해석할 수 없다고 콰인은 지적하였다. 이와 같이 유클리드 기하학을 진정한 이론적 진리들의 체계로 간주한다면, 우리가 유클리드 기하학의 존재론에 관해 이치에 닿게 할 수 있는 말은 무엇일까. 유클리드 기하학이 취급한다고 이해되었던 대상—이를테면 여러 가지 모양과 치수를 지닌 물리적 대상이나 어쩌면 어떤 종류의 이상적 공간 속에 형성되는 추상적 대상—의 실존이 오직 유클리드 기하학 체계만을 지배하는 규칙의 승인에 기초를 두는 일은 방금 언급한 이유 이외에 다른 이유 즉 물리적

---

41) Quine (1), 116쪽.

공간이나 이상적 공간의 실제 성질을 어떻게 해석하느냐에 따라 이루어지는 이 신조 자체에 대한 승인이 없다면 거의 성립할 수 없을 것이다.

콰인이 지적했던 바와 같이, 첫 번째 비유클리드 기하학은 진정으로 이론적 성격을 지닌 체계로서가 아니라 "사실에 일치시키는 해석은 … 전혀 염두에 두지 않고 단지 유클리드의 공준에서 인위적으로 이탈하여 구성해 보는 체계"로서 나타났었다.42) 처음에 비유클리드 기하학이 순수하게 약정적인 방식으로 발전하기는 했지만, 정리의 진리성에 관한 물음은 완전히 보류되어 있었으며, 그로 인해 정리가 언급하는 대상은 과연 무엇인가라는 물음도 마찬가지로 완전히 보류되어 있었다. 이 때문에 콰인은 "초기의 비유클리드 기하학에는 아예 진리가 없기 때문에 약정에 의한 진리는 있을 수 없다"고 단언하였다.43) 이와 같은 방식으로 초기의 비유클리드 기하학에는 아예 존재론이 없기 때문에 약정에 의한 실존이나 존재론은 있을 수 없다고 말할 수 있다. 비유클리드 기하학의 공준이 해석되지 않은 채로 있는 한 진리성과 존재론에 관한 고찰은 둘 다 이루어질 수 없다.

하지만 세월이 흐르면서 비유클리드 기하학은 진지하게 해석되게 되었고 또 그 해석이 다소 약정적 선택이나 결정의 문제로 간주되어 가긴 했지만, 비유클리드 기하학이 우리를 약정에 의해 진리성 자체를 만들어내도록 몰아가지는 않았다. 이 점에 대해 콰인은 다음과 같이 설명하였다.

> 이것은 처음에는 약정적으로 선택되었을 뿐만 아니라 명제를 표현하지 않던 일련의 문장을 약간의 진정한 진리ー추측컨대 약정에 의해 성립하지 않는 진리ー와 동일시하도록 이제까지 해석되지 않았던 용어들을 해석하는 방식이 발견되었다는 것을 뜻한다.44)

---

42) 같은 책, 같은 쪽.
43) 같은 책, 같은 쪽.
44) 같은 책, 같은 쪽.

이제 우리는 존재론에 관해 논의하다가 앞에서 부딪쳤던 상황을 잘 인식할 수 있다. 그 상황은 다음과 같다. 어떤 언어 체계에 대한 완전한 해석은 새로운 대상에 관한 이야기를 만들어내지 못하는 것과 마찬가지로 새로운 진리 후보를 만들어내지 못한다. 어떤 언어 체계에 대한 완전한 해석이 단지 배경 언어의 존재론에서 뽑은 약간의 대상을 대상 언어 체계에 있는 변항의 값과 술어의 외연으로 쓰이도록 할당하는 일만을 필요로 하는 것과 마찬가지로, 어떤 언어 체계에 대한 완전한 해석은 단지 대상 언어 체계 속의 어떤 적격 형식 문장이 배경 이론 속에서 옳은 것으로 유지되는 진술을 표현하고 있다는 것을 확인하는 일을 할 뿐이다. 이미 승인된 이론적 체계에 특유한 표현으로 완전히 해석된 어떤 언어 체계를 채택하는 일은 우선 첫째로 옳다든가 그르다는 새로운 긍정을 전혀 허용하지 않는다는 오직 그것 때문에 새로운 진리를 만들어내거나 대상에 대한 새로운 언질을 주지 않는다.

우리는 어떤 비유클리드 기하학 체계를 여러 모로 적당하게 조절하여 이전에 유클리드 기하학이 옳은 체계로서 적용되었던 물리적 크기나 추상적 크기에 대해서 옳은 체계로 간주해볼 수도 있을 것이다. 여기에는 두 가지 가능성이 있다. 우선 유클리드 기하학의 약간의 정리가 이유야 무엇이든 그른 것으로 간주될 수 있고, 그래서 다른 대안의 진리들이 그 자리를 채웠다고 생각해볼 수 있다. 그렇다면 이 새로 요구된 진리들은 처음에 약정적으로 만들어진 어떤 비유클리드 기하학에 대해서 약정적으로 고안된 해석 규칙이나 번역 규칙에 의해 이루어지는 옳은 해석의 기초로서 사용될 수 있을 것이다. 이에 반해서 비유클리드 기하학 체계는 단순히 비유클리드 기하학의 형식적 정합성을 증명하기 위하여 유클리드 기하학의 현실적 모델로 제시되는 게 보통이다. 이 두 번째 경우에 유클리드 기하학의 진리성은 미리 전제되어 있으므로, 비유클리드 기하학의 정리는 단지 약정적으로 채택된 규칙이나 정의에 의해서 유클리드 기하학의 정리로 번역될 뿐이다. 어느 경우든 규칙의 역할은 언급과 진리성을 보존하는 것이지 새로이 만들어내는 것이 아니다.

완전히 해석된 비유클리드 기하학의 정리는 오직 그 체계가 비유클리드 기하학의 정리 하나 하나를 독립적으로 가정된 대상들에 관해서 독립적으로 주장된 진리와 동등하게 취급하는 어떤 배경 체계나 배경 이론으로 그 해석에 의해 번역되기 때문에 그 해석을 통해서 옳게 된다. 진리성은 — 존재론이 그렇게 생기는 것과 마찬가지로 — 단지 번역을 위한 정의와 규칙의 약정적 채택에 의해 생길 뿐이다. 콰인은 기존의 표기 방법 대신에 새로운 표기 방법을 단순하게 채용할 경우에 약정이 어떤 역할을 하는가를 설명하는 대목에서 이 생각을 말하고 있다.

> 새로운 표기 방법으로 표현되는 진리들은 문제의 표기 방법과는 관계없이 옳은 문장들의 약정적 복사품이다. 이 진리들은 기존의 표기 방법으로 표현된 문장들을 옳게 만드는 것이 무엇이든 그것과 더불어 … 약정적 정의에 의해서 옳게 된다.45)

약정적 정의는 카르납의 방침에 따른 언어 체계 구성이 오직 기존의 대상에 대해 언급하기 위한 새로운 표현을 사용할 수 있게 해줄 뿐인 것과 마찬가지로, 단지 기존의 진리를 새로운 표현으로 말할 수 있게 해줄 따름이다. 이와 비슷한 방식으로 우리가 말하는 진리의 더 명확한 성격은 — 우리가 언급하는 대상의 명확한 성격이 그런 것처럼 — 오직 어떤 배경 언어와 그 속의 용어로 이루어지는 표현들의 형식에 대해 우리가 설명하는 방식에 상대적으로만 확정된다.

이미 앞에서 담화의 대상을 명확하게 밝히는 일이나 구체적으로 확정하는 일이 그 대상을 다른 대상에로 환원시키는 일과 쉽사리 구별되지 않는

---

45) 같은 책, 118쪽.

다는 콰인의 지적에 주의를 환기시킨 바 있기 때문에, 우리가 일련의 진리의 정확한 본성을 – 단순히 그 일련의 진리가 언급하는 대상이 무엇인가가 아니라 그 일련의 진리 전체가 주장하거나 의미하는 것을 해설하는 점에서 – 명확하게 밝히는 일이나 구체적으로 확정하는 일에 관해 일반적으로 말하려는 경우에는 비슷한 지적을 받게 된다는 것을 깨닫기는 그리 힘들지 않을 것이다. 그러므로 옳은 진술을 이런 점에서 명확하게 밝히는 일은 그 진술을 번역 규칙이나 정의에 의해서 다른 진술로 바꾸어 표현하는 일과 의의 있는 차이가 없다. 수 개념을 명료하게 밝히는 일이 집합을 내세워 수를 없앨 수 있는 것처럼, 우리는 산술학에 이와 똑같은 집합론적 해석을 가함으로써 개개의 산술학적 진리에 집합론적 진리를 대입하는 식으로 해설할 수 있다. 이와 같이 우리가 그저 자신의 담화의 존재론적 취지에만 관심을 갖든 좀더 충분히 그 담화 전체의 주장 내용이랄 수 있는 것에 관심을 갖든, 명시적 규칙과 정의의 의의는 도입의 측면이 아니라 환원의 측면에 있다. 모든 언어 체계에 대해 카르납이 계획했던 완전한 의미론적 해석은 – 이 일이 새로운 대상에 관한 이야기나 언급을 창시하려는 시도를 모조리 체계적으로 좌절시키는 것과 마찬가지로 – 새로운 진리의 도입이나 창시를 촉진하는 게 아니라 실제로는 체계적으로 배제하게 된다. 그러고 보면 명시적 해석이라는 과감한 기획 전체는 처음에는 그 기획 자체가 의존하고 있는 것처럼 보였던 신조, 즉 약정에 의한 진리와 약정에 의한 실존에 대한 신조의 토대를 완전히 허물어버린다. 우리는 어떤 언어 체계나 이론 체계든 그것을 (물론 약정적 방식으로) 해석할 수 있게 해주는 규칙을 완전히 열거할 수 있지만, 이 일은 항상 우리가 이미 그 속에서 진리를 인식하고 또 대상에 관해 말하는 어떤 배경 이론이나 배경 언어에 상대적으로 이루어질 뿐이다. 존재론적 실존 물음에 관한 카르납의 신조 전체는 결국 논리적 진리성에 관한 언어적 신조의 한 가지 특수한 경우일 뿐이라 하겠는데, 왜냐하면 카르납의 신조는 어떤 종류의 대상의 실존을 긍정하거나 부정하는 것으로 생각되는 어떤 언어 체계 속의 약정적 진리라고 불리는 바로 그 부분에만 관련이 있을 뿐이기 때문이다.

콰인은 논리적 진리성에 관한 언어적 신조 바로 밑에 인공 언어의 제안에 담겨 있는 생각과 혼동을 일으킨 유비가 숨어 있을 수 있다고 생각하였다. 그는 실증주의자가 형이상학적 적수를 반박하기 위한 노력의 일환으로 과학(학문)에는 적절하지만 어떤 형이상학적 쟁점도 표현할 수 없는 가상의 마틴 식의 언어를 묘사했던 경우를 상상해보라고 요구한다. 실증주의자는 이 가상의 언어를 상세히 설명할 때 "마틴주의자가 발언으로 간주해야 했던 것과 그들이 그 발언이 의미한다고 이해해야 했던 것"[46]을 말하지 않을 수 없었다. 이 일은 문제의 그 언어를 위한 통사 규칙과 의미 규칙―또는 카르납이라면 형성 규칙과 변형 규칙 즉 의미 공준이라 부를 것이라고 콰인이 말한 것―을 형성하는 일에 해당한다. 그런데 이런 규칙들은 실은 실증주의자가 제 주장을 할 때 사용되는 화술 장치의 일부일 뿐이므로, 이런 규칙들을 마틴주의자가 명시적 약정으로 잘못 판단해서는 안 된다. 이 혼동은 실증주의 주장의 겉모습 전체에 드러나 있는 철저히 임의적인 성격이 그 이야기에 투영될 때 끼어 들게 되며, 이로 인해서 마틴주의자는 실증주의자의 전적으로 약정적이고 임의적인 방식으로 저들의 언어를 만들고, 그와 동시에 어떻게 해서든지 약정에 의한 얼마간의 진리를 설정하였다는 식으로 잘못 해석해 왔다고 콰인은 설명하였다.

물론 마틴주의자는―자신의 언어의 통사 규칙과 의미 규칙을 만들기 위해 배경 언어로서 필요한 실증주의 언어를 그들이 이용할 수 없다고 생각했던 이유만으로도―자신의 언어를 실증주의자가 설정한 일련의 통사 규칙과 의미 규칙에 의해 구성할 수 없었다. 하지만 그들이 무에서부터 한 걸음 한 걸음 자신의 언어를 만들기 위해 이 배경 언어를 이용했다 하더라도, 자신의 언어 속의 진술들 가운데서 옳은 진술로 궁극적으로 확인된

---

46) 같은 책, 127쪽.

어떤 진술이 이 단계적 구성 과정 때문에 옳게 되었다고 생각하는 것은 여전히 무분별한 일이다. 그 진술의 진리성은ㅡ최종적으로 분석해보면ㅡ 그 진술을 배경 언어로 번역했을 때 그 진술에 해당하는 배경 언어 문장을 옳게 만드는 것이 애당초 무엇이든 바로 그것에 의존할 뿐이다.

이 곤경은 위에서 설명한 적이 있었던 딜레마, 즉 물리적 대상에 관해서만 말하는 언어를 마틴의 방법에 따라 물리적 대상과 추상적 속성을 둘 다 언급하는 데 적절하도록 강화하려는 사람이 부딪치는 딜레마 상황과 비슷하다. 우리는 마틴의 물리적 대상 언어 L 같은 언어를 수단으로 사용할 수 있을 뿐이기 때문에 속성을 언급하는 새로운 언어적 표현을 결코 명백하게 도입할 수 없을 것이지만, 언어 £과 같이 그보다 더 강한 언어를 새로운 표현의 도입에 사용하게 되면, 속성에 대한 언급은 그 언어에 의해서 미리 전제될 것이고, 따라서 진정으로 새로운 존재론적 가정은 형성될 수 없을 것이다.

카르납은 논리적 진리성에 관한 자신의 견해에 대한 콰인의 비판에 답하면서, 논리적 진리성의 특성을 언어적 계율이나 언어적 약정에 바탕을 두고 설명하였기 때문에 오해를 일으키는 부정확한 생각을 하게 되었다고 고백하였다.47) 그는 낱말에 의미를 부여하는 일은 순전히 약정에 의해 이루어질 수 있지만, 논리적 진리성 자체는 낱말의 의미에 의존하는 것만큼 이 약정에 의존하지 않는다고 다음과 같이 설명하였다. "일단 이 형식 즉 논리적 진리의 형식으로 이루어진 문장 속의 개개의 낱말에 의미가 주어지면ㅡ그리고 이 일은 약정의 문제라고 할 수 있지만ㅡ그 문장을 옳은 문장으로 간주할 것인가 않을 것인가는 더 이상 약정의 문제나 임의의 선택 문제가 아니다."48) 그러므로 카르납은 그에 의해 논리적 진리성의 근거에 관해서는 약정의 역할에 대한 자신의 견해를 명백하게 설명하고 적

---

47) Carnap (15).
48) 같은 책, 916쪽.

정한 자격을 부여하였지만, 그럼에도 불구하고 그는 이 장에서 검토하고 있는 핵심적인 견해-즉 언어가 실제로 말하거나 언급하고 있는 것, 좀더 풀어 말하면 그 언어의 의미나 내용이나 주제가 약정적으로 고안된 일련의 완벽한 의미 규칙에 의해 완전히 정확하게 표현될 수 있다는 견해-에 대한 자신의 헌신을 다시 시인하고 있다. 그래서 다른 무엇보다도 어떤 언어 속에서 이루어지는 약간의 문장의 진리성과 그 진리와 관련 있는 대상들 가운데 일부의 실존은 오직 그 의미 규칙이 그 언어의 표현들에 부여하는 의미와 언급에만 근거를 둔다는 것이 카르납의 주요한 주장이다.

그러므로 이론적 환원이나 언어 구성에 사용되는 언어적 규칙이나 약정은 존재론적 실존이나 논리적 진리 어느 쪽에 대해서도 이른바 특별히 언어적 성격이랄 만한 것을 밝히지 못한다. 어떤 이론의 변항 값의 영역이나 술어의 외연은 다른 배경 이론이나 배경 언어 체계의 이미 승인된 용어들에 의해서만 명확하게 드러날 수 있는 것과 마찬가지로, 위의 말은 이러한 배경 이론이나 배경 언어 체계의 모든 어휘 즉 논리적 불변화사(logical particle)와 논리적 어구를 포함하는 모든 어휘의 "의미"나 "사용"에 관한 어떤 명시적 지침에 대해서도 들어맞는다. 카르납은 자신이 논리적 진리성의 기초나 바탕을 형성한다고 여기는 것-그리고 우리가 존재론적 실존의 기초나 바탕을 형성한다고 추정하는 것-이 약정이나 규칙 그 자체가 아니라 이런 규칙이 부여하는 의미들이라는 것을 명백하게 설명하는 데 쓸모 있는 주장을 전개하였다. 그렇지만 요점은 이런 규칙이 의미를 문제 해결에 필수적인 점에서 명확하고 객관적으로 부여하는 일에 성공하지 못한다는 바로 그것이다. 이론적 환원 과정에서 어떤 언어 체계의 용어는 완전한 해석이나 해설을 통해서 이해되기보다는 오히려 배경 언어 체계의 해석되지 않은 용어로 대치됨으로써 폐지된다. 언어 구성 과정에서 우리는 배경 언어 체계의 (옳거나 그른) 진술을 표현하고 또 그 배경 언어 체계의 주제에 관해 말하는 새로운 표기법의 도입만을 확인할 따름이다. 이런 완전한 해석은 단지 어떤 언어 체계의 존재론을 배경 언어 체계의 존재론이나 그 일부와 동일하다고 확인할 뿐이고, 또 어떤 언어 체계의 진리를 배경 언어 체계의 진리나 그 일부와 동일하다고 확인할 뿐이다. 그래서 이런 완전한 해석은 대상 언어 체계 속의 문장의 진리성 또는 대상 언어 체계 속의 표현에 의해 언급되는 것들의 실존에 관한 모든 물음을 배경 언어 속의 문장의 진리성과 배경 언어 속의 표현에 의해 언급되는 것들의 실존에 관한 물음으로 바꾸어 표현할 수 있게 해준다. 진리성과 언급 그리고 이 두 가지 것의 본질적 차이가 보존되느냐라고 묻는 것은 실은 번역 그 자체의 정확성을 시험하는 일이다. 번역은 원래의 문장에 표현되어 있던 바로 그것이 오롯이 드러났다고 여겨지기만 하면 만족스러운 번역으로 인정되게 마련이다. 따라서 번역은 원래 문장이 주장하는 내용을 실질적으로 해명할 수 있는 기초를 전혀 제공하지 못한다.

어떤 문장이 옳다는 말이 무슨 뜻인가를 순환하지 않는 방식으로 정확하게 말하는 일―이를테면 그 문장의 진리성의 기초나 근거를 설명하는 일―은 통상 앞의 문장을 번역 문장으로 삼는 원래의 다른 문장을 이미 이해하고 있다는 것을 전제하고 있다. 이 두 진술의 진리성은 왜 그 두 진술이 서로의 번역 문장인지를 설명하는 데에 도움을 줄 수는 있지만, 그 두 진술이 서로의 번역 문장이라는 사실에서 나올 수는 없다. 마찬가지로 어떤 용어의 적용에 관해 이미 설정되어 있는 범위를 명확하게 밝히는 일은 어떤 용어가 이 일에 사용되든 간에 통상 이 용어의 적용에 관해 이미 설정되어 있는 범위를 미리 이해하고 있다는 것을 전제하고 있게 마련이다. 이 경우에도 그런 언급 대상이 실존하는지 않는지는 그 해명의 정당성을 확인하는 일에 필요하지 않다. 정의나 해명 그 자체는―어떤 진술을 그보다 훨씬 더 명백하게 옳다고 여겨지는 다른 진술과 동등하게 취급할 수 있고 또 어떤 대상을 그보다 훨씬 더 실존한다고 인정하고 싶은 다른 대상과 동등하게 취급할 수 있지만―카르납이 주장한 대로 어떤 진술이 옳아야 한다든가 어떤 대상이 실존해야 한다는 것을 결코 설명할 수 없다. 일단 우리가 자신의 담화를 명료하게 밝히는 조직적인 노력을 중단하고 그에 대한 이해만으로 잠시 만족한다면, 어떤 대상이 실존하는가를 결정하는 일이나 옳은 진술로 채택할 진술이 어떤 것인가를 결정하는 일이 시작될 수 있다. 따라서 논리적 진리와 사실적 진리를 가르는 선이나 존재론적 실존 물음과 과학적 실존 물음을 가르는 선이—혹시 정말 그려질 수 있다면—그려져야 하는 곳은 완전한 명시적 해석이 전혀 내려지지 않은 바로 이 언어에서이다.

4. 새로운 대상과 진리의 채택 — 실제적 관점에서

언어적 결정이 진리 물음과 실존 물음에 대해 엉터리 답을 만들게 하는 또 하나의 역할이 아직도 남아 있는데, 이 역할은 언어적 표현의 "의미"나 "내용"이 약정적으로 고안된 규칙이나 정의에 의해 채택된다고 미리 규정함으로써 생기는 것은 아니다. 한 예로 우리는 집합론에서 비유클리드 기하학의 상황과 현저한 차이를 보이는 흥미로운 상황을 볼 수 있다. 콰인은 "집합론이 해석된 수학으로서 연구되고 있다"고 본다.49) 하지만 콰인은 이제까지 논의했던 관점에서 보면 집합론이 완전하게 해석된 체계가 아니라고 본다. 다시 말하면 집합론의 존재론이나 집합론 용어의 의미를 명백하게 밝히도록 만들어져 현재 승인 받고 있는 일련의 규칙이 없다는 것이다. 집합론 체계의 도입에 이처럼 충분한 일련의 규칙이라면 어느 것이든 앞에서 살펴본 바와 같이 어떤 배경 이론이 그런 해석에 사용되든 그 배경 이론의 진리성에 관한 물음과 그 배경 이론의 존재론에 관한 물음을 위해서 결국에는 집합과 그 실존에 관한 모든 진정한 물음을 철회하는 수

---

49) Quine (1), 110쪽.

단을 마련해줄 것이다. 그러나 실제로는 이와 반대되는 일이 일어난다. 실은 산술학과 해석학을 비롯한 나머지 수학 분야가 집합론에 의해 설명되거나 집합론으로 환원되기 때문이다. 수학적 진리와 실존에 관한 물음을 고찰하는 경우 우리는 수학에 관한 담화를 명료하게 만들거나 해명하는 시도를 결국에는 집합론을 액면 그대로 묵묵히 따르거나 곧이곧대로 승인함으로써 끝내는 것이 보통이다. 하지만 명시적 언어 규칙이나 약정에 의해서 완전한 의미론적 해석이 필요하지 않을 때에 우리는 그에 의해서 집합론을 그저 해석되지 않은 계산 체계나 형식 체계로 승인하지 않는다. 우리는 집합론의 진리들과 그 진리들이 논하고자 하는 대상들을 집합론을 다른 언어로 먼저 번역한 다음 그 번역을 토대로 삼고 이해하여 승인하는 게 아니라 어떻게든 그 자체로서 이해하고 승인할 수밖에 없다.

 그렇다면 우리가 집합론에서 일어나는 진리 물음과 실존 물음을 어떤 배경 이론 — 풀어 말하면 그에 의해 집합에 관한 담화를 해석하려고 하는 배경 이론 — 에 상대적인 물음으로 쉽게 미루거나 유리하게 미루어 놓을 수 없다는 것이 분명하다면, 대체 어떻게 집합론에서 일어나는 진리 물음과 실존 물음의 답을 찾을 수 있단 말인가. 이상한 일이지만 약정에 의한 진리성과 실존에 관한 신조와 비슷한 신조가 상당히 그럴 듯하다는 평가를 얻기 시작하는 것은 카르납이 제안한 노선에 따른 완전한 명시적 해석을 아주 분명하게 필요로 하는 집합론 그 자체와 관련해서이다.

  집합론에서 우리는 제대로 주장되든 잘못 주장되든 비물질적 대상 즉 집합이나 부류에 관해 이야기한다. 우리가 "관여하다"라는 말의 일상적이면서 비은유적인 의미에서 약정과 아주 비슷한 것에 관여하고 있음을 깨닫는 것은 이런 대상에 관한 문장의 진정한 진리성과 허위성을 결정하려고 노력할 때이다. 이때 우리는 약정과 아주 비슷한 것을 계획적으로 선택하고 그 선택을 우아함과 편의성에 의한 정당화 이외의 다른 정당화를 전혀 시도하지 않으면서 설명하고 있음을 안다. 이렇게 채택된 것 즉 이른바 공준과 거기서 나오는 귀결은 그 자체를 다시 검토 대상으로 삼지 않는 한 옳은 문장으로 취급된다.50)

콰인은 이론적 공준을 무엇으로 할 것인가를 이처럼 거의 전적으로 임의에 의해 결정하는 경우를 ─ 유클리드 기하학에서 예를 볼 수 있는 공준의 "논증적 설정"(論證的 設定)과 구별하기 위해 ─ 공준의 "입법적 설정"(立法的 設定)이라 불렀다. 유클리드 기하학의 논증적 공준 설정에서는 이미 확인되어 있는 일군의 진리 가운데서 약간을 임의로 선택하여 전제로 세우고 그로부터 나머지 다른 진리들을 논리적으로 끌어내었을 뿐이다.

따라서 진리성은 해석 규칙, 의미 규칙, 변형 규칙, 의미 공준, 또는 이런 종류의 다른 것이 없을 때에는 입법적 공준 설정 과정을 거쳐 약정에 의해 생긴다고 할 수 있다. 그뿐 아니라 존재론도 동일한 과정의 일부로서 똑같은 식으로 인정받게 된다. 예컨대 집합론의 진리를 입법적으로 설정하는 경우에 우리는 원초 기호 ε를 포함하는 어떤 형식의 양화 문장을 실제로 옳은 주장을 표현하는 문장으로 채택하는 결정을 내리며, 이 결정에 의해서 이런 문장 속에 등장하는 속박 변항은 어떤 진실된 대상을 값으로 삼고 있는 것으로 결정된다. 그러므로 집합론의 진리성을 입법적으로 설정하는 일은 결국에는 집합이 이런 진리에 의해 확정된 집합성(集合性, set-hood)의 여러 가지 조건을 만족시키는 대상이라고 입법적으로 설정하는 일이 되거나 이런 일을 포함하게 된다. 원초 기호 ε는 결코 명백하게 정의되지 않으며, 오히려 그 의미는 기껏해야 옳다든가 그르다고 입법적으로 설정된 문장들의 문맥에 의해서 단지 "함축적으로" 표현될 뿐이다.

그런데 이와 비슷한 제약은 논리적 진리에 관한 카르납의 신조에 뚜렷이 드러나 있는 것과 같은 약정에 의한 진리와 약정에 의한 실존이라는

---

50) 같은 책, 같은 쪽.

이 생각에도 필요하다. 하지만 이 경우에 집합론의 진리나 집합의 실존이 실제로 약정 그 자체에 기초나 근거를 두고 있다고 생각하면 올바르지 못하다. 콰인은 이 경우의 약정성이 그저 입법적 공준 설정 행위에 곁따르는 일시적 특징이지 입법적으로 설정된 문장에 속하는 지속적 특징이 아니라고 지적하였다. 콰인은 "지금은 입법적으로 설정되었다고 이해되고 있는" 집합론조차도 언젠가는 "표준으로서의 격위를 얻게 될 것이며, … 그래서 형성 과정에 남아 있던 약정의 흔적이 모조리 사라질 것이다"라고 분명하게 언명하였다.51) 입법적 공준 설정을 통해 새로운 진리와 대상을 채택하는 일은 대체로 실제적 고려에서 이루어진다고 할 수 있지만, 이 말은 이런 진리와 그에 연루되어 있는 대상이 계속해서 언제까지나 인공적 고안물로만 간주될 것이라는 뜻은 아니다.

이제 살펴보아야 할 흥미로운 문제는 진리성과 존재론이란 주제와 관련해서 인간의 약정이 하는 역할에 대한 이 생각이 과연 카르납이 언어를 지배하는 가상의 규칙과 약정에 의거하여 그처럼 헛되이 정의하려고 했던 논리적 진리와 사실적 진리의 구별이나 존재론적 실존과 과학적 실존의 구별을 하는 데 사용될 수 있냐 하는 것이다. 어쩌면 "논리적" 진리는 단지 입법적으로 설정된 진리로 보이고, 또 "철학적" 실존 물음이나 존재론적 실존 물음은 어떤 종류의 대상이나 어떤 대상들의 체계가 입법적으로 설정되지나 않았는가를 묻고 있는 실제적 물음에 환원되는 물음으로 보일 수도 있을 것이다. 이러한 접근 방법은—일반적으로 인정하듯이 완전한 명시적 의미 규칙을 기초로 삼는 접근 방법과 뚜렷이 다른 것이긴 하지만—언어적 결정이라는 주제들과의 절실한 관련을 유지하고 있는 한에서 적어도 본래 원하는 구별을 해낼 수 있다는 장점을 지니고 있다고 하겠다.

그렇지만 이 과정은 개방되어 있지 않다. 따라서 콰인은 입법적 공준 설정의 약정성이 (집합론 영역에서 작용하고 있는 것이 사실이긴 하지만)

---

51) 같은 책, 113쪽.

수학과 형식논리학을 넘어서 자연과학의 영역에서도 작용하고 있다는 사실을 다음과 같이 지적하였다.

> … 어떤 이론적 가설이든 그에 대한 정당화는—문제의 가설이 제안된 시점에서—다만 그 가설에 포괄되는 일군의 법칙과 자료에 그 가설이 가져다주는 우아함과 편리함에 의해 이루어질 수 있다는 것은 확실하다.52)

게다가 콰인은 자연과학의 이론적 가설이 지니는 경험적 내용이나 경험적 의의 역시 방향을 거꾸로 바꾸어 논리학과 수학이란 추상적 학문 분야에까지 확장되는 것으로 인식되지 않으면 안 된다고 본다.

> 우리가 경험에 의해 검사할 수 있는 자족적 이론은 실은 이른바 자연과학이라 불리는 다양한 이론적 가설뿐만 아니라 자연과학이 사용하고 있는 만큼의 논리학과 수학까지도 포함하고 있다.53)

그러므로 인간의 과학적 지식 체계 전체를 이루고 있는 광범위한 영역에 걸친 수많은 이론적 가설 가운데 어느 것도 원래 약정에 의해 생겼다는 점과 궁극적으로는 경험과 관련을 맺고 있다는 점에 관해서는 엄격한 차이가 전혀 있을 수 없다. 따라서 우리가 입법적 공준 설정의 본성과 기능에 대해 인식한다 하더라도 논리적 진리와 사실적 진리의 객관적 구별이나 실존에 관한 존재론적 물음과 과학적 물음—외적 물음과 내적 물음—의 객관적 구별을 더 잘 할 수 있게 하지 못한다.

그렇다면 기존의 이론적 체계에 새로운 진리를 추가하는 일과 기존의 존재론에 새로운 대상을 도입하는 일은 결코 문제의 공준이나 그 속의 부

---

52) 같은 책, 114쪽.
53) 같은 책, 같은 쪽.

분적 표현에 대한 명시적 해석에 의해서 촉진되지 않는다. 우리는 그러한 공준이나 가설을 그 자체의 특유한 의미로 받아들여야 한다. 다른 한편으로 완벽하게 구성된 언어 체계나 완벽하게 해석된 언어 체계를 구성하려는 카르납의 계획은 최초의 진리를 발언할 수 있는 가능성이나 새로운 대상에 관해 이야기할 수 있는 가능성을 미리 체계적으로 배제해버린다는 아이러니컬한 귀결에 도달한다는 것이 밝혀졌다. 그러므로 이 이유 때문에 하나의 이론적 가설의 진리성은 오직 그 가설을 다른 용어들로 번역하는 언어 체계에 해당하는 것에만 의거해서는 완전하게 평가될 수 없다. 하나의 이론적 가설의 진리성은 결국 그 가설이나 그것의 번역으로 승인된 것이 그 가설을 포함하는데다가 전체로서 액면 그대로 이해되어야 하는 어떤 이론의 종합적 예측력과 단순성에 이바지하는 그 나름의 공헌을 고려하여 판정될 수 있을 뿐이다. 새로운 공준이나 가설을 채택하는 일이 여전히 대체로 실제적인 일로 보일 수는 있겠지만, 그래도 100보다 큰 소수(素數)의 실존을 주장하는 집합론의 가설과 뉴트리노나 검은 고니의 실존을 주장하는 "자연과학"의 가설을 명확하게 구별하는 근거는 전혀 없다고 할 수 있다.

  입법적 공준 설정은 어느 학문에서나 가설에 의한 설명 체계를 구성할 때 사용하는 일반적 방식으로 보일지라도 인식론적 관점에서는 결함이 있다고 할 수 있다. 왜냐하면 한 가설이 어떤 특정한 이론 체계에 포함될 수 있는가를 합리적으로 심사할 수 있기 위해서는 그보다 먼저 그 가설이 주장하는 내용을 어느 정도 알아야 한다는 것이 당연하기 때문이다. 이 이야기는 실증주의의 상위 철학적 신조의 핵심, 즉 누구나 어떤 문장이 옳은지 그른지 결정할 수 있기 위해서는 그보다 먼저 그 문장의 의미를 알아야 한다는 주장과 같으므로 논란의 여지없는 뻔한 말이랄 수 있다. 이론적 진리에 대한 과학적 관심과 이것보다 논리적으로 선행하면서 독립해 있는 언어적 의미에 대한 철학적 관심을 가르는 근본적 구별은 바로 이 기본 원리를 기초로 삼고 있다. 개개의 가설에 대한 독립적 해석은—적어도 원리적으로는—합리적 고찰이 성립하기 위해서 반드시 미리 갖추어져야 하는 최소한의 조건이라 하겠다. 만일 우리가 과학적 가설에 대해 이러한 독립적 이해를 할 수 없다면 어떤 탐구의 경우든 도대체 가설을 세우고 그것에 의해서 하려는 일이 무엇인지를 어떻게 알 수 있을 것인가.

이에 대한 답은 우리가 가정이나 가설을 만들 준비가 되어 있지 않으면 자신의 가정이나 가설이 무엇인지 절대로 명확하게 알지 못한다는 것이다. 이미 정립되어 있는 이론에 포함시킬 수 있는 하나 이상의 가설을 선택할 때 우리는 기존의 이론보다 더 넓은 새 이론을 마음속에 상정하는데, 바로 이 이론이 문제의 가설이나 가설들이 주장하는 특정한 이론적 취지를 이해할 수 있는 문맥을 마련해준다. 이 이해는 새로운 법칙들과 거기에 포함되어 있는 술어들이 서로 간에 형성하고 있는 여러 가지 이론적 상호 관계 그리고 새로운 법칙들과 거기에 포함되어 있는 술어들이 그 이론의 나머지 법칙들과 술어들에 대해 형성시키는 상호 관계를 올바르게 인식하고, 이에 더해서 이 이론적 구조 전체가 경험과 유지하고 있는 관계를 올바르게 인식함으로써 이루어질 수 있다. 이 이론의 어느 부분에 대한 이해의 정확성과 명료성은 우리가 얼마나 자세히 그 이론의 대목 대목을 명확하게 표현해낼 수 있는가, 그리고 얼마나 깊이 이 명확한 표현에 익숙해지는가에 따라서 증가할 것이다.

따라서 수많은 법칙과 개념이 결합되어 이루어진 이론에서 그것들을 개별적으로 완전히 분리시켜 법칙과 개념의 의의와 유용성을 평가할 수 있다는 생각은 모조리 카르납과 루이스 그리고 이들을 추종한 철학자들이 따랐던 실용주의 입장에 토대를 두고 만들어진 환상이다. 언어 전체의 의미는 물론이고 개개의 개념과 진술의 의미가 그것이 실제로 사용된 이론적 문맥과 무관하게 분석되고 추상되어 이해될 수 있다는 생각은 이런 철학자들에 의해 조장된 것이다. 하지만 그들은 우리가 어떻게 실제의 이론적 적용이나 일상의 서술적 사용에서 유리되어 있는 언어적 표현의 의미를 파악할 수 있는가에 대한 이치에 닿는 설명은 전혀 제시하지 못했다. 해석 과정과 적용 과정은 명확하게 분리될 수 없다. 왜냐하면 언어적 해석은 이론적 적용이고 또 이론적 적용은 언어적 해석이기 때문이다. 새로운 법칙과 개념을 이미 정립되어 활용되고 있는 이론의 상당히 광범위한 부분에 신중히 편입시킴으로써 적용할 때, 우리는 (다시 한 번 그로 인해 이루어지는 그 이론의 전체 구조 속에서의 위치와 그 이론의 전체 구조와 경험의 접촉을 고려하여) 새로운 법칙과 개념을 해석하고 이해하게 된다. 물론 이것은 앞에서 말한 의미의 완전한 해석이나 명시적 해석은 못된다. 왜냐하면 이 경우 개개의 표현에 대한 이해는 오직 그 이론 전체가 경험에 대해 유지하는 관계 속에서 제공하는 구조적 고찰이나 맥락적 고찰에만 의존하기 때문이다.

어떤 이론의 완전한 의미론적 해석을 선택된 특정한 배경 이론 특유의 표현으로 제시하는 경우에는, 우리가 그 대상 이론의 법칙과 개념이 이미 적용 가능성을 인정받고 있는 배경 이론의 법칙과 이론에로 환원될 수 있다는 것을 밝히는 범위까지는 그 대상 이론의 법칙과 개념을 간접적으로 적용하고 있다. 이런 해석에 필요한 것은 그 대상 이론 속의 법칙들이 지닌 내적 구조가 배경 이론 속의 어딘가에 반영된다는 것이 전부다. 이 일이 이번에는 왜 언어나 이론이 언급하는 것에 관한 절대적 물음이 무의미한가를 설명하는 데 도움을 주는데, 그 까닭은 만일 술어가 두 개의 법칙 집단 속에서 하는 역할이 체계적으로 비슷하다는 것이 증명될 수 있어서 그 두 개의 법칙 집단이 서로 환원될 수 있다면, 그 가운데 한 법칙 집단의 대상이 다른 법칙 집단의 대상에 대립한다는 식으로 하는 말은 진정한 객관적 의미를 지니지 못할 것이기 때문이다. 콰인은 이 이해가 지닌 상대성을 원초 통사론(源初 統辭論, protosyntax)과 산술학과 집합론에 속하면서 여러 가지 방식으로 상호 번역 가능한 이론들을 인용하여 설명하였다.

표현은 표현을 지배하는 법칙 즉 표현들을 연결시키는 이론 속의 법칙에 의해서만 알려질 수 있으며, 따라서 그런 법칙에 따라 구성된 표현-한 예로 괴델 수 같은 표현-은 어느 것이든 바로 그렇게 구성되었다는 사실에 의해서 표현에 대한 설명으로서 적합하다. 수도 수를 지배하는 법칙 즉 산술학의 법칙에 의해서만 알려질 수 있으며, 따라서 산술학의 법칙에 따라 구성된 표현-예컨대 어떤 집합-은 어느 것이든 역시 수에 대한 설명으로서 적합하다. 또한 집합은 다시 집합을 지배하는 법칙 즉 집합론의 법칙에 의해서만 알려질 수 있다.54)

두 이론이 이런 식으로 서로 환원되거나 해석될 수 있는 경우에는 이쪽 이론의 존재론과 진리 주장이 저쪽 이론의 존재론과 진리 주장과 다르다고 구별하는 절대적 방식이나 객관적 방식이 전혀 없다. 우리가 어느 쪽 대상과 진리를 기초적 대상과 진리로 볼 것인가는 (이 일이 무언가 이치에 닿는 일인 한) 어느 쪽 이론을 배경 이론 또는 준거 언어 체계로 선택하여 표현에 대해 언어적 해설을 하려는 모든 시도의 출발점으로 삼느냐에 달려 있다.

어떤 이론의 존재론은 그 이론을 표현하고 있는 바로 그 언어에 고유한 개념 체계의 고정된 특징을 보여준다고 생각되었다. 논리적 진리성은 이와 똑같은 고정된 언어적 특징을 어느 정도 반영하고 있는 것으로 보일 뿐만 아니라 그 속에 논리적 진리는 확실하다는 주장이 자리잡고 있다고 생각된다. 그렇지만 "언어의 규칙"에 대한 기본 주장이 무너진 사실은 - 언어와 이론을 가른 바로 그 구별이 힘을 잃었을 뿐 아니라, 존재론적 실존 물음과 과학적 실존 물음을 구분하려는 시도는 물론이고 논리적 진리와 사실적 진리를 구분하려는 기도가 여전히 이루어질 가망이 보이지 않는 점을 감안한다면 - 언어에 대해 상상했던 특징을 객관적으로 명료하면

---

54) Quine (11), 44쪽.

서 이치에 닿게 이해될 수 있도록 밝히려는 노력이 실패로 끝났음을 보여주고 있다.

앞에서 간략하게 특징을 설명했던 입법적 공준 설정은 논리학과 존재론의 영역에서만 이루어지는 일이 아니라, 학문을 가설 체계로서 구성할 경우에는 언제나 사용하게 마련인 일반적 방식이라 할 수 있다. 논리학과 존재론에서 논의되었던 실존과 실재는 인간이 이 세계에 관해 언급하기 위해 습득하거나 선택하는 방식에 의해 미리 전제되는 것이라는 생각은 어느 영역 어느 대상에 대해서도 맞는 말이라 할 수 있다. 마찬가지로 논리학과 존재론의 진리성은 인간이 의식적이든 무의식적이든 언어적 결정에 의해 미리 전제되는 것이라는 생각도 임의의 옳은 진술에 대해 성립한다고 말하기보다는 아예 모든 진술에 대해 성립한다고 말하는 편이 나을 것이다. 그러므로 언어적 의미나 개념적 내용에 관한 물음은 이론적 진리에 관한 일상적 물음에서 분리될 수 없을 뿐만 아니라 이론적 진리에 관한 일상적 물음과 무관하게 취급될 수도 없다.

제 4 장   일상 언어와 함축적 정의

1. 형이상학 신조와 언어 신조의 평행성

앞장에서 살펴본 "언어의 규칙"에 관한 기본 주장은 언어 분석 개념-언어는 객관적으로 조사하고 탐구해야 하는 고정된 명확한 개념적 내용 즉 "의미"를 지니고 있다는 견해-의 한 가지 기본적 형태를 보여주고 있다. 언어에 관한 이 일반적 생각에 따르면 이 세계가 실제로 있는 방식이나 이 세계에 정말로 실존하는 것에 관해 절대적 용어로 하는 말은 이치에 닿게 이해될 수 없다. 하지만 이 세계가 있다고 실제로 말하는 방식이나 이 세계에 실존한다고 실제로 말하는 것에 관한 말은 여전히 이치에 닿게 이해될 수 있다. 따라서 카르납의 언어 규칙은 바로 언어가 실제로 말하거나 의미하거나 언급하는 것이 무엇인가라는 물음에 대한 답을 마련하려는 것이었다.

그렇다면 우리가 언어 체계의 의미나 내용을 명백하게 드러내는 언어 규칙이나 언어 약정을 명확하게 열거할 수 있을 것이라는 카르납의 생각은 결국 우리가 이 세계를 "보거나 생각하거나 그릴 수 있는" 여러 가지 방식을 정확하게 설명하거나 그런 방식의 특징을 정확하게 기술할 수 있다는 견해와 같다고 할 수 있다. 카르납은 철학의 일차적 임무를 여러 언어 체계 가운데서 어느 언어 체계가 특정한 실제적 목적에 가장 적합한가를 알아내기 위해 여러 언어 체계의 규칙에 구체적으로 나타나 있는 여러 가지 형태의 근본적 주장이나 설명을 조사하고 비교하는 일로 보았다. 하지만 다른 철학자들은 좀더 일반적 관점에 서서 언어의 규칙을 찾아내어 재구성하는 일의 목적을 형이상학적 주장을 거부하거나, 진정한 형이상학적 주장에 입증 증거를 추가하거나, 아니면 순전히 사이비 철학적 문제를 만들어내는 원인으로 지목되는 언어적 혼란을 폭로하기 위해서 언어의 규칙을 직접적으로나 간접적으로 인용함으로써 옛날부터 내려오는 미해결의 철학적 문제들을 다른 형태로 바꾸어 풀거나 아예 해소시켜버리는 데에만 두었다. 하지만 말하는 방식을 지배하고 있다고 추정된 규칙을 정확하게 밝혀내는 핵심 문제는 경험을 기술하거나 표현하는 방식의 특징을 밝혀 명확하게 설명하는 문제로 여전히 남을 수밖에 없었다.

그러므로 "언어의 규칙"에 관한 기본 주장의 실패는 개개의 언어 모두에 내재하고 곧이곧대로 분석되어 기술될 수 있으며 또 자족적이고 명확하다고 상정되었던 개념 체계에 관한 신조의 실패를 보여준다. 완전히 해석된 언어 체계의 존재론에 대한 이해가 항상 배경 언어의 해석되지 않은 용어들이 그 존재론의 대상을 체계 이전에 어떻게 언급하는가에 상대적으로 이루어지는 것과 마찬가지로, 언어적 표현들의 체계 속에 구체적으로 드러난다고 믿었던 개념적 사고의 정확한 양식도 그러한 "해석"을 통해서는 본질적으로 설명되지 않은 채로 남아 있다. 언어적 의미라는 형태를 취하는 개념적 사고를 파악하는 일은 실재나 존재 자체를 파악하는 일만큼이나 까다롭고 어려운 것 같다. 개념적 진리들은 — 베르그송 같은 신비가들이 형이상학의 진리에 대해 그랬던 것만큼이나 — 이치에 닿는 말로 명확하게 표현하기 어렵다. 우리가 이 세계에 관해 실제로 말하는 것은 바로 이것이다 라고 말하는 것이 이 세계는 실제로 이러하다고 말하는 것보다 더 쉽다는 주장은 이제 분명하지 않다. 이 두 경우 어느 쪽이든 원리상 반드시 장애에 부딪치게 마련이며, 그럴 수밖에 없는 이유는 양쪽의 사정이 우연히 일치하기 때문이라기보다는 오히려 두 경우의 근저에 공통으로 깔려있는 철학적 동기와 방침 때문인 것 같다.

어떤 언어가 지닌 특정한 개념적 내용이 완벽한 일련의 언어 규칙이나 언어 약정의 형태로 명확하게 표현되어 밝혀질 수 있다는 생각은 퇴화한 이성주의—종래의 형이상학적 이성주의에 맞먹는 것이랄 수 있는 언어적 이성주의—를 포함하고 있다. 이 생각은 우리가 언어 바깥에 있는 실재의 궁극적 본성에 대해 진정으로 의의 있는 주장을 할 수 없다고 부정하고, 그 대신에 실재를 "실제로 보거나 기술하는 방식"에 관한 진리를 밝혀내는 임무를 새로 설정할 수 있다고 보는 이성주의이다. 그래서 실존의 기본적 범주와 특징에 대한 체계적 탐구는 기피와 조롱의 대상으로 여겨져 오다가, 마침내 언어적 표현이나 개념적 사고의 기본적 범주에 대한 체계적 탐구가 제 자리를 차지하도록 하기 위해 거부되었다. 이래서 언어는 아직도 전통적 방식으로 철학을 하는 사람들의 이성적 통찰의 초점이 되어 있는 세계나 실재나 존재 자체의 자리를 완전히 대신 차지하게 되었다.

철학계에 큰 물의를 일으켰던 실증주의자들의 격렬한 반형이상학적 주장과 철학을 언어 비판 활동이나 언어 분석 활동으로 고쳐 생각해야 한다는 그들의 철학 개념은 당시에는 과감할 뿐만 아니라 상당히 혁명적인 운동으로 보였다. 언어야말로 철학의 정당한 탐구 영역 전체임은 말할 것도 없고, 철학이 진정으로 주목할 만한 주제는 "오직 언어뿐"이라고 시사하는 이 착상은 비상식적인 생각으로 보이기도 했고 독창적인 생각으로 보이기도 했지만, 어느 경우든 하찮은 것일 수는 없었다. 하지만 소란스런 토론이 가라앉고 분석철학자들의 전성기를 넘긴 지금 되돌아볼 때, 인상적인 사실은 분석철학자들과 이에 맞서 쌍벽을 이루었던 훨씬 더 전통적인 철학자들의 학문적 기질과 연구 방법이 매우 비슷하다는 것이다.

철학의 주제에 관한 이 표면상의 급격한 변화가 전통적 형이상학의 신조와 카르납의 견해 같은 새로운 신조 사이에 성립하는 기본적 대칭 관계를 분명하지 않게 만든다고 인정하는 것은 유감스러운 일이다. 어쨌든 이제는 누구도 더 이상 실재의 심연을 직접 측량할 수 없기 때문에 그 대신에 언어와 개념적 사고를 표현하는 언어의 양식을 찾아보는 비슷한 시도를 해보자고 제안되었다. 이 새로운 언어적 견해에서도 철학과 과학은 확연하게 구별되어 있는데, 형이상학과 과학적 진리의 차이가 개념적 진리와 이론적 진리 또는 언어적 진리와 이론적 진리의 차이로 재편되어 다시 주장되었다. 언어 분석 철학자는 일반적으로 아직도 자신이 "제일 철학"을 하고 있는 것으로 생각하지만, 이제는 전적으로 인식론적 관점에서 "제일 철학"을 하고 있다는 점만이 종전과 다르다고 본다. 실재의 근본 원리가 아니라 언어의 근본 원리 즉 언어의 논리적 구조나 규칙이 옛날부터 인정되어 온 존재론적 실존과 이론적 실존의 구별 또는 선천적 지식과 후천적 지식의 구별의 기초가 되었다. 이처럼 선천적 지식과 후천적 지식의 구별이 구제되어 유지됨으로써 "경험"과학의 학설들은 단지 개연적이고 불확실할 뿐인데 비해서, 논리학과 수학은 절대적 확실성을 가지고 있다는 옛날부터 내려오는 가치 있는 생각을 유지할 수 있게 되었다. 심지어 "범주" 같은 형이상학적 개념까지도 러셀의 유형 이론과 카르납의 보편어 이론에 의해 언어적으로 해석되었다. 그리고 2장에서 보았듯이 사실상 모든 전통적 철학 물음을 "숨겨진" 언어 물음의 형태로 바꾸어 유지하거나 적어도 전통적 철학 물음이 어떤 방식으론가는 이런 언어 물음에 의존한다는 것을 밝히려는 과감하고 끈질긴 시도가 전면적으로 진행되었다. 이 노력의 전체 과정은 이제 많은 점에서 철학의 역사 전체에 (사물을 언급하는 언어적 표현을 상위 언어를 사용하여 언급하기 위해 그 언어적 표현의 이름을 지을 때 사용되는) 인용 부호를 붙이는 일과 관련 있는 것으로 보인다. 그 시점에서 이 작업을 통해 판명되었다고 인정받은 성과는—큰 기대 뒤의 실망에 잠긴 지금은 그다지 놀랍게 보이지 않지만 — 그때까지 철학에서 이루어졌던 어떤 성과보다도 단연코 훨씬 더 놀랍고 계몽적인 것이었다.

카르납이 평생 동안 그처럼 힘들여 상세히 설명해보려고 했던 기본적 언어관은 실은 단지 새로운 언어 분석이란 배경 속에 배치된 낡은 형이상학적 편견과 성향 — 철학적 편견과 성향 — 을 반영하는 것일 따름이다. 철학적 탐구의 방향이 주로 언어 분석적 고찰 쪽으로 전반적으로 바뀌게 되자, 이성주의와 사변을 편애했던 종래의 태도가 많은 점에서 전통 철학의 원형적 관점의 바로 이면상(裏面像)인 언어 분석 철학을 떠맡아 모양을 형성해 나갔는데, 언어 분석 철학이 전통 철학의 근본적 관점을 귀가 따갑도록 반대했던 것은 주지의 사실이다. 언어가 어떻게 철학적 문제와 특수한 관련을 맺게 되는가, 그리고 이 관련은 어떻게 의의 있게 측정될 수 있는가 라는 문제는 한때 그렇게 믿었던 것보다 덜 명백하다고 여겨지게 되었다. 전통 철학과 (실증주의자의) 분석철학에서 관찰된 이 대칭성이 — 절대적인 언어적 물음의 공허성이 절대적인 형이상학적 물음의 공허성을 메아리처럼 되풀이하는 사실이 크게 놀라운 일이 아닌 것과 마찬가지로 — 이제 전통철학과 분석철학이 서로의 실패와 불충분을 지적함으로써 그들의 입장을 서로 잠식하고 있는 실패와 불충분의 대칭성과 맞먹는 것으로 보인다는 사실은 크게 놀라운 일이 아니다.

따라서 우리가 실제로 직면하게 되는 문제는 일찍이 누구도 밟아보지 못한 언어와 개념적 사고 본연의 영역을 탐사하기 위해 우리가 사전에 모든 언어적 고려 사항과 개념적 고려 사항을 추출할 수 있다는 생각이 우리가 실재의 궁극적 본성을 직접 "파악"하거나 "이해"할 수 있다는 생각보다 더 이치에 닿는 생각일 수 있는가 라는 것이다. 언어에 대한 상대성은 양날을 가진 칼로 판명되었으며, 그래서 언어의 논리적 구조나 의미에 관해 의의 있는 논의를 할 수 있는가에 대해 보인 전기 비트겐슈타인과 슐리크의 유보 의견은 콰인의 상대주의적 기본 주장에 의해 그 의의가 더욱 강화되면서 인정받아 왔다. 만일 우리가 사용하는 바로 그 언어를 우리의 모든 사고나 이 세계에 관한 기본적 "견해"를 우리가 파악하여 옳다고 주장하는 것의 절대적 한계를 정하는 거푸집(주형, 鑄型)에 부어 넣는다면, 이 거푸집의 형태와 윤곽은 일련의 명시적 규칙이나 언어적 약정의 형태로 이루어지는 간단하고 틀에 박힌 서술에 의해 드러날 수 없을 것이다. 따라서 우리는 언어에 관한 그런 이야기를 이치에 닿게 해주고 있는 특징 이외의 다른 근거와 인간이 이 세계를 보는 방법을 언어가 제한하고 강요하는 방식을 찾아내야 한다. 다시 말하면 우리는 거슬러 올라가면서 형식적 설명을 계속 제시하는 쓸모 없는 무한 후퇴를 피하면서 언어적 의미나 개념적 내용의 동일과 차이를 유의미하게 이야기할 수 있는 방식을 찾아내야 한다.

2. 함축적 이해와 의미와 사용

따라서 우리는 어떤 이론 체계의 개념적 내용이나 존재론을 정확하게 결정하는 명확한 규칙을 찾아내어 조직적으로 진술하려는 노력을 중지해도 좋을 것이다. 하지만 이론과 이론 체계가 완전히 명백하게 해석될 수 없다는 말은 이론과 이론 체계가 명확한 의미를 갖고 있지 않다는 뜻이나 우리가 이론과 이론 체계의 의미를 완전히 명백하게 인식하지 못한다는 뜻이 아니다. 우리가 이론 체계의 "내용"에 대해 갖는 최종적 이해가 단지 은연중의 **함축적 이해**일 뿐이라는 것을 인정하기만 한다면 이론 체계마다 독특한 개념적 내용을 갖고 있다고 인정해도 좋을 것이다. 인간 정신의 **개념화 작용**은 원리상으로는 충분히 확정될 수 있을지라도 언어로 명백하게 표현될 수는 없기 때문에 본질적으로 **언어**와 **경험**의 함수로 보아야 한다.

앞에서 살펴본 바와 같이, 우리의 언어 체계는 실용적 이론의 형태로 직접적으로나 간접적으로 경험에 적용됨으로써만 의의를 발휘할 수 있다. 그러므로 존재론적 가정이나 개념적 가정을 최종적으로 밝힐 수 없다는 사실이 우리가 그런 가정을 전혀 갖고 있지 않다는 사실이나 그런 가정을 전혀 모른다는 사실을 증명하는 것으로 해석할 필요가 없다.

어쨌든 우리가 "일상 언어" 즉 "자연 언어", 특히 근본적 물리 이론이 간직되어 있는 핵심 부분을 능숙하게 사용한다는 사실이야말로 그러한 은연중의 함축적 이해를 예증하는 것 아닐까. 일상 언어를 완벽하게 해설하라고 요구하는 것은 어리석은 일일 것이다. 왜냐하면 일상 언어를 좀더 훌륭하게 이해했다고 말하기 위해 사용할 수 있는 다른 언어가 없기 때문이다. 아직도 존재론적 실존 물음과 과학적 실존 물음을 나누는 구별이나 논리적 진리와 사실적 진리를 나누는 구별을 명확하게 설명하기 어렵다고 느끼는 사람들은 이 확고 부동한 차이를 언어의 "형식적 규칙"에 의해 이루어지는 명확한 설명에 따라 이해할 수밖에 없다고 생각할 것이다. 하지만 일상의 이야기를 이해하기 위해 이런 식의 규칙을 필요로 하는 사람이 어디 있으며, 일상의 이야기가 언급하려는 것이 무엇인지 이해하기 위해 이런 식의 규칙을 필요로 하는 사람이 어디 있단 말인가. 그렇다면 비록 궁극적으로는 우리가 날마다 사용하는 가장 익숙한 일상적 표현들에 끊임없이 그 특징을 드러내는 이런저런 존재론에 대한 은연중의 인식에 의지할 수밖에 없을지라도, 우리는 여전히 이런저런 가능한 존재론 즉 이 세계를 생각하거나 그리는 여러 가지 방식에 대해 의의 있게 말할 수 있다. 따라서 되도록 일상적인 말로 표현된 이론이 제 자신의 존재론을 적어도 은연중에 함축적으로 정의한다는 것은 확실하다.

분석철학이 시작된 이래로 자연 언어나 일상 언어와 인공 언어나 형식 언어를 선명하게 구별짓는 기준이 바로 규칙이었음은 두말할 것도 없다. 카르납은 형식적으로 구성된 인공 언어를 그처럼 좋아하면서도 변함없이 자연 언어와 같은 배경 언어를 인공 언어를 구성하기 위한 기초로 삼았었다. 그는 자연 언어가 적절한 경험적 탐구에 의해 명확하게 파악될 수 있다고 믿었을 뿐만 아니라 그러한 절차의 윤곽에 대한 자세한 설명을 시도하기까지 하였다.[1] 베르크만은 인공적으로 구성된 언어를 열렬히 신봉한 또 하나의 철학자인데, 그는 아예 철학을 "이상 언어에 대한 일상적 이야기"라고 보았다. 베르크만이 소중히 여겼던 이상 언어는 일상 언어에 의해 완벽하게 해설되지만, 일상 언어 자체는 설명되지 않은 언어였다. 베르크만에게는 일상 언어에 대한 이해는 형식적 의미론이나 경험적 의미론이 설명할 수 있는 어떤 경지든 모조리 능가해 있다는 점에서 명백하고 직접적이고 직관적인 이해였다.[2] 최근의 분석철학자들 가운데에는 카르납이나 베르크만처럼 형식적으로 구성된 언어 체계에 대해 존경심을 갖거나 매력을 느끼지 않으면서도, 일상 언어에 대한 카르납과 베르크만의 신념을 강도의 차이는 있으나 명백하게 표명하고 있는 사람이 많다.

"언어적 전회"의 초기 단계에서 일상 언어 개조 운동은 일상 언어의 이른바 혼란된 어법이나 오도하는 어법을 <수학 원리>의 형식적으로 구성된 이상 언어에 의해 분석하거나 번역하려는 형태를 취하였다. 분석철학자들은 일상 언어 표현들에 대치시키려고 마련한 이상 언어 표현들의 의미나 논리적 구조가 일상 언어 표현이나 자연 언어 표현의 의미나 논리적 구조보다 더 정확해서 덜 애매한 것으로 여겼다. 따라서 그들은 이상 언어로 바꾸어 표현하는 일을 일상 언어 자체에 대한 명료화 작업이나 해명 작업으로 간주하였다. 참다운 이상 언어나 정확한 이상 언어는 오직 하나만 있을 수 있다는 생각은 점점 탐탁찮게 여겨졌지만, 형식적 언어 체계의 구성에 대한 관심은 강하게 유지되었다. 카르납이 가장 잘 실례를 보여준 이 운동은 어떤 점에서 일상 언어의 개조를 여전히 추구하였지만, 일상 언

---

1) Carnap (11).
2) Bergmann (3), 17-29쪽.

어를 더 참다운 언어나 더 정확한 언어로 대치시킴으로써 추구된 게 아니라 표현의 정확성과 풍부함 때문에 특정한 목적에 더 유용하다고 여겨진 언어 체계를 구성함으로써 추구되었다. 카르납의 "경험주의와 의미론과 존재론"에 가장 자세히 윤곽이 드러나 있는 이 철학 연구 방법은 일상 언어를 모호하고 애매하고 낡아빠진 표현들의 뒤범벅, 달리 말하면 원래 적용될 수 있는 맥락과 분야가 아닌 가지각색의 다른 맥락과 분야에 적용되는 다목적 혼합물로 보았다. 따라서 이 철학 연구 방법은 그걸 지칭하는 "구성주의"라는 이름이 시사하는 바와 같이 특정한 이론 과학의 필요에 따라 의도적으로 고안되어 활용되는 특수 언어를 체계적으로 구성해내는 커다란 이점을 추구했던 것인데, 이런 언어는 그보다 일상적인 언어 속에 있는 혼란과 몽롱함과 애매성을 끌어들이지 않기 때문이었다. 이런 식으로 형식 언어 구성은 여러 이론 과학의 주제의 본성을 명확하게 결정해주고 또 그에 관해 발생하는 다양한 문제의 핵심을 명확하게 드러내줌으로써 철학적 명료화 과정을 도와주는 작업으로 여겨졌다.

하지만 구성주의 방법으로 철학의 투시도가 모습을 드러냄에 따라 일상 언어의 역할에 흥미로우면서도 다소 역설적인 전환이 점점 일어나게 되었다. 일상적 담화의 관용 어구와 관용 어법은 한때는 이것들 자체가 분석 작업과 해명 작업의 대상이었지만, 이제는 그것들을 구성하기 위해 사용되던 형식적으로 고안된 표기 체계나 인공적으로 고안된 표기 체계를 명확하게 설명하거나 해석하는 역할을 한다는 사실이 점점 명백해지기 시작하였다. 분석항(분석하는 어구)과 피분석항(분석되는 어구)의 역할이 역전된 것이다. 이렇게 해서 일상 언어는 (적어도 언어를 구성하는 실제 과정에서는) 해명하는 언어가 되었다.

이 대목에서 인공 언어의 구성이 어떻게 일상적 담화 속에 숨어 있는 철학적 문제들을 명확하게 설명하는 일에 도움을 줄 수 있는가를 물어보는 것은 합리적인 일로 보인다. 스트로슨은 철학의 일반적 목적에 관한 한 인공 언어 체계의 구성은 전혀 도움을 주지 못한다는 견해를 강력하게 주장하였다.

> 내가 주장하는 것은 두 가지다. 첫째는 구성된 체계의 목적이 철학적 명료화에 있는 한 그 체계를 밖에서 해석하는 논평은 - 해석을 고정시키기 위해 필요한 최소한의 내용은 별문제로 하고 - 별로 중요하지 않은 장식품이 결코 아니라 그 구성 작업 전체에 생명과 의미를 부여해주는 바로 그것이라는 점이다. 둘째는 체계 밖에서의 이 논평은 경쟁 상대로 나타난 그 구성 체계가 사용한 바로 그 방법을 숙달하고 있어야 한다는 것이다. … 이 말은 기술과 분류에 사용되는 상위 용어가 가능한 한 체계적으로 사용되지 말아야 한다는 뜻이 아니다. (거의 언급할 필요가 없는 이 목적은 그 상위 용어를 사용하여 논의하고 있는 개념을 형식적으로 체계화하는 일과 전혀 무관하다.) 하지만 (1) 자연 언어를 해부하는 일에 적절한 일련의 상위 용어는 인공 언어만을 살펴서는 결코 발견되지 못할 것이고, (2) 상위 용어 자체의 명료성은 상위 개념의 쓰임새를 살펴봄으로써 확보될 수 있을 것이고, 궁극적으로는 상위 개념이 논의 과정에서 실제로 어떤 기능을 수행하는가를 살펴봄으로써 확보될 수 있을 것이다. 그래서 이 일은 그러한 상위 개념을 개량하고 세련시키는 일이나 매한가지다. 이 경우에는 (일상 언어와 철학 언어의) 분류가 그것들의 논리적 특징을 없애고 차이점을 흐릿하게 만들기 때문에 쓸모 없을 뿐만 아니라 오도하는 일이다. 게다가 바로 이 발견조차도 실제로 사용된 언어적 표현이 실제로 어떠한 기능을 수행하고 있는가를 살펴봄으로써 이루어진 것이다.3)

스트로슨의 이 말은 후기 비트겐슈타인이 표명한 입장 - 그가 원래 <논리철학론>에서 채택했던 전기 입장을 확장하여 생각을 고치고 새로이 조

---

3) Strawson (2), 513-514쪽.

정하여 이루어진 입장—에 의해 커다란 활력을 얻어 최근 철학에 일어나고 있는 대규모 변화 움직임에 대한 소감을 피력하고 있는데, 이제는 형식적 체계 구성이 원래 그것이 포착하여 해결하려고 했던 바로 그 철학적 문제들을 거의 고의적으로 완전히 간과하거나 회피하는 일로 간주되고 있음을 알 수 있다.

"일상 언어 철학"을 추진시키고 있는 기본 가정은 우리가 일상 언어 즉 자연 언어를 충분히 이해하지 못한다는 생각이 참으로 터무니없는 생각이라는 것이다. 이 가정은 통상 일종의 귀류논증 즉 우리가 실제로 모든 것을 이해하는 데 사용하고 있는 일상 언어를 이해하지 못한다면 어떤 것도 전혀 이해하지 못하게 된다는 귀류논증으로 표현된다. 이 점을 후기 비트겐슈타인은 다음과 같이 지적하였다.

> 나는 언어—낱말, 문장 등등—에 대해 말할 때 매일 사용하는 일상 언어를 사용하지 않을 수 없다. 이 언어는 우리가 말하고자 하는 바를 표현하기에는 너무나 조잡하고 비속한 언어일까. 그렇다면 다른 언어가 도대체 어떻게 구성될 수 있단 말인가. 더 나아가 우리가 늘 사용하는 그 언어로 무언가를 정말로 할 수 있다는 것은 얼마나 이상스러운 일일까.[4]

일상 언어 철학자들은 우리가 인공 언어보다 일상 언어를 더 명료하고 만족스럽게 이해하지 못하거나 이해할 수 없다는 생각을 참으로 터무니없는 생각으로 여기는데, 이 생각 때문에 그들은 누구나 일상 언어를 치밀하게 살펴서 철학자들의 사변이 일으켜 놓는 혼동에 빠지지만 않는다면, 일상 언어의 실제 사용이나 의미는 어떤 식으로든 자명하게 드러나는 것처럼 주장하게 되었다. 오스틴이 일상 언어 철학자들의 방법을 드러내는 적

---

[4] Wittgenstein (1), 120쪽.

절한 말로 "언어 현상학"(linguistic phenomenology)이란 말을 사용한 것은 바로 이런 생각에서였다.5) 일상 언어 분석에 대한 이 견해는 일상 언어 분석을 단지 경험적 의미론의 일부로 간주하며, 따라서 철학과 자연과학이 확연하게 다르다는 구별을 유지하도록 뒷받침하는 또 다른 견해라고 종종 주장되었다. 라일은 "사용과 용법과 의미"라는 논문에서 이 주장을 세우려고 언어적 표현의 올바른 사용과 용법을 명확하게 구별하려고 애써 노력하였다. 그는 그 언어를 능숙하게 구사할 수 있는 화자는 누구나 충분히 신중하게 주의를 기울이기만 하면 아무튼 언어적 표현의 올바른 사용을 쉽게 파악하거나 이해할 수 있다고 생각했으며, 한 용어의 용법은 ─ 비유컨대 어떤 지리적 장소와 다른 장소의 관계라 할 수 있으므로 ─ 오직 경험적 탐구의 대상일 뿐이지 철학적 관심의 대상일 수 없다고 생각하였다. 헤어는 언어적 표현의 실제적 사용이나 의미를 확정하려는 어떤 경험적 기준도 적절한 기준일 수 없다고 주장했으며, 더 나아가 언어적 표현의 실제적 사용이나 의미에 대한 인간의 이해력을 설명하기 위해 플라톤의 상기설 비슷한 것을 제안하기까지 하였다.6)

일상 언어 의미론이랄 수 있는 것에 관한 이런 견해들은 이미 언급한 베르크만의 견해와 실제로 아주 비슷하며, 더 나아가 논리원자주의자들이 주장했던 "말하는 이상적 방식"이나 "말하는 올바른 방식"과 그런 견해 속에 암암리에 함축되어 있는 형이상학을 암시하는 이상의 내용을 지니고 있다. 라일은 일찍이 고전적 논문 "체계적으로 오도하는 표현들"을 발표하던 시기에 "이상 언어" 이론 비슷한 이론을 주장했는데,7) 이 주장은 그의 사용과 용법에 관한 신조 속에 약간 다른 형태로 다시 나타나 있다고 하겠다. 게다가 라일은 방금 위에서 언급한 초기의 논문과 <정신 개념>이란 후기 저서 둘 다에서 그가 언어의 "올바른 사용"에 의해 결정되는 언

---

5) Austin, 47쪽.
6) Hare.
7) Royaumont Colloquium, 305쪽.

어의 실제 의미라는 것으로부터 형이상학적 결론을 끌어내는 데 주저하지 않았다. 또한 오스틴의 입장 역시 일상 언어에 대한 탐구가 언어 밖의 세계의 진짜 모습을 알아내는 (우리 인간에게는 최선의) 수단을 제공한다는 생각을 명백하게 보여주고 있다고 할 수 있다.8) 이 대목에서 러셀의 (형이상학에 물든) 그림 의미 이론 비슷한 이론이 언어 속에서 알아내는 것을 근거로 삼고 세계에 관한 형이상학적 결론을 (이치에 닿게 만들고) 정당화하기 위해서는 물론이고, 일상 언어의 특징이랄 수 있는 비약정-비경험적 사용이나 의미를 설명하기 위해서 필요하게 된다.

비트겐슈타인은 일상 언어 분석에 관한 견해가 지닌 매력을 잘 알고 있었다.

> "낱말의 사용은 한 낱말의 사용 전체를 한꺼번에 통째로 파악할 수 있는 것처럼 이루어진다. 이게 바로 낱말 사용에 대해 말할 수 있는 것 전부다. 다시 말해 우리는 낱말 사용에 대해 때로 이런 말로 묘사한다. 하지만 이러한 묘사에 놀랍거나 이상스러운 점은 전혀 없다."9)

비트겐슈타인의 견해에 의하면, 그리고 비트겐슈타인의 영향을 오스틴, 라일, 헤어보다 더 직접적으로 받은 일상 언어 철학자들의 견해에 의하면, 낱말의 의미를 파악하는 일이나 그 낱말이 기술한다고 여겨지는 심리적 경험을 파악하는 일은 우리가 문제의 언어를 정확히 능숙하게 사용할 수 있다는 바로 그 사실, 풀어 말하면 문제의 낱말을 무한히 다양한 상황에서 적절하고 올바르게 사용한다는 것을 거의 자각 없이 기계적으로 계속

---

8) 한 예로 오스틴은 이렇게 주장하였다. "언제 말해야 하고, 어떤 상황에 무슨 말을 사용해야 하는가를 검토할 때, 우리는 다시 한번 낱말이나 (그게 무엇이든) 의미뿐만 아니라 그 낱말의 언급 대상인 실재에 대해 살피고 있다. 요컨대 우리는 현상에 대한 지각을 명료하게 만들기 위해 낱말에 대한 명료한 자각을 이용한다." (47쪽.)
9) Wittgenstein (1), 197쪽.

보여줄 수 있다는 바로 그 사실에 의해 설명된다. 비트겐슈타인은 사람이 자신의 언어를 길고도 힘든 과정을 거쳐 배우거나 이해하게 된다는 것은 전적으로 사소한 사실은 아닐지라도 누구나 아는 참으로 평범한 사실이라고 역설하였다. 그렇다면 사람이 자신의 언어를 이해하거나 숙달하는 과정은 (어린 시절부터 귀납이나 가설의 과정을 통해 이루어지고 있다는 것을 스스로 자각하지 못한다는 점 이외에는) 경험과학의 특징으로 인정되는 귀납의 과정이나 가설의 과정과 뚜렷한 차이가 없다. 따라서 일상 언어를 더욱 명료하고 정확하게 사용하는 일은 단지 경험을 통해 이미 배우거나 숙달한 것에 대해 더욱 자각적으로 주의를 기울이는 일일뿐이다.

 비트겐슈타인의 <철학적 탐구> 대부분은 어떤 언어적 표현의 사용 방식이 일상 생활의 복잡하고 다양한 상황에서 그 언어 속의 다른 표현들과 결합되어 나타나는 방식에 의해 알려진다는 것을 탐구하는 데 전념하고 있다. 비트겐슈타인은 누구도 (구성된 체계의 형식적 정의 속의 어떤 표현을 그런 식으로 이해하지 못하는 것처럼) 어떤 표현을 단독으로 즉 다른 표현과 유리된 상태로 이해하지 못한다는 것을 강조하였으며, 오히려 누구나 언어적 표현이 실제로 "사용"되거나 "적용"되거나 "작동"하는 것을 살펴봄으로써–달리 말하면 어떤 언어적 표현이 그 언어 속의 다른 표현들과 이루는 관계 체계 속에서 살펴봄으로써–어떤 언어적 표현을 배우게 된다는 것을 강조하였다. "누구도 어떤 낱말이 어떤 기능을 발휘할 것인지 짐작할 수 없다. 누구나 그 낱말의 사용을 보고, 그 사용으로부터 배워야 한다."[10] 따라서 어떤 표현에 대한 이해는 그 표현의 의미를 파악하는 단순하고 환원 불가능한 심리적 행위에 의해 설명되는 것이 아니라, 오로지 그 표현이 진술, 요청, 명령, 요구, 물음의 구성 부분으로 등장하는 여러 가지 다른 상황에서 적절하게 반응하는 것을 배우는 것에 의해서만 설명된다. 한 용어의 의미는 그 용어가 속해 있는 언어와 이 언어가 경험을

---

10) 같은 책, 340쪽.

처리하는 방식에서 나온다. 한 용어의 의미는 결코 단순한 언어적 정의나 언어적 해명에 의해 결정되는 게 아니라 그 용어를 적절하게 사용하는 수많은 다른 맥락 즉 활용의 맥락에 의해서 결정된다. 이 주장은 "개념들을 언어행위 속에서 관찰하는 것이야말로 개념들이 무엇을 할 수 있고 무엇을 할 수 없는지 알아내는 유일한 방식일 수밖에 없다"11)는 스트로슨의 말에 잘 나타나 있다.

비트겐슈타인은 낱말에 대한 예시적 정의(例示的 定義, ostensive definition)조차도 그 낱말이 속하는 언어의 다른 표현들과의 관계를 고려하지 않고 직접 개별 낱말에 관념이나 의미나 개념을 부여할 수 없다고 주장하였다. "그래서 다음과 같이 말할 수 있을 것이다. 예시적 정의는 그 낱말이 그 언어 속에서 하는 역할 전체가 명료해질 때 그 낱말의 사용 즉 그 낱말의 의미를 설명한다."12) 어떤 낱말을 예시적으로 정의하는 경우에 그 낱말에 대한 이해는 그 낱말이 적절하게 적용되었다고 인정되는 상황들에 대한 해석에 의존하지만, 이 이해는 다시 우리가 경험을 해석할 때 사용하는 언어 체계 전체나 이론 체계 전체에 의존한다. 그러므로 비트겐슈타인과 스트로슨을 비롯한 여러 철학자가 역설한 관점에서는 어떤 언어적 표현의 사용을 알려주는 일은 이미 어떤 언어적 표현의 완전한 명시적 정의나 해석에 대한 대안으로 강조한 바 있는 함축적 정의를 제공하는 일이다. 다시 말하면 어떤 표현의 고유한 역할을 해석된 이론 체계나 응용된 이론 체계의 법칙들 속에서 움직이는 다른 표현들의 고유한 역할과의 관계 속에서 지적하지 않으면 안 된다.

후기 비트겐슈타인에게는 어떤 사람의 모국어는 그 사람의 삶과 경험 전체를 해석하는 데 사용되는 완벽한 "삶의 형식"이다. 모국어는 세대에서 세대를 거쳐 물려받는 개념화 체제(概念化 體制, conceptualizing mech-

---

11) Strawson (2), 517쪽.
12) Wittgenstein (1), 30쪽.

anism)나 해석 체제(解釋 體制, interpretive mechanism)라는 것이다. 사람들이 이런 개념 체제를 사용하고 있다는 것을 통상 인식하지 못하는 이유는 단지 아주 어릴 때 모국어를 배우고 또 그로 인해서 이런 개념 체제의 사용이 "제2의 천성"으로 굳어버렸기 때문일 뿐이다. 따라서 후기 비트겐슈타인에게 남은 철학의 임무는 언어에 대한 탐구뿐인데, 이 언어는 그가 <논리철학론>에서 천거했던 것과 같은 이상 언어가 아니라고 명확하게 부정하고 있는 점이 전기의 생각과 다를 뿐이다. 그러니까 철학자는 일상적 화법(話法, mode of speech)의 기원과 발전에 관심을 쏟아야 한다는 것이다. 이 일은 일찍이 개념 역사학이나 개념 인간학이란 이름으로도 불렸었는데,13) 본성의 면에서는 순수한 "기술 작업"(記述 作業)이고, 결과의 면에서는 "치료 작업"(治療 作業)이다. 이런 노선에 따라 진행되는 철학은 카르납이 자신의 언어 체계 신조에 따라 추진했던 철학과 마찬가지로 "무엇이 실제로 존재하는가?"나 "세계는 실제로 어떻게 되어 있는가?"라는 물음에는 관여하지 않는다. 형이상학에 대한 카르납의 견해와 후기 비트겐슈타인의 견해의 주요한 차이는 (비트겐슈타인에 따르면) 철학자가 아주 새로운 형식 언어 체계를 구성하고 해석하여 채택하는 일이 아니라 우리가 이미 소유하고 있는 언어에 대해 연구하여 이해하는 일에 종사해야 한다는 것이다. 게다가 이 탐구는 언어의 형식적 규칙이나 정의를 조사하는 것으로 이루어지는 게 아니라, 일상 언어가 실제로 사용되는 다양한 방식과 상황을 세밀히 살핌으로써 이루어진다.

스트로슨은 자신의 철학 연구 프로그램에 해당하는 것에 "기술적 형이상학"(記述的 形而上學, descriptive metaphysics)이란 이름을 붙였다. 이 이름은 같은 이름을 사용했던 베르크만의 철학 연구 프로그램과 혼동하지 말아야 한다. 베르크만은 이미 살펴본 바와 같이 상당히 전통적 방식으로 실재를 기술하는 일을 했던 반면에, 스트로슨은 일상 언어의 개념 장치만

---

13) 한 예로 Toulmin이 이런 용어를 사용하였다.

을 기술하는 일에 관여하고 있다. 스트로슨은 자신의 철학 연구 프로그램을 그가 베르크만과 카르납의 프로그램을 그렇게 이름지어 불렀던 "수정적 형이상학"(修正的 形而上學, revisionary metaphysics)과 구별하였다. 그는 수정적 형이상학이 기술과 표현의 새로운 체계를 구성하는 일을 하고, 그래서 옛 것 대신에 새 것을 채택하도록 우리에게 강요한다고 주장하였다. 그렇지만 스트로슨에 따르면 분석철학자가 해야 할 첫째 일은 역시 실제로 존재하는 개념 장치를 기술하는 것이다. 왜냐하면 "언어적 표현의 실제 사용은 분석철학자가 이해하고 싶어하는 실재와 만나는 단 하나의 가장 중요한 접촉점일 뿐만 아니라, 실재에 대한 이해를 위해서 개념들이 작동하는 실제 모습을 관찰할 수 있는 유일한 현장이기 때문이다."14)

이런 견해들은 카르납이 후기에 구체적으로 개진했던 견해-이 세계가 어떻게 되어 있는가는 언어적 고찰이나 개념적 고찰에 상대적이고, 어떻게든 이 세계의 실제 존재 방식과 대응한다는 점에서 올바른 언어나 참다운 언어나 이상 언어라는 개념이 만들어져 중심 역할을 할 방도가 없다는 견해-속에 충분히 자세하게 표현되었던 언어적 칸트주의를 분명하게 예시하고 있다. 이러한 견해는 철학적 분석을 지지했던 카르납을 비롯한 여러 철학자가 미리 가정했던 동일한 언어 분석 개념이 지닌 생각-언어는 고정적이고 명확한 의미나 개념 내용을 지니고 있고, 언어 바깥의 실제 세계가 없다 할지라도 언어가 실제로 주장하거나 의미하거나 언급하는 것은 객관적으로 철학적 연구와 검토의 대상이라는 생각-에도 구체적으로 나타나 있었다. 스트로슨은 이 중심 가정에 대한 소견을 다음과 같이 명확하게 말하였다. "… 나는 철학이 해야 할 일이 개별 과학의 개념 체계든 일상 담화의 개념 체계든 간에 개념 체계들의 근저에 있는 유형에 대해 탐구하는 일 이외에 무슨 다른 일이 있는지 모르겠다."15) 카르납의 접근 방

---

14) Strawson (1), 320쪽.
15) 같은 책, 327쪽.

식과 스트로슨과 비트겐슈타인의 접근 방식의 근본적 차이는 이 의미나 개념 내용이 형성되는 방식과 의미나 개념 내용을 철학자가 어떻게 이해하는가에 관련이 있다. 카르납의 경우에는 언어적 표현의 의미가 언어를 사용하는 해명적 정의나 의미 규칙에 의해 직접적으로 이해되거나 표현되는 것이어서 매우 직선적인 방식으로 이해되는 것이다. 반면에 비트겐슈타인과 스트로슨의 경우에는 언어적 표현의 의미가 이런 형식적 방법으로 직접 표현되거나 기술될 수 없고, 다만 일상의 개념이나 표현이 일상 생활에서 쓰이는 실제 사용과 그것들 모두가 속해 있는 언어 속에서 다른 개념들이나 표현들과 체계적으로 관계를 맺는 방식을 살펴봄으로써 함축적으로만 이해될 수 있을 따름이다. 끊임없이 변하는 이 사용과 관계는 누구나 기술할 수 있지만, 이 일은 명백한 해석 규칙이나 형식적 설명의 형태로 개념이나 표현의 의미 자체를 직접적으로 언어화하거나 표현하는 것이 아니다. 어쨌든 어느 쪽 입장이건 언어가 이 세계와 그에 대한 우리의 모든 경험을 이해하는 데 반드시 사용될 수밖에 없는 기본적 개념 체제를 구체적으로 갖추고 있다고 주장하기는 마찬가지다.

언어에 관한 후기 비트겐슈타인의 견해에서 파생된 한 가지 흥미로운 생각은 "과학 이론들은 동일한 표준에 의해 평가할 수 없다"는 쿤의 주장이다. 쿤에 따르면 과학 이론은 과학적 사고의 패러다임(paradigm)을 기초로 해서 구체적으로 표현되는데, 이 패러다임은 생명과 의미를 그 패러다임 자체를 포함하고 있는 법칙들과 개념들의 발전적 체계로부터 얻는다. 어떤 이론을 표현하는 용어의 의미는 그 이론을 표현할 때 사용하고 따를 수밖에 없는 패러다임 전체에 상대적이기 때문에 서로 경쟁하는 이론들을 평가하거나 판정하기 위한 독립적이고 객관적인 표준은 물론이고, 심지어는 정확하게 이해하기 위한 독립적이고 객관적인 표준조차 전혀 없다고 쿤은 주장하였다. 그래서 어떤 이론을 이해하여 제대로 진가를 인식하려면, 우리는 그 이론을 사용해보아야 하고, 그 이론에 따라 실제로 실험을 해보아야 하며, 세계를 그 이론의 용어로 보아야 하고, 그 이론에 진심으로 헌신해보아야 한다는 것이다. 쿤은 이것이 바로 학생들에게 과학 이론을 가르칠 때, 오로지 이론적 개념들에 대한 언어적 정의를 알려주는 방식으로 가르치기보다는 실례를 들어 설명하는 교재와 실험실에서의 실험을 통해 가르치는 이유라고 주장하였다. 우리는 이론에 의거하여 해보아야 할 실험의 종류뿐만 아니라 실험의 결과를 해석하는 방식까지 결정하게 된다. 따라서 쿤은 과학의 진보에 대한 전통적 생각은 환상이므로 거부되어야 한다고 역설하였다. 쿤은 상이한 이론적 패러다임들이 동일 표준에 의해 평가될 수 없다는 자기 나름의 생각 때문에 이론의 변천은 지식의 체계적이고 누적적인 성장으로 인해 일어나는 게 아니라, 한 이론적 투시 시각에서 다른 이론적 투시 시각으로 갑작스럽고 흔히는 철저한 방향 전환을 일으킨다고 주장하였다. 쿤의 견해에 따르면, 한 패러다임이 다른 패러다임보다 우세하게 되는 것은 객관적 실험과 이성적 대화의 결과로 이루지기보다는 지지자들의 정력, 끈기, 설득 때문에 이루어지는 것이다.

쿤은 이처럼 언어적 표현의 의미가 개념 체계나 이론 체계의 실제 응용 맥락 속에서만 구체화되기 때문에 다른 개념 체계나 이론 체계를 가지고 세계를 "보는" 사람들은 원리상 본질적으로 유사한 경험을 하거나 서로 주고받을 수 없다고 주장하기 위해 비트겐슈타인 식의 언어 분석 개념을 이용하고 있다. 쿤의 이런 주장 역시 언어학에서 유명한 "워프의 가설"을 상기시킨다. 이런 견해들의 출발점이 되는 기본 생각은 (어떤 체계 속의 표현의 의미는 사용의 맥락에서만 결정되고 또 그 체계를 채택하여 스스로 그 체계를 사용하고 응용함으로써만 이해될 수 있다는 비트겐슈타인 식의 생각의 협조를 받고 있는) 세계가 존재하는 방식이 어떤 사람의 언어 체계나 이론 체계에 상대적이거나 의존한다는 생각이다.

이에 더해서 어떤 이론에 대한 카르납 식의 완전한 해석이 단지 (형식적 "규칙"에 의해서가 아니라 일상 언어를 사용해야 적절하게 되는 다양한 상황에서 매일 일상 언어를 사용해봄으로써 이해하게 되는) 일상 언어나, 일상인들에게는 생소한데다가 (전문적으로 이론을 적용해봄으로써 직접 배우는) 전문적 용어로 표현된 배경 이론에 의해서 그 이론의 존재론적 취지나 개념적 취지를 설명하는 일이라고 상정해보자. 이런 경우에 배경 이론의 존재론이나 개념 장치는 함축적으로 결정되어 있어서 그에 대한 별도의 설명이 필요 없는 것 아닐까. 이게 사실이라면, 어떤 이론을 다른 이론으로 바꾸어 표현하는 번역은 대상 언어의 존재론이나 개념 내용을 이처럼 함축적으로 이해된 배경 이론의 존재론이나 개념 내용에 환원시킨다는 점에서 대상 언어의 존재론이나 개념 내용을 밝히는 일로 간주될 수 있다. 새로운 대상과 개념은 여전히 형식적 구성에 의해서가 아니라 적절한 법칙을 이미 존재하는 배경 이론 속에 입법적으로 설정하여 편입함으로써 도입되고 이해될 수 있다. 이 가설에 의하면, 단지 존재론적 가정이나 개념적 가정을 형식적으로 표현할 수 없다는 사실만 가지고는, 우리가 적당히 발달된 언어 체계나 이론 체계를 활발하게 이용할 때에 완전히 객관적이고 완전히 이해할 수 있는 존재론적 가정이나 개념적 가정을 항상 갖고 있지 않다는 것을 증명할 수 없다.

3. 일상 담화에 대한 이해의 비결정성

그렇다면 지금까지의 자세하지만 간접적인 추론 전체를 통해서 "우리는 자신이 무엇에 관해 말하고 있는가를 실제로 안다"는 생각을 온당하게 주장할 수 있을 만한 자격을 얻는 데 최종적으로 실패한 것일까. 콰인의 "상대주의적 기본 주장"의 모든 의미가 오직 어떤 이론을 다른 이론에 의해 완전히 번역하는 일이나 해석하는 일은, 후자의 존재론적 취지나 개념적 취지가 본질적으로 결정되지 않은 상태로 남아 있기 때문에, 전자의 존

제 4 장 일상 언어와 함축적 정의 | 151

재론적 취지나 개념적 취지를 객관적으로 고정하는 데 완전하게 성공할 수 없다는 뜻일 뿐인가? 콰인은 실제로 어떤 용도에 활용되고 있는 형식적 설명일지라도 그 형식적 설명을 구성하는 데 사용된 용어들을 이해하지 않으면 안 된다는 것을 강조하고 있는 걸까? 바닥까지 흔들어 불안스럽게 하는 이 폭로의 실마리는 전적으로 어떤 용어들로 다른 용어에 대해 해명적 정의를 구성하기 위해서는 미리 정의하는 용어들을 이해하고 있어야 하니까, 이 기초 용어들에 대한 이해 자체는 궁극적으로 무한 후퇴나 악순환에 빠지지 않고서는 단순한 언어적 정의를 근거로 해서 이루어질 수 없다는 단순하고 평범한 관찰에서 만들어지는 것일까? 언어적 정의나 언어적 해명의 한계에 대한 이 관찰은 언어철학에 신선한 공헌이나 흥미로운 공헌을 한 것으로 거의 평가될 수 없다.

만일 이것이 콰인의 상대주의적 기본 주장에 담겨 있는 취지 전부라면, 우리가 어떻게 모국어를 배우고 이해하게 되는가에 대해 후기 비트겐슈타인의 노선을 따르는 일상 언어 철학자들이 제시한 설명은 이미 콰인의 논지의 핵심에 완전히 도달했다고 보아야 할 것이다. 언어 학습에 대한 이 접근 방법은 언어 바깥의 실재로 통할 수 있는 독립적인 통로를 ― 의미 그림 이론이 명백하게 인정했던 것과는 달리 ― 어떤 명백한 방식으로도 사전에 전제하고 있는 것처럼 보이지 않는다. 게다가 이 접근 방법은 우리가 어떻게 언어를 효과적으로 사용할 수 있는가, 그리고 그 언어의 근저에 있는 개념적 취지에 대한 이해가 어떻게 이 이해의 정확한 본성을 별도의 독자적 용어들로 표현할 수 있다는 가정을 필요로 하지 않고도 이루어질 수 있는가에 대해 매우 그럴 듯한 설명을 제시한다. 그러므로 어떤 이론의 완전한 해석은 ― 그 해석이 우리가 실제로 사용하고 응용하는 직접 실천을 통해서 이미 이해하고 있는 용어들로 이루어지는 한 ― 그 이론의 개념적 취지를 구체화하는 데 완전히 적절하다고 할 수 있다. 어쩌면 카르납 같은 철학자들은 완전히 새로운 개념 체계가 형식적으로 구성될 수 있고 또 경힘에 실제로 적용해보지 않고도 고려될 수 있다는 생각에 어느 정도 빠졌던 것으로 보일 수 있다. 하지만 이 잘못된 인상은 그들도 진정으로 새로운 이야기나 개념을 기존의 담화 체계 속에 도입하는 수단으로 입법적 공준 설정의 필요성을 명확하게 인식하고 있었다는 것에 생각이 미치기만 하면 교정될 것이다.

 하지만 콰인의 "상대주의적 기본 주장"은 이런 견해들이 제기하는 문제보다 훨씬 더 깊은 심층에서 문제를 제기한다는 데에 심각성이 있다. 콰인의 기본 주장에 따르면, 어떤 이론을 배경 이론으로 해석하는 일은 제시할 존재론적 카드나 개념적 카드가 아예 원천적으로 없기 때문에 존재론적 카드나 개념적 카드를 보여주는 일에 결코 성공할 수 없다. 이 주장의 초점은 이런 가정을 상세히 형식적으로 밝힐 수 있는 수단이 없다는 것이 아니라, 번역 그 자체에 의해 이루어지는 것이 전부일 뿐이라서 근본적으로 그 이상 아무 것도 없다는 것이다. 그러니까 어떤 이론에 대한 해석이나 번역은 결코 실제 그대로의 실화에 간접적으로나 인공적으로나 형식적으로 접근하는 이야기가 아니다. 이 말은 이미 특징을 말한 바 있는 허약하고 상대적인 의미에서 해석과 번역에 관해 이야기하는 것이 전부라는 뜻이다. 아무리 진지하고 꾸준하게 한 이론을 다른 이론으로 번역하려고 노력한다 할지라도, 우리는 번역 대상이 되어 있는 이론이 지닌 존재론 장치나 개념 장치보다 더 확고하게 결정되어 있는 존재론 장치나 개념 장치를 가진 배경 이론에 결코 도달할 수 없게 마련인데, 그 이유는 단지 언어적 의미나 개념적 내용에 관한 의견을 세울 수 있도록 해주는 분별력이 그런 번역을 가능하게 하는 기초를 형성하는 게 아니라 오히려 그런 번역이 가능하다는 바로 그 사실에서 유래하기 때문이다. 콰인은 형식적으로 구성된 모든 언어 체계를 번역하는 배경 언어 역할을 한다고 상정되는 가장 친숙하고 가장 포괄적인 "모국어"에서조차도—번역 대상인 다른 언어들이 그런 것과 마찬가지로—기초적 존재론이나 개념화 방법이 본질적으로 이해될 수도 없고 결정될 수도 없는 상태에 있다는 입장을 주장하였다.

그런데 콰인이 번역의 비결정성 기본 주장을 이른바 "모국어"에 집중적으로 적용할 때 실제로 문제삼고 있는 것은 바로 일상 담화 속의 개별 용어들에 대한 "함축적 이해"이다. 그 때문에 콰인은 어떤 용어, 이를테면 "토끼"나 이에 해당하는 외국어 낱말과 같은 일상 언어 용어의 외연을 정확하게 이해하는 일이 (단순한 예시 외에) 영어의 개별화 장치, 즉 복수 어미, 대명사, 수사, 동일의 "is", 이 "is"의 변형이라 할 "같은 것"과 "다른 것" 등의 일군의 상호 관련 있는 문법적 낱말과 그것들이 결합되어 이루어지는 문장16)이 근본적 역할을 발휘하는 "이 ──은 저것과 같은 것인가?", "──들이 얼마나 많이 있는가?"와 같은 기초적 물음을 묻고 답할 수 있어야 한다는 것을 필요로 한다는 사실에 주의를 환기시켰다. 콰인은 어떤 용어의 정확한 적용 영역 즉 정확한 언급 범위─달리 말해 "그 용어가 세계를 분할하는 방법"─을 판정하기 위해서는 그 용어가 이들 논리적 장치 즉 개별화 장치의 협조를 받으면서 그리고 표준적 진리 함수 연결사들에 의해 연결되어 있는 문장의 부분으로서 어떻게 사용되고 있는가를 철저하게 살펴보는 것이 본질적으로 중요하다고 설명하였다. 비트겐슈타인 역시 <철학적 탐구>에서 어떤 용어의 사용에 대한 숙달이 이와 똑같은 기초적 보조 어휘를 반드시 포함하는 문장의 문맥 속에서의 사용에 본질적으로 의존하는 예시적 학습을 묘사하고 있다.17) 그러므로 어떤 개념을 "사용 속에서"나 "언어행위 속에서" 조사하는 일은 그 개념을 경험과의 관계 속에서, 그리고 다른 개념들 특히 이 핵심적인 일군의 개별화 장치의 사용에 기원을 두고 있는 동일, 수효, 실존과 같은 훨씬 더 기초적인 논리적 개념들이나 일반적 개념들과의 관계 속에서 조사하는 일이다. 스트로슨이 기술적 형이상학의 임무의 특징을 "우리 사고의 근본 범주들이 어떻

---

16) Quine (11), 32쪽.
17) 한 예로 Wittgenstein (1), 27-30쪽을 보라.

게 조직적으로 결합하고, 다음에는 모든 범주에 적용되는 (실존, 동일, 단일 등의) 형식적 개념들과 어떻게 관계를 맺는가"[18]를 상세히 기술하는 것이라고 말한 것은 이와 똑같은 시각에서라 하겠다. 콰인이 주목하고 있는 문제는 이런 철학자들이 거의 간과하고 있는 이 일군의 문법적 낱말과 그것들을 포함하는 문장의 이해에 관한 문제이다. 그러니까 콰인의 문제는 우리의 언어 전체의 개념적 취지가 그처럼 의존하고 있는 이 일부 기초 어휘들에 대한 해석을 어떻게 객관적으로 확정시키냐 라는 것이다. 콰인의 답은 객관적으로 확정시킬 수 없다는 것이다. 콰인은 그 이유를 그러한 해석에 우리를 안내할 수 있다고 여겨지는 어떤 고찰도 "광범위한 구조적 성격과 맥락적 성격"을 지니고 있어서 "언어행위와 관련 있는 모든 점에 대해 모든 시도를 정당화시키는 체계적으로 아주 다른 해석을 가능하게 하기 때문"이라고 설명하였다.[19] 그 결과 누구도 아주 일상적이고 평범한 "토끼"와 같은 낱말조차도 다른 방식이 아니라 꼭 이 방식으로 "세계를 분할하여 이 대상을 언급한다"고 객관적으로 확실하게 주장할 수 없다. 다시 말하면 우리말의 개별화 장치 가운데 어떤 장치에 대한 해석을 바꾸고, 그와 함께 다른 장치들을 언어행위에서 관찰할 수 있는 모든 성향의 전체적 조화가 유지되도록 조정하여 재해석함으로써, 우리는 "토끼"라는 말을 통상의 토끼 자체에 적용할 수 있는 것만큼이나 쉽게 토끼 단면이나 분할되지 않은 토끼 부분과 같은 이상한 대상에 적용할 수 있다. 그러니까 콰인의 요점은 이런 문법적 장치를 "토끼"라는 말이 그런 이상한 대상 대신에 일상적으로 인정되고 있는 외연을 언급한다고 확실하게 해석할 수 있게 해주는 **경험적 기초**가 없다는 것이다.

"우리는 이웃 사람이 명백하게 토끼를 언급한 말을 토끼 단면을

---

18) Strawson (1), 318쪽.
19) Quine (11), 34쪽.

언급한 말로, 명백하게 수식을 언급한 말을 괴델 수를 언급한 말로 체계적으로 바꾸어 해석할 수 있고, 이 역도 마찬가지로 가능하다. 우리는 존재론의 변환으로 인한 변화를 보정하도록 이웃 사람의 여러 가지 술어를 교묘하게 조정함으로써 이 모든 일이 이웃 사람의 언어행위와 일치하도록 할 수 있다."[20]

물리적 대상에 관해서 누구나 잘 아는 이론을 그보다 덜 익숙한 다른 이론—이를테면 카르납의 "매 시각의 경험 단편 이론"—으로 표현하는 일, 예컨대 물리적 대상에 대한 일상적 담화를 매 시각의 경험 단편에 관한 담화로 해석하는 일을 막는 객관적 제약은 없는 것 같다. 이런 일은 (콰인만이 아니라 비트겐슈타인과 스트로슨도 우리 언어의 다른 모든 용어가 단단히 매여 있다고 보는) 바로 그 기초 개념들이 제 자신의 해석에 관해서는 원리상 고정되지 않고 결정되지 않기 때문에 일어난다.

여기서 더 나아가 콰인은 우리가 언급에 관해 전혀 무의미한 말을 시작하게 되는 것은 우리 자신에게 최고로 포괄적인 배경 언어 속의 용어들이 무엇을 언급하는가를 문제삼을 때부터라고 역설하였다. 따라서 우리는 정말 무엇에 관해 말하고 있는가, 우리의 말이 실제로 말하거나 의미하거나 언급하는 것은 무엇인가라는 물음을—이미 살펴본 여러 가지 언어 분석 개념 가운데 어느 하나에 따라서—절대적 의미로 문제삼는 것은 전혀 무의미한 일이다. 이것이 콰인의 상대주의적 기본 주장이 공격하고 있는 진짜 요점이다. 이 말은 이론을 경험에 실제로 적용해봄으로써 "함축적으로" 이해되고 있는 이론이나 언어와 대립하는 완전히 해석된 이론이나 언어에 관해서 관찰된 사실만을 이야기하고 있는 게 아니다. 정확히 말하면 콰인의 요점은 어떤 이론의 존재론적 취지나 개념적 취지에 관한 담화에 부여될 수 있는 의의가 본질적으로 한정된 것이자 상대적인 성격의 것이

---

[20] 같은 책, 47쪽.

라는 것이다. 요컨대 어떤 이론 속의 용어들의 언급 대상에 관한 물음은 배경 언어에 상대적인 물음인 경우 이외에는 전혀 무의미하다고 콰인은 다음과 같이 역설하였다. "배경 언어는 어떤 언어 속의 용어들에 관한 그런 물음에 단지 상대적 의미에서만 의미를 부여하며, 다시 이 배경 언어 속의 용어들에 관한 그런 물음은 또 다른 배경 언어에 상대적으로만 의미를 띠게 된다."[21]

그러므로 한 예로 우리가 일상 언어로 매 시각의 경험 단편이 아니라 물리적 대상에 관해 실제로 말하고 있다고 주장하는 것은 쓸모도 없고 의미도 없는 일이다. 이 두 가지 명백하게 다른 "말하는 방식"의 차이는 결국 주제의 차이에 관한 문제가 아니라 단지 표현 방식의 불일치에 관한 문제로 소급된다. 따라서 배경 언어를 형성하는 용어들, 술어들, 조동사 장치들의 체계는 이런 의미에서 궁극적인 "언급 체계"나 "언급 좌표계"로 작용하게 되며, 우리는 어떤 특정 언어가 무엇에 관해 말하고 있는가나 어떤 용어가 무엇을 의미하거나 언급하는가 라는 문제에 관한 모든 물음을 이 언급 체계에 상대적으로만 묻고 답할 수 있다. 앞에서 지적했던 바와 같이, 콰인이 절대적인 존재론적 물음 즉 어떤 이론이나 언어가 실제로 무엇에 관한 것인가에 관한 물음을 절대적 위치나 속도에 관한 물음에 비유했던 것은 이런 의미에서였다. 이 점은 우리가 궁극적으로 어떤 공간 좌표계를 의심 없이 승인할 때에만 무언가의 위치를 의미 있게 말하기 위해 필요한 언급 체계가 마련되는 상황과 같다고 하겠다. 그러고 보면 콰인이 누구나 모국어는 액면 그대로 받아들여 그 용어들에 겸손하게 따를 뿐이지 다른 선택의 여지가 없다고 말한 것은 바로 이런 매우 강경한 의미에서였다. 콰인의 상대주의적 기본 주장의 힘은 아마 "의미 있는 말은 이론의 대상이 절대적 의미로 존재한다는 말이 아니라 대상들에 관한 어떤 이론이 어떻게 다른 이론으로 해석될 수 있다든가 재해석될 수 있다는 말이

---

21) 같은 책, 49쪽.

다"22)라는 그의 말에 가장 간명하게 표현되어 있다. 그렇다면 우리는 어떤 이론이나 언어를 다른 이론이나 언어로 완벽하게 번역하는 데까지는 그 이론이나 언어에 대한 완전한 해석에 도달할 수 있다. 이 해석은 그 이론이나 언어의 존재론적 장치나 개념적 장치를 딱 잘라 최종적으로 확정했다는 의미에서 완전한 해석이 아니라, 해석된 이론이나 언어의 모든 옳은 문장을—이용할 수 있는 모든 경험적 관찰 사실에 어긋남 없이—배경 언어의 옳은 문장에 사상(寫像, mapping)시켰다는 의미에서 완전한 해석이다. 이 일은 "번역 편람"을 편찬함으로써 즉 번역 대상 언어의 어휘와 문장을 배경 언어의 어휘와 문장으로 설명하는 사전과 문법을 마련함으로써 이루어진다. 번역의 비결정성에 관한 콰인의 주장에 따르면, 여러 가지 사상(寫像) 방식이나 번역 편람 가운데서 하나를 가려낼 객관적 기준이 없다는 사실은 어떤 이론의 존재론적 내용이나 개념적 내용에 관한 어떠한 절대적 생각에도 결국 치명적 타격을 가하는데, 그 까닭은 개념적 체계가 누구든 만들어낼 수 있는 번역 편람의 수효만큼 많고 다양할 뿐만 아니라 순수한 경험적 관점에서 보면 모두 똑같이 비결정적 체계이기 때문이다.

우리는 앞에서 근원적인 존재론적 가정이나 개념 체계를 (카르납이 제안한 방식으로) 명백하게 열거하는 일이 오직 그것들을 열거하는 데 실제로 사용될 어떤 언어를 항상 필요로 하고, 그래서 무한 후퇴나 악순환을 피할 수 없다는 것 때문에 불가능하다고 생각할 수 있었다. 그러나 이제는 어떤 이론에 대한 그러한 번역은 원래 그 이론의 존재론적 취지나 개념적 취지에 관해 말하는 배경 언어나 "좌표계"에 상대적으로만 무언가 의미를 갖는다는 것이 밝혀졌기 때문에 상황이 갑작스럽게 근본적으로 변했다. 그러므로 우리가 한국어를 사용하는 경우처럼 어떤 배경 언어를 무조건 주저 없이 수용하여 사용하는 것은 그 배경 언어의 "진짜" 언급 영역 즉 그 배경 언어의 주제나 내용에 대한 함축적 이해를 성립시키는 것도 보여

---

22) 같은 책, 50쪽.

주는 것도 아니며, 차라리 우리가 그 배경 언어의 주제에 대한 관심을 중지했다는 것을 보여줄 따름이다. 우리가 가장 익숙하고 포괄적인 일상 언어를 자신 있게 효과적으로 사용하는 일은 우리가 일상 언어를 사용하기 전에 존재론적 자각-또는 의미론적 자각이나 개념적 자각 등등-을 미리 갖추고 있다는 것을 증명하는 게 아니라 오히려 그러한 개념적 탐구 자체가 궁극적으로 무의미하다는 것을 증명할 뿐이다.

이렇게 해서 논리실증주의자들의 초기 공격에 의해 전통적 형이상학이 치명적 타격을 입었던 것과 마찬가지로, 철학적 분석은 어느 모로나 콰인의 상대주의적 기본 주장에 의해 치명적 타격을 입게 되었다. 다시 말하면 카르납과 비트겐슈타인을 비롯한 대부분의 분석철학자가 지녔던 기초 가정-즉 언어적 표현의 **구조**나 의미나 내용에 관한 절대적 담화 즉 **철학적 담화**가 원래 객관적 의미를 갖고 있다는 기초 가정-이 이런 언어적 특징의 정확한 본성과 기원에 대해 어떻게 생각하는가에 관계없이 콰인의 기본 주장에 의해 붕괴되었다.

그 결과 카르납이나 비트겐슈타인이 마음 속에 그려보았던 것보다 훨씬 더 철저한 이탈이 일어나게 되었다. 실재는 그 조직과 정합성을 우리의 언어적 결단에 의존할 수밖에 없으니까 실재가 원래 비결정적인 것은 당연하지만, 이제는 그뿐만 아니라 이 언어적 결단 자체의 개념적 취지도 비슷하게 원리상 불완전하고 비결정적인 것이 되었다. 물리적 대상들의 체계와 매 시각의 경험 단편들의 체계처럼 겉보기에 전혀 다르게 보이는 두 체계 가운데 하나를 선택하는 경우에도 우리는 무언가 객관적 차이를 가져오는 선택을 못하는 상황에 처하게 되었다. 지금까지 중요하게 보였던 존재론적 불일치나 개념적 불일치는 지극히 사소하고 궁극적으로는 무의미한 것으로 보이게 되었다. 그러니까 언어 분석 개념 즉 언어는 우리가 실재를 "보고" 이해하고 기술하는 방법을 적어도 부분적으로는 결정하는 개념 체계를 지니고 있다는 생각이 완전히 붕괴된 것이다. 이제는 이 세계가 존재하는 진짜 방식이 없을 뿐만 아니라 이 세계가 이러이러하게 존재한다고 말하는 진짜 방식이 있다는 생각이 완전히 아무런 의미도 갖지 못하게 된 것이다.

이리하여 언어적 이성주의 즉 언어적 의미는 완벽한 일련의 의미 규칙에 의해 명확하게 법전화된다는 생각은 언어적 신비주의 즉 우리 모국어에 깊이 간직되어 있는 개념들은 궁극적으로 말로 표현할 수 없다는 생각에 길을 양보하였다. 그러나 이 두 입장 가운데 어느 입장이든 존재론적 상대성과 마주서면 아무 말도 할 수 없는 처지에 빠지고 만다.

언어적 신비주의는 비트겐슈타인의 전기 철학과 후기 철학 양쪽 다에 가장 잘 표현되어 있다고 할 수 있다. 그가 이상 언어에 관해서는 의의 있는 진술을 결코 할 수 없다고 전기의 <논리철학론>에서 피력한 신조는 잘 알려져 있다. (슐리크도 똑같은 신조를 피력한 바 있다.) 하지만 비트겐슈타인은 후기의 저작에서도 자연 언어에 관한 철학적 진술에 자격을 제대로 갖춘 의의를 인정하기는 마찬가지로 어렵다고 주장하였다. 우리는 그의 전기 저작과 후기 저작 양쪽 다에서 다른 사람에게 어떤 언어의 기본적 의미나 구조나 사용을 이해시키기 위해서는 (체계적 정의나 설명에 의지하는 것과 반대되는) 그 언어를 "보여주는 일", "가리키는 일", "주목하게 하는 일"이 필요하다는 것을 특별히 강조하고 있음을 볼 수 있다.

그렇지만 "말로 표현할 수 없다는 것"은―결국 "말로 표현할 수 있다는 것"이 "말로 표현할 수 없다는 것"보다 너무나 더 훌륭하다는 이유 때문만으로도―형이상학자보다는 분석철학자에게 더 이상 피난처로 사용될 수 없다. 다시 말하면 어떤 언어를 다른 언어로 번역하는 형태로 "말로 표현할 수 있다는 것"은―그 번역이 궁극적으로 상대적이고 임의적인 것인 만큼 상대적이고 임의적인 것이라 해도―그 언어의 의미와 개념 구조에 관해 의미 있게 물을 수 있도록 해주는 유일한 체계를 마련해준다. 실재의 결정성과 정합성과 실재에 관한 우리 생각의 결정성과 정합성은 어느 쪽이든 간에 "액면 그대로" 수용된 "언어적 좌표계"에 상대적으로만 성립될 수 있다. 세계에 관한 의미 있는 신조가 이성적 통찰이나 신비적 통찰을 통해서 만들어지지 않는 것처럼 그런 신조에 관한 신조도 이성적 통찰이나 신비적 통찰을 통해서 만들어지지 않는다. 이성주의와 신비주의는 전통적 형이상학과 논리적 분석 사이의 잘 알려져 있는 경계선을 넘나들며 되풀이해서 나타나는 철학적 (상위 철학적?) 주제이다.

4. 의미론의 재등장

콘맨(J. Cornman)은 전통적 철학 문제를 언어 분석에 의해서 해결하려는 다른 분석철학자들의 노력의 성과를 비판해 온 분석철학자다. 현대 분석철학에 대한 콘맨의 비판은 그가 언어에 대해서 콰인으로 하여금 상대주의적 주장을 하도록 했던 생각과 다르지 않은 생각을 갖고 있으면서도 콰인의 결론과 철저하게 다른 결론에 도달하게 되었다는 사실 때문에 흥미롭기도 하고 교훈적이기도 하다.

콘맨의 주요한 주장은 철학자들이 한 예로 정신적 용어와 신체적 용어는 각기 정신과 신체를 언급하는가, 아니면 사람(person) 같은 다른 것을 언급하는가에 대해 단정적으로 말하기 전에 언급 이론(言及 理論, theory of reference)을 먼저 확보하지 않으면 안 된다는 것이다.

> 이때 필요하다고 여겨지는 이론은 비트겐슈타인의 그림 의미 이론—즉 언어는 실재의 그림이고, 언어와 그림이 공유하는 본질적 특징들이 어떤 표현이 언급하는 표현이고 또 그 언급 표현이 무엇을 언급하는가를 확정할 수 있는 기준으로 작용한다는 이론—과 같은 이론이다.[23]

콘맨은 카르납의 의미론에 대해 자신이 필요로 하는 언급 이론이 아니라고 주장한다. 왜냐하면 카르납의 의미론은 콘맨이 형식적 언급 규칙(形式的 言及 規則, formal reference rules)이라 부르는 규칙 즉 "언어적 표현들을 서로 연결시키는 규칙"24)만을 제시하고 있기 때문이다. 이러한 형식적 언급 규칙에 의해 도입된 어떤 용어의 의미나 언급의 이해는 우리가 이미 갖고 있는 그 형식적 언급 규칙을 진술하는 데 사용된 상위 언어 표현의 의미나 언급에 대한 이해보다 나을 것이 전혀 없다고 콘맨은 지적하였다.25) 콘맨은 실제의 담화에 나타나는 용법을 반영하는 언급 규칙을 체계적으로 정리하려는 노력은 — 형식적으로 구성된 체계에 대한 임의로 선택된 해석과는 반대로 — 위장된 형식적 언급 규칙에 지나지 않으며, 그래서 자신이 필요하다고 느끼고 있는 종류의 언급 이론을 마련하지 못한다고 역설하였다.26)

콘맨의 논증은 <존재론의 성대성>에 피력된 콰인의 견해 즉 어떤 이론의 논의 영역 전체를 낱낱이 열거하는 일은 어떤 선택된 번역 편람에 의해서 그 이론의 논의 영역 전체를 배경 이론의 논의 영역 전체에 환원시키는 일과 실질적으로 아무런 차이가 없다는 견해를 연상시킨다. 우리는 이미 제3장에서 카르납의 내적 실존 물음과 외적 실존 물음에 관한 신조를 반박하기 위해서, 다시 말하면 단지 일련의 의미 규칙을 채택하는 것만으로는 (그런 의미 규칙이 어떤 이론을 배경 이론 속의 이미 승인된 용어로 번역하는 규칙일 뿐이기 때문에) 진정으로 새로운 존재론적 가정이 결코 도입될 수 없다는 것을 밝히기 위해서 바로 이 견해를 제시한 적이 있었다. 하지만 여기서 주목해야 할 점은 콰인이 이 견해를 일반적으로 언어적 표현의 언급 대상에 관한 절대적 물음의 의의를 반박한다고 생각하

---

23) Cornman (3), xvi쪽.
24) 같은 책, xvii-xviii쪽.
25) 같은 책, 90-91쪽.
26) 같은 책, 134-136쪽.

는 반면에 콘맨은 이 견해를 그가 비형식적 언급 규칙(非形式的 言及 規則, nonformal reference rules)이라 부르는 규칙 즉 "언어적 표현과 실재를 연결시키는 규칙"27)이 필요하다는 증거로 간주하고 있다는 차이점이다. 분석철학자들이 종래에 해결되지 못했던 철학적 문제들에 대한 만족스러운 답을 발견하지 못한 원인은 바로 이런 규칙이 없었기 때문이라고 콘맨은 주장했는데, "모든 미해결의 문제 해결에 필요하다고 여겨지는 것은 형식적 언급 규칙 이외의 어떤 것 즉 언어 바깥에 있는 어떤 것이다. …"28)라는 말은 이 점을 잘 보여주고 있다.

콘맨은 비형식적 언급 규칙을 탐구하면서 형식적 언급 규칙에 의해 짜여진 언어적 그물의 속박을 벗어나는 한 가지 방책으로서 일상 언어의 용어에 대한 예시적 학습도 고찰하였다. 그는 언어 속의 기초적 개별화 어휘가 발휘하는 중요한 역할을 완전히 무시하고 있음에도 불구하고 콰인의 의미(번역)의 비결정성과 언급의 불가해성 주장, 즉 우리가 사용한 언급 표현이 이야기하고 있는 "사물"을 가리킴으로써 그 언급 표현에 어떤 의미가 있음을 지적할 수 있지만, 우리가 이용할 수 있는 어떤 경험적 증거도 그 "사물"이 정확히 무엇인가를 결정하기에는 불충분하다는 주장과 매우 흡사한 결론에 도달하였다. 한 예로 우리가 이용할 수 있는 어떤 경험적 증거도 그 "사물"이 실제로 버클리 식의 "지각"이나 "관념"에 반대되는 물체인지 아닌지를 결정하기에는 불충분하다는 것이다. 그렇지만 콰인은 이 예시의 실패를 언어적 언급에 관한 절대적 물음의 무의미성을 입증하는 확실한 증거로 보는 반면, 콘맨은 상대주의적 주장 쪽으로 전혀 가지 않고, 예시를 대신하는 어떤 대안이 언급에 관한 비형식적 규칙을 마련하는 수단으로서 필요할 뿐이라고 생각하여, 그 대안을 계속 추구하는 쪽을 택하였다.

---

27) 같은 책, 174쪽.
28) 같은 책, 137-138쪽.

만일 우리가 찾고 있는 답으로서 예시적 답을 선택한다면, 기호와 실재를 연결시킬 수 있다 할지라도, 우리가 말할 필요가 있는 것 즉 일정한 기호가 연결되는 바로 그것이 무엇인가에 관해서는 말할 수 없다.29)

콘맨이 실제로 성공하지 못한 것은 그의 비형식적 언급 규칙이 어떻게 언어적 해설과 예시적 정의 둘 다를 넘어설 수 있는가에 대한 이치에 닿고 정합성이 있는 설명을 마련하는 일이었다.

그런데 콘맨은 콰인까지도 비판하였다. 콰인은 "있는 것에 관하여"30)라는 유명한 논문에서 잘 알려져 있는 존재론적 언질 기준을 설명했는데, 존재론적 언질 기준은 어떤 이론이건 그 이론이 옳기 위해 어떤 대상이 그 이론 속의 양화 속박 변항의 값으로 간주되어야 하는가에 대해 언질을 준다는 것이다. 콘맨은 이 기준에 대해서 그가 어떤 이론이 언질을 주고 있는 대상이 무엇인가라는 물음에 대답하기 전에 필요하다고 믿고 있는 언급 이론과 비형식적 언급 규칙을 갖추고 있지 못하기 때문에 적절하지 못하다고 나름대로 비판하였다. 콘맨은 "있는 것에 관하여"라는 논문에서 수학에서의 논리주의 입장이 보편자의 실존 문제에 관한 중세 실재론자의 견해와 맞먹는다고 했던 콰인의 논의를 근거로 들어 자신의 주장을 예증하려고 시도하였다. 콰인은 수학에 대한 집합론적 해석을 더 좋아하는 논리주의가 "추상적 대상에 대해 언급하기 위해 (그 추상적 대상이 알려진 것이든 아니든 또 낱낱이 열거할 수 있는 것이든 아니든 전혀 가리지 않고) 속박 변항의 사용을 허용하고 있다"31)고 보고 있다. 콘맨은 논리주의자의 존재론적 가정에 대한 이 평가는 그걸 뒷받침하고 있는 콰인의 존재론적 언질 기준 이상의 것을 필요로 한다고 생각한다.

---

29) 같은 책, 138쪽.
30) Quine (4).
31) 같은 책, 14쪽.

논리주의는 콰인의 기준에 의해서 일정한 추상 용어가 지시하는 무언가에 대해 존재론적으로 언질을 주게 된다. … 그러나 콰인은 추상 용어가 지시하는 것에 관한 다른 전제를 추가하지 않는 한 이 전제에서 논리주의가 추상적 대상에 대해 언질을 준다는 결론을 끌어낼 수 없다.32)

콘맨은 이런 식으로 콰인의 존재론적 언질 기준이 여전히 대상 언급을 배경 언어에 상대적으로 확정시킬 뿐이라는 사실에 올바르게 주의를 환기시키면서도, 콰인이—자신과 마찬가지로—이론의 존재론에 관한 절대적 물음에 대한 답을 마련하는 데 관심을 갖고 있다고 암시하고 있다. 하지만 콰인은 위에서 인용한 구절에서 논리주의자들이 수학에서 배경 언어로 집합론을 선택했을 뿐이라고 말한 것으로 해석될 필요가 있다. 논리주의자들이 집합에 관해 말하거나 집합에 대해 언질을 준다는 가정은 그들이 선택한 배경 언어 즉 집합론에 상대적인 논리주의자의 존재론의 명세 내용에 대한 승인에 기초를 두고 있다. 문제는 우리가 어떻게 다양하게 논리주의자의 용어를 파악하고 재해석하느냐가 아니라 논리주의자가 어떻게 수학을 파악하거나 해석하느냐는 것이다. 콰인은 존재론적 언질 기준을 그가 여러 차례 강조하였듯이 그럴 생각이 없는 이론가들에게 터무니없는 존재론적 주장을 하지 않을 수 없도록 강요하는 논쟁 수단으로 제안하지 않았다. 오히려 반대로 콰인의 기준은 누군가가 양화 장치를 선택하여 처음부터 그 기준을 준수해 나간다면 그가 어떤 용어를 택하든 간에 그 사람의 존재론적 가정을 가능한 한 정확하고 명확하게 진술하게 한다. 요컨대 콰인의 기준은 존재론적 언질과 속박 변항의 사용을 결합시킬지라도 어떤 사람이 스스로 **실존**한다고 말하고 싶은 대상 이외의 대상에 대해 실존한다는 언질을 주지 않을 수 없다는 주장을 전혀 정당화시키지 않는다.

---

32) Cornman (3), 150쪽.

하지만 콘맨은 자신이 존재론적 물음을 진지하게 다루고 있기 때문에 콰인이 존재론적 물음을 진지하게 다루는 점은 반대하지 않았다. 콘맨은 어느 쪽이냐면 존재론적 물음의 답을 제대로 찾기 위해서는 콰인의 기준에 더해서 자기가 제안한 언급에 관한 비형식적 규칙―"언어 밖으로" 나가서 "언어적 표현을 실재와 연결시키는" 규칙―과 같은 것이 필요하다고 주장한다. 그러니까 콘맨은 존재론적 물음이 궁극적으로 어떠한 의의도 가질 수 없다는 사실을 전혀 진지하게 검토하지 않았다.

콘맨은 언어적 언급에 관한 일상적 담화의 임의적이고 상대적인 성격을 분명하게 깨닫고 있었지만, 그런 모든 담화가 배경 언어에 상대적이지 않고서는 실제로 무의미하다는 콰인의 결론과 같은 결론을 피하였다. 그 대신 그는 언어에 관한 "외부로부터의 탐구" 즉 "사용된 언어 체계와 아무런 관련 없이 존재하는 것에 관한 물음의 답을 찾는 일"[33]을 통해서 비형식적 언급 규칙을 찾아내자고 제안하였다. 그리고 보면 콘맨은 언어적 언급에 관한 담화가 결여하고 있다고 자신이 발견한 객관적 결정성을 확보하기 위해서 모든 언어적 기술과 표현을 넘어 바깥에 존재하는 확정적이고 자족적인 실재라는 예로부터 내려오는 형이상학적인 생각을 끌어들인 셈이다.

따라서 콘맨은 콰인으로 하여금 상대주의적 주장을 하도록 했던 통찰과 논증과 본질적으로 똑같은 통찰과 논증을 근거로 삼고 주저 없이 언어 분석 개념―언어가 실제로 말하는 것이나 언급하는 것에 관해 이치에 닿게 이야기할 수 있다는 생각―을 받아들였을 뿐만 아니라 사실상 전통적 형이상학을 복권시키자고 주장한 셈이다. 하지만 원래 형이상학적 탐구 자체를 뒷받침하거나 대치하려고 제안되었던 바로 그 언어적 탐구를 뒷받침한다는 이유만으로 형이상학을 끌어들이는 것은 정말 아니러니라 하겠다.

---

[33] 같은 책, xviii쪽.

5. 의미론이 형이상학으로 환원되다

콘맨은 "절대적인 존재론적 물음"이란 이름으로 콰인이 부르는 물음—이론이 실제로 관계를 갖거나 실존한다고 언질을 주는 대상에 관한 물음으로서 존재론의 전통적인 형이상학적 물음과 구별하기 위해 절대적인 의미론적 물음이라 부르는 것이 더 좋다고 할 수 있는 물음—의 의의를 살리려고 노력하다가 전통적 형이상학으로 되돌아가게 되었다. 여기에는 언어의 진짜 내용이나 언급 범위에 관한 담화 즉 절대적인 의미론적 담화가 실제로 있는 그대로의 이 세계에 관한 담화 즉 순수한 형이상학적 의미에서 절대적인 의미론적 물음과 똑같다는 인식이 암암리에 작용하였다.

절대적인 의미론적 담화의 무의미성이 어떻게 절대적인 존재론적 담화의 무의미성에서 나오는가를 분명하게 깨닫기 위해서는, 누구나 이 세계에 저절로 정합성이 서지 못한다는 사실을 진정으로 이해하고, 이 사실을 —콰인이 가상의 "원초적 번역 상황"에서 그랬던 것처럼—언어의 일정 부분이 어떻게 실재를 기술하거나 표현하는가를 객관적으로 결정하는 문제에 적용하기만 하면 된다. 이렇게 하면 그 결과로 기술 자체의 비결정성과 부정합성이 자연히 드러나게 되는데, 그 이유는 세계를 기술하거나 표현하거나 생각하는 단 하나의 올바른 방식이 없다는 말은 세계에 대해 가능한 여러 가지 기술 가운데서 하나를 선택할 때 의지할 객관적 표준이 없다는 말이기 때문이다. 하지만 이 말은 아무 언어나 나름대로 만들어내는 이 여러 가지 기술이 세계를 기술하는 **방식들** 사이에 객관적 차이가 없다는 말이 전혀 아니다. 그리고 이 결론은 전통적 형이상학을 방해하는 그만큼 심하게 분석철학자들의 철학적 분석을 방해한다.

이제 언어 사용의 현장을 직접 연구한다고 콰인이 가상했던 언어학자를 생각해보자. 그가 "가바가이"를 "토끼"로 번역하려고 할 때 부딪치는 이론적 불확실성은 본래 "가바가이"에 관한 물음들에 응답하는 원주민의 동의와 한결같이 대응하는 것이 토끼이지 토끼 단면이나 토끼에 대한 매 시각의 경험 단편이 아니라고 절대적으로 단정할 수 없다는 사실로부터 나온다. 토끼가 있는지 토끼에 대한 매 시각의 경험 단편이 있다고 결정하는지는 우리가 이 세계를 일상의 물리 이론의 입장에서 보는지 아니면 매 시각의 경험 단편 이론의 입장에서 보는지에 달려 있다. 이것이 언어에 대한 세계의 상대성이다. 마찬가지로 우리가 원주민이 토끼에 관해 말하고 있다고 판정하는지 매 시각의 토끼 단면을 말하고 있다고 판정하는지는 원주민의 말을 해석하기 위해 궁극적으로 사용하는 "좌표계"가 일상의 물리적 대상에 관한 담화의 좌표계인가 매 시각의 경험 단편에 관한 담화의 좌표계인가에 달려 있다. 바로 이것이 언어가 세계에 관해 말하는 것이 언어 자체에 대해 갖는 상대성이다. "가바가이?"라는 물음에 원주민이 동의할 때에만 다른 것 아닌 토끼가 절대적으로 있다는 주장이 무의미한 것은 "가바가이"라는 표현이 다른 것 아닌 토끼에 절대적으로 적용된다는 말이 무의미한 것과 똑같다. 이 두 경우에 증거는 똑같으며, 그 증거가 원리상 언급을 결정하기에 불충분한 것도 똑같다.

예시적 정의가 사람들의 말이 버클리 식의 "지각"을 언급하는 게 아니라 일상의 물리적 대상을 언급하는지 않는지를 확정할 수 없다는 콘맨의 비슷한 예증은 예시에 대한 콰인의 취급보다 덜 완벽하고 기교적으로 덜 치밀하지만 동일한 문제를 훨씬 더 친숙한 철학적 맥락 속에서 강조하고 있다. 콘맨의 예증은 어떻게 본래부터 부적당한 객관적 시험 절차가 누가 처음부터 진정으로 실재주의자나 관념주의자인가를 결정하는 기초를 제공하는 데 실패하는 방식과 똑같은 방식으로 실재주의 대 관념주의의 고전적 논쟁을 해결하는 기초를 마련하는 데 실패하는가를 보여준다.

이 사실은 외부 세계의 실존에 대한 무어의 "증명"에 관해 꺼림칙한 기분을 갖도록 만들어, 무어의 "증명"이 곧이곧대로 형이상학적 주장인지 아니면 (맬컴의 유명한 해석이 제안하는 노선에 따르는) 일상 언어의 올바른 사용에 호소한 주장인지를 결정하기 어렵게 만든다.34) 우리는 적절한 상황에서 "여기 내 왼손이 있다" 그리고 "여기 내 오른손이 있다"는 진술의 진리성이나 "적어도 두 개의 물체가 있다"는 진술의 진리성을 언제든지 아무런 걱정 없이 쉽사리 인정할 수 있지만, 이렇게 진술의 진리성을 인정하는 상황은 손이 정말로 손인가 아닌가라는 물음이나 더 일반적으로 물체가 실제로 물체인가 아닌가라는 물음과는 전적으로 다르다. 마찬가지로 이런 상황에는 위 문장 속의 "손"이란 말이 정말로 손을 가리키는가라는 문제나 "물체"라는 말이 실제로 물체를 가리키는가라는 문제와 전혀 관련이 없다. 언어적 문제나 의미론적 문제로 불리는 이런 문제는 그에 대응하는 형이상학적 문제가 공허한 것과 똑같이 공허하다.

하지만 이보다 먼저 의미론적 탐구와 형이상학적 탐구 사이에는 의의 있는 차이가 전혀 없다는 견해를 주장한 사람들이 있었다. 훗설(E. Husserl)은 <논리적 탐구>의 제1장 "경험과 의미" 전체에 걸쳐서 의미에 관해 당시 유행하던 경험주의 이론을 비판하고, 진술의 의미에 대한 이해는 적어도 "직접 통찰"35)을 필요로 한다고 결론을 내렸다. 웨일(H. Weyl)은 이 점에 대해 좀더 형식적인 어투로 다음과 같이 말했다.

> 과학은 자신의 탐구 영역을 동형 사상(同形 寫像, isomorphic mapping)이 이루어지는 데까지 결정할 수 있을 따름이다. 특히 과학은 대상의 "본질"에 대해서는 무관심한 채 진행된다. 우리는 공간에 실재하는 점들을 한 조를 이루는 세 개의 수나 기하학에 대한 다른 해석들과 구별하는 일을 … 직접적인 직관적 인식에 의해 알 수 있을 뿐이다.36)

---

34) Malcolm을 보라.
35) Husserl.
36) Weyl, 25-26쪽.

이 문제의 논점을 의미론적 이론은 추상적 대상에 호소해야 하는가 라는 물음과 혼동하지 말아야 한다. 내가 여기서 논의한 논점은 어느 쪽이냐 하면 절대적인 의미론적 탐구와 전통적 형이상학의 방법론적 성격이 실제로 동일하다는 것과 관련되어 있다. 블랙(M. Black)은 러셀이 논리적 분석에 의해 형이상학에 접근하는 것을 비판하면서 똑같은 주장을 다음과 같이 훌륭하게 표현하고 있다.

> 언어의 논리적 구조를 결정하는 일은 어떤 물리적 사실의 논리적 구조를 결정하는 능력을 필요로 한다. 하지만 만일 우리가 이 능력을 이미 갖추고 있다면 언어를 경유하는 우회로를 택할 필요가 없을 것이다. … 반대로 우리가 극복할 수 없는 장애에 부딪쳐 실재를 해부할 수 없다면 언어를 분석하려고 할 때에도 그와 똑같은 어려움에 부딪칠 것이다.[37]

어쩌면 인간이 지닌 개념화 양식이나 기술 양식은 우리가 그런 양식을 사용하여 다루는 외부 세계보다 우리에게 아주 친숙한 것이라서 주관적인 철학적 내성으로 이해하기 쉬운 것으로 보일 수 있다. 우리 누구도 자신의 개념이나 기술이 실제로 정확한지―또는 그런 정확성에 관한 말에 참으로 객관적 의미가 있는 것인지―는 결코 알 수 없지만, 적어도 그 개념이나 기술 자체의 본성은 명료하게 드러낼 수 있다는 생각은 겸손하게 보이고 상식에 호소하는 힘도 있다. 우리는 흔히 모든 지식의 출발점이라고 말하는 경험이 개인에게 과거, 현재, 미래에 입력되는 다양하고 수많은 감각 정보를 조합시켜 완전히 규명될 수 있다는 뜻에서 주관적인 것이라고 인정할 수도 있다. 그러나 지식이나 이해 자체는 우리가 그것을 직접 경험하거나 직접 지각할 수 있는 형태로 신경 체계 속에 모습을 드러내지 않는

---

37) Max Black, 15쪽.

다. 지식이나 이해는 오히려 언어 속에 누적되어 나타나는 대규모의 사회 문화적 성취인 것이며, 따라서 이 언어 자체에 대한 지식과 이해는 일반적으로 세계에 대한 지식이 언어에 의존하는 것 못지 않게 언어에 의존한다. 언어 자체는 우리가 몸담고 살고 있는 물리적 환경과 사회적 환경의 가장 두드러지고 중요한 특징들 가운데 하나다. 그래서 세계의 한 부분으로서의 언어를 이해하는 데 특별한 통찰력이나 인식력을 발휘할 수 있다고 생각하는 것은 순전히 형이상학적 가식일 따름이다.

세계에 관한 의의 있는 담화가 언어 체계나 이론 체계에 상대적으로만 성립한다는 인식은 당연히 바로 그 언어 체계나 이론 체계 자체를 철저하게 조사할 것을 요구하게 되었다. 하지만 콰인의 "존재론의 상대성"이 우리에게 가르쳐주는 교훈은 노이라트의 "개념의 배"라는 비유를 진지하게 받아들이라는 것이다. 형이상학자와 언어철학자는 둘 다 그 배에서 내려 그 배에 얽매이지 않는 곳에 자리를 잡으려고 했었는데, 형이상학자는 더욱 명료한 세계관을 얻기 위해서 그러려고 했었고, 언어철학자는 배의 모습을 좀더 완전하게 보기 위해서 그러려고 했었다. 그러나 이 두 입장 가운데 한 쪽에 독립적이고 견실한 지반이 마련될 수 없다고 해서, 왜 다른 쪽에 그런 지반이 마련될 수 있다고 인정해야 한단 말인가.

그러므로 절대적인 의미론적 탐구는 사변적 형이상학보다 더 나을 것도 더 못할 것도 없다. 양쪽 다 부딪치게 되는 방법론적 난관은 단 하나의 공통하는 동기가 만들어낸다. 그 동기는 본질적으로 과학적 설명보다 선행하는 어떤 근본적 방식으로 과학 즉 과학적 이론과 과학적 진리를 설명하려는 욕구이다. "무엇이 실제로 존재하는가?"와 "언어가 실존한다고 실제로 말하는 것은 무엇인가?", "세계의 진정한 본성은 무엇인가?"와 "세계에 대한 기술의 진정한 본성은 무엇인가?", "세계가 실제로 존재하는 방식은 무엇인가?"와 "우리가 어떤 것이 있다고 실제로 말하는 방식은 무엇인가?" 등의 물음을 다시 생각해보자. 둘씩 짝을 이루고 있는 이 물음들 속에서 "실제로", "진정한"과 같은 말이 발휘해 온 힘이 무엇이었는지 이제는 분명히 밝혀졌다고 하겠다. 이런 낱말은 애당초 그것들이 사용되지 않았으면 아무 문제도 없었을 물음을 일상의 과학이 원리상 대답할 수 없는 물음으로 바꾸어버리는데, 이런 낱말이 빠진 물음은 원래 일상의 과학이 이론 형성의 정상적 과정을 통해서, 또는 상투적 표현으로는 이미 제안된 이론을 지적함으로써, 또는 (약간 덜 상투적 표현으로는) 어떤 이론을 다른 이론으로 해석하는 방식을 지적함으로써 대답할 수 있는 물음이다.

형이상학은 과학이 기술하는 삼차원 물리 세계의 본질적 성질과 구성을 밝히는 것을 목표로 한다. 그 대신 논리적 분석이나 언어적 분석이나 의미론적 분석으로서의 철학은 과학이 제공하는 삼차원 물리 세계 기술의 개념적 기초에 대한 탐구를 목표로 한다. 형이상학은 실질적 화법을 더 좋아하는 반면에 의미론적 분석과 논리적 분석은 형식적 화법을 필요로 하지만, 이 두 가지 화법 사이에 무언가 실질적 차이가 있다는 생각은 환상이다. 이 두 가지 임무는 정의에 관한 일일 따름이다. 형이상학자는 실재적 정의(實在的 定義, real definition)를 추구하고, 분석철학자는 유명적 정의(唯名的 定義, nominal definition)를 추구한다. 하지만 과학적 진리의 근본적 성격에 대한 설명을 마련하는 작업으로서 진행되는 언어적 의미에 대한 의미론적 추구는 본질에 대한 형이상학적 추구가 형식적 화법이란 거울에 비친 영상(映像)에 지나지 않는다.

철학적 문제들을 다루는 분석적 방법은 "실재와의 대응"이라는 고전적 의미에서의 진리성 자체를 만족(滿足, satisfaction)이라는 의미론적 개념에 의해서 엄밀한 형식적 정의를 마련하려고 했던 타르스키(A. Tarski)의 유명한 작업에서 만들어진 모범적 선례를 물려받았다.38) 타르스키는 진리성을 이와 같이 형이상학적 속성이나 관계가 아니라 명백하게 의미론적 속성이나 관계로 해석하면서, 한편으로는 모든 의미론적 용어 자체는 카르

---

38) Tarski (1).

납 같은 초기 실증주의자들의 성향에 아주 잘 맞도록 비의미론적인 형식적 방식으로 설명하려고 노력하였다. 이런 이유로 타르스키의 저작은 존재론의 상대성의 함축 내용을 조사하는 우리에게는 특별히 흥미로운 내용을 담고 있기 때문에, 이 책의 나머지 5장과 6장에서는 그의 "진리성에 대한 의미론적 정의"에 대해 광범위하게 살펴보고자 한다.

제 5 장 진리성에 대한 의미론적 개념

1. 의미와 언급

　나는 분석철학자들의 언어적 전제들에 대한 지금까지의 검토 과정에서 계속 언어의 의미에 관한 이야기, 언어의 언급에 관한 이야기, 언어의 존재론적 취지에 관한 이야기, 언어의 개념적 내용에 관한 이야기 사이를 이리저리 슬쩍슬쩍 왔다갔다하면서 이런 일이 전혀 대수롭지 않은 일인 것처럼 지나쳤다. 한 예로 언어적 표현이 무엇에 관해 말하는가나 무엇과 관련되어 있는가를 이야기하다가, 그 표현은 어떻게 세계를 기술하거나 표현하거나 그리는가에 대한 이야기로 슬쩍 넘어가는 식이었다. 이로 인해서 나는 지금까지 언어적 의미라는 개념에 대해 확고한 태도를 한결같이 유지하지 못하였고, 또 통상 중요한 의미론적 구별로 간주되는 두 종류의 물음의 구별 즉 언급, 지시, 외연에 관한 물음과 의미, 지적, 내포에 관한 물음의 구별을 의도적으로 무시할 수밖에 없었다. 하지만 이제는 널리 인정받고 있는 이 의미론적 구별과 그와 분명히 관련 있다고 여겨지는 다양한 철학적 문제들을 정면으로 맞아 집중적으로 살펴보고자 한다.
　언어적 표현의 의미와 언급의 구별은 프레게의 유명한 "샛별/개밥바라기"의 예에 의해서 흔히 설명된다. 개체 용어 "샛별"과 "개밥바라기"가 하나 뿐인 금성이라는 대상을 명명하거나 지칭하거나 언급한다는 것은 누구나 잘 알고 있는 일이다. 하지만 이 두 용어가 동일한 대상을 언급한다는 사실은 순전히 그 두 용어 자체에 대한 이해에 의해서만 밝혀지지 않고, 수고를 아끼지 않은 천문학자들의 수많은 관찰 결과로 밝혀졌기 때문에 뜻이나 내포나 의미에 관해서는 다르다고 주장된다. 마찬가지로 "깃털 없는 두 발 동물"과 "이성적 인간"과 같은 두 일반 용어는 외연이나 적용 범위가 같다고 할 수 있지만, 이 두 용어의 외연 공유는 "총각"과 "결혼하지 않은 남자"와 같은 이른바 동의어의 외연 공유가 순전히 문제의 두 동의어의 의미로 인한 필연적 결과로 인정되는 것과는 달리 우연한 사실로 판정된다. 일반적으로 언급의 동일은 의미의 동일에 관한 필요 조건이지만, 그 역은 성립하지 않는다.

콰인은 의미에 관한 물음과 언급에 관한 물음을 구별하는 일이 중요하다는 것을 다음과 같이 강조하였다.

> 의미와 언급의 차이를 정확하게 인식하게 되면, 느슨하게 이른바 의미론의 주제로 간주되던 문제들이 전혀 한 이름으로 묶일 수 없을 만큼 근본적으로 다른 두 영역으로 갈라지게 된다. 그 두 영역을 각기 의미 이론 즉 의미에 관한 이론과 언급 이론 즉 언급에 관한 이론이라고 부르기로 하겠다. … 의미 이론의 주요 개념은 – 의미라는 개념을 제쳐놓고 말한다면 – 동의성(同義性, synonymy, 의미의 동일), 유의미성(有意味性, significance, 의미의 소유), 분석성(分析性, analyticity, 의미에 의해 옳음)이다. 더 든다면 논리적 함의(論理的 含意, entailment)를 들 수 있다. … 언급 이론의 주요 개념으로는 명명(命名, naming), 진리성(眞理性, truth), 지시(指示, denotation, … 에 대해서 옳음), 외연(外延, extension)이 있다. 하나 더 든다면 변항의 값(values of variables)이 있다.1)

콰인이 의미론을 이처럼 두 영역으로 나누어야 한다고 강하게 주장하는 것은 학자의 현학적 버릇 때문이 아니라 훨씬 더 깊은 여러 가지 철학적 이유 때문이다. 그 이유들은 다른 무엇보다도 분석철학자들이 양상논리학이나 내포논리학을 구성할 때, 그리고 번역, 애매성, 이른바 명제 태도(命題 態度, propositional attitude), 특히 분석적 진리 대 종합적 진리의 구별을 설명할 때 사용하는 의미 이론의 여러 개념에 대해 콰인이 오랜 세월 동안 불만스럽게 여겨 왔다는 사실과 관련이 있다. 이 점에 관해 하만(G. Harman)은 다음과 같이 말하였다.

> 콰인은 언어철학자들이 의미에 관해서 거의 전적으로 빗나간 일을 하고 있다고 생각한다. 그는 언어철학자들이 스스로 이루고자 했던 것들 가운데 어떤 것도 의미에 호소해서 이룰 수 없다고 부정한다. 다른 철학자들의 입장에서 보면 … 콰인의 입장은 언어의 의미에 대해 불신하는 입장과 거의 똑같은 입장이다.2)

의미 이론의 개념들에 대해 콰인이 불만을 갖거나 불신하는 이유는 언급 이론의 용어들과는 달리 의미 이론들의 의미를 밝히는 일이 여러 가지 지극히 어려운 난관에 부딪치기 때문이다. 이 난점들은 발표되자마자 의미에 관한 고전적 철학 논문으로 자리잡은 콰인의 획기적인 논문 "경험주의의 두 독단적 신조"에서 치밀하고 철저한 비판적 검토를 받았다.3)

콰인은 주로 명명과 의미의 혼동—원래 프레게와 러셀 두 사람 다 없애려고 노력했던 혼동—에서 파생되는 부산물이랄 수 있는 "박물관 의미 이론"을 공공연히 폐기하였다. ("박물관 의미 이론"은 의미를 정신이라는 박물관의 진열장 속에 낱말이란 꼬리표가 달린 채 전시되어 있는 추상 관념

---

1) Quine (7), 130쪽.
2) Harman (1), 125쪽.
3) Quine (19).

들이라고 생각하는 이론이다.)

　　　의미 이론이 언급 이론과 확연하게 분리되기만 하면, 낱말이나 문
　　장의 동의성과 진술의 분석성에 대한 연구를 의미 이론의 가장 중요
　　한 과제라고 인정하는 것은 모자라는 생각이다. 의미라는 것은 분명
　　하게 감지할 수 없는 매개물이므로 당연히 폐기되어야 한다.4)

　콰인은 분석 진술―진리성이 오로지 그 진술에 등장하는 낱말들의 의미에 의해서만 확보되는 진술―이라는 개념의 뿌리를 찾아서 칸트로 거슬러 올라가고, 거기서 다시 관념들 사이의 관계에 대한 흄의 주장과 이성의 진리에 관한 라이프니츠의 생각에까지 추적해 올라갔다. 그리고 나서 콰인은 "결혼하지 않은 남자는 누구도 결혼한 남자가 아니다"라는 진술처럼 진리성이 순전히 "아니", "그리고", "만일", "그러면"과 같은 특정한 논리적 낱말들의 의미에 의해서만 밝혀지는 논리적 진리라는 진술 집단과, "총각은 누구도 결혼한 남자가 아니다"라는 진술처럼 진리성이 논리적 낱말의 의미와 더불어 비논리적 낱말의 동의성 즉 예문 속의 "총각"과 "결혼하지 않은 남자"라는 두 낱말의 동의성에 의해서 밝혀지는 분석적 진리라는 더 큰 진술 집단을 분리시켰다. 콰인은 "이런 분석 진술의 특징이 동의어를 동의어로 대치함으로써 논리적 진리로 바뀔 수 있다는 것"5)을 깨달았다. 그러므로 논리적 진리는 그것대로 따로 다루어야 하지만, 분석성을 설명하는 문제는 동의성을 설명하는 문제로 환원된다.

　동의성을 정의에 의거하여 설명하려는 시도는 금방 막다른 골목에 부딪치게 된다. 그 이유를 콰인은 다음과 같이 설명한다.

　　　[만일 사전 편찬자가] "총각"을 "결혼하지 않은 남자"로 풀이한다

---

4) 같은 책, 22쪽.
5) 같은 책, 23쪽.

면, 사전 편찬 작업에 앞서서 두 표현 사이의 동의 관계가 일상의 언어 생활 속에 일반적인 용법이나 선호하는 용법으로 존재한다고 믿고 있기 때문에 그렇게 할 수 있을 뿐이다. 이처럼 사전 편찬자가 미리 전제하고 있는 동의성은 여전히 명료하게 밝혀져야 하며, 어쩌면 언어행위와 관련 있는 용어들로 밝혀져야 할 것이다.6)

또한 콰인은 철학적 설명이나 다른 형태의 이론적 담화가 사용하는 정의의 성격도 아무런 본질적 차이가 없다고 보고, 다음과 같이 말했다.

> 따라서 새로운 표현을 명백하게 약정에 의해 도입하는 극단적인 경우 이외에는, 정의는 형식적 작업과 비형식적 작업 어느 쪽에서나 마찬가지로 선행하는 동의 관계에 따라서 결정된다.7)

다양한 문장 문맥 속에서 그 문장들의 진리치에 변화를 일으키지 않으면서 성립하는 두 언어적 표현의 교환 가능성은—콰인은 이 교환 가능성을 (라이프니츠의 표현대로) "진리치 보존 교환 가능성"이라 부르는데—관련된 두 언어적 표현의 동의성에 대한 충분 조건이라 해도 좋을 것이다. 하지만 이 말은 중요한 제한이 가해질 때에만 옳다. 그 제한 조건은 진리치 보존 교환 가능성이 "총각"과 "결혼하지 않은 남자"의 경우처럼 두 언어적 표현의 동의성에 대한 충분 조건일 수 있기 위해서는 "필연적으로 모든 총각만이 결혼하지 않은 남자다"와 같은 문장이 만들어질 수 있도록 "필연적으로"와 같은 부사가 그 언어에서 사용되고 있어야 한다는 것이다. "필연적으로"라는 말은 콰인이 지적한 바와 같이 "그 말이 분석 진술에 적용될 때 오직 그때만 진리성을 성립시키도록 해석되어야"8) 하는 낱

---

6) 같은 책, 24쪽.
7) 같은 책, 27쪽.
8) 같은 책, 29-30쪽.

말이다. 그런데 철학자들이 이를 어기고 "필연적으로"라는 말과 타협하려고 하는 데서 곤란한 문제가 생긴다. 이것은 원래 분석성에 대한 설명을 찾으려고 출발했던 원점으로 되돌아간다는 것을 뜻한다. 콰인은 이 상황을 다음과 같이 요약하였다.

> 처음에는 분석성이 의미 영역에 호소함으로써 가장 자연스럽게 설명될 수 있는 것처럼 보였다. 그런데 좀더 자세히 살펴보니까 의미에의 호소는 해야 할 일을 결국 동의성이나 정의에 호소하는 쪽으로 넘기고 말았다. 그러나 정의는 도깨비불 같은 환영(幻影)으로 밝혀졌고, 동의성은 그보다 선행하는 분석성 자체에 호소해야 가장 잘 이해될 수 있다고 밝혀졌다.9)

그래서 콰인은 분석성에 대한 승인할 만한 설명이 동의성 개념에 호소하지 않고 만들어질 수 있다면 분석성에 의해서 곧바로 동의성을 설명할 수 있다는 것을 깨닫고, 분석성을 의미 규칙과 의미 공준에 의해서 직접 설명하려는 카르납의 노력에 주의를 돌렸다.10) 카르납이 논리적 진리와 사실적 진리의 구별뿐만 아니라 "철학적" 실존 물음과 "과학적" 실존 물음의 구별을 설명하기 위해서 의미 규칙이란 생각을 사용한 일은 이미 제2장에서 광범위하게 검토했으며, 콰인이 "경험주의 두 독단적 신조"에서 전개한 카르납에 대한 비판은 앞장에서 콰인의 다른 저작들을 인용해서 설명한 것과 동일한 일반적 노선을 따르고 있다.

> 분석성 문제라는 관점에서 볼 때 의미 규칙을 가진 인공 언어라는 개념은 특히 헛된 환영이다. 인공 언어의 분석 진술을 결정하는 의미 규칙은 우리가 사전에 분석성 개념을 이해하고 있을 경우에만 흥미

---

9) 같은 책, 32쪽.
10) 같은 책, 32-36쪽.

있을 뿐이다. 왜냐하면 의미 규칙은 분석성 개념을 이해하는 데에는 아무런 도움도 주지 못하기 때문이다.11)

콰인이 다른 곳에서 언어 사용이나 언어행위를 경험적으로 탐구하는 관점에서 의미 문제에 대해 많은 주의를 기울였다는 것은 두말할 것도 없다.12) 하지만 이런 탐구 결과는 분석성이나 동의성에 대한 만족스러운 설명을 마련하는 방도를 깨닫게 해주기는커녕 콰인을 이 책의 서두에서부터 연구 대상으로 삼고 있는 번역의 비결정성과 존재론의 상대성에 대한 기본 주장을 명확하게 주장하도록 하는 쪽으로 끌고 갔다.

이 모든 이유 때문에 콰인은 언어적 의미에 관한 여러 가지 개념이 체계적인 이론적 의의를 전혀 갖고 있지 않아서 설명에 조금도 쓸모 없는 개념으로 간주하게 되었다. 그러나 그는 "경험주의의 두 독단적 신조"와 거의 같은 시기에 발표한 "언급 이론에 대한 소고"라는 논문에서 언급 이론에 대해 현저하게 다른 태도를 채택하여, 의미론에 관한 타르스키의 저작뿐만 아니라 존재론적 언질에 관한 자신의 광범위한 저작도 언급 이론에 속한다고 말하였다.13) 이 논문에서 콰인은 위에서 열거했던 의미 이론의 개념들이 처해 있는 "한심한 처지"와 언급 이론에 속하는 개념들에서 그가 감지한 월등한 명료성과 이해 가능성을 대비시키면서 차이를 뚜렷하게 보여주고 있다.

콰인은 고대의 에피메니데스 역설이나 거짓말장이 역설로부터 최근의 여러 가지 변형된 역설에 이르기까지 "의미론적 역설"이 계속되고 있음에도 불구하고, 우리가 그런 역설들을 일으키는 "옳다", "…에 대해서 옳다" (또는 "…을 지시하다") "명명하다"와 같은 용어를 언어 생활에서 추방하는 것을 꺼리고 있다고 지적하였다. 그는 그 이유가 다음과 같은 표현 방

---

11) 같은 책, 36쪽.
12) 특히 Quine (13), 그리고 (22), 26-29쪽을 보라.
13) Quine (7).

식들이 보여주는 "독특한 명료성"을 이런 용어들이 지니고 있기 때문이라고 설명한다.

    "____"은 오직 ____일 경우에만 옳다.
    "____"은 오직 개개의 ____것에 대해서만 옳다.
    "____"은 ____만 명명한다.

 이 패러다임에 대해 콰인은 다음과 같이 설명한다. "옳다"의 패러다임은 하나의 진술이 두 빈칸에 대입되면 성립하고, "…에 대해서 옳다"의 패러다임은 (형용사 형태나 영어의 경우 "것"(thing)이 생략된 명사적 형용사 형태의) 일반 용어가 두 빈칸에 대입되면 성립하며, "명명하다"의 패러다임은 하나의 이름 즉 그것이 명명하는 대상이 실존하는 진짜 이름이 두 빈칸에 대입되면 성립한다.14)
 그러나 여기에는 이차적으로 약간의 제한을 가할 필요가 있다. 첫째로 "옳다", "…에 대해서 옳다", "명명하다"라는 세 용어는 고려중인 언어에 대해서 상대화되어야 하며, 그래서 세 용어의 패러다임은 약간 바뀌어 각기 다음과 같이 표현되어야 한다.

    "____"은 언어 L에서 오직 ____일 경우에만 옳다.
    "____"은 언어 L에서 오직 개개의 ____것에 대해서만 옳다.
    "____"은 언어 L에서 ____만 명명한다.

 콰인은 이 표현에 대해 "이것이 모든 사실이 언어에 상대적으로 성립한다는 철학적 신조를 주장하는 것은 아니다"라고 말하고, 다음과 같은 설명을 덧붙인다.

---

14) 같은 책, 134쪽.

… 이 문제의 요점은 매우 평범한 데에 있다. 그 요점은 단지 일련의 문자나 음성이 영어를 사용하는 사람들에게는 영어 진술로 사용되고, 네델란드어를 사용하는 사람들에게는 의미가 전혀 다른 네델란드어 진술로 사용될 수 있기 때문에, 그 일련의 문자나 음성의 영어 의미는 옳고, 네델란드어 의미는 그를 수 있다는 것이다.15)

무의미한 표현을 피하기 위해 다른 제한이 필요한데, 그 제한은 "언어 L에서 옳다", "언어 L에서 …에 대해서 옳다", "언어 L에서 명명한다"는 말이 적용되는 표현들을 지니고 있는 언어 L은 이 세 용어의 패러다임 자체를 표현하고 있는 언어 L'에 포함되거나 적어도 부분적으로는 중첩되어야 한다. 이 일은 적어도 위 패러다임의 빈칸을 채울 수 있는 언어 L의 표현들이 언어 L'의 표현이기도 하는 한 반드시 성립해야 한다.

게다가 콰인은 만일 "옳다", "…에 대해서 옳다", "명명하다"라는 세 용어를 방금 위에서 설명한 방식으로 상대화시킨 다음, 더 나아가 이 세 용어를 언어 L에서는 추방하고, 언어 L의 표현들에 관해서 언급하기 위해 사용되는 언어 L'의 표현으로만 인정하면, 마침내 의미론적 역설까지도 피할 수 있다고 지적하였다.

언어 L의 언급 이론에 적절한 이 세 용어는 언어 L을 포함하는 더 포괄적인 언어 L' 속에 존재할 수 있다. 그렇다면 이 세 용어의 사용에 대한 패러다임은 빈칸에 대입되는 진술이나 용어가 언어 L' 뿐만 아니라 명확하게 언어 L 속에 있기만 하면 역설을 일으키지 않으면서 언어 L' 속에 계속 존속할 수 있을 것이다.16)

콰인은 패러다임 도식(paradigm scheme)이라 해야 더 적절한 이 패러다

---

15) 같은 책, 134-135쪽.
16) 같은 책, 136쪽.

임들이 정의가 아니라고 지적했는데, 그 이유는 이 패러다임들이 "언어 L에서 옳다", "언어 L에서 …에 대해서 옳다", "언어 L에서 명명한다"는 말이 언어 L 속의 표현들 가운데 어느 것을 인용 부호에 의해 개별적으로 선택하는 일만 설명할 뿐이지, 순수한 속박 변항을 이용하는 형태로 문법적 일반화를 할 수 없도록 되어 있기 때문이다. 그렇지만 콰인은 다음 말을 덧붙인다.

> 이 패러다임들은 문제의 세 동사의 외연 즉 적용 범위에 관해 전혀 애매성을 남기지 않는다는 아주 근본적인 점에서 정의와 비슷하다.17)

이어서 그는 다음과 같이 강조한다.

> 이 패러다임 도식들은 — 비록 정의는 아닐지라도 — "언어 L에서 옳다", "언어 L에서 …에 대해서 옳다", "언어 L에서 명명한다"는 말의 어느 적용 경우에나 이 세 말이 적용되는 언어 L의 개개의 표현이 갖고 있는 것과 어느 모로나 똑같은 명료성을 이 세 어구에 부여한다. 한 예로 "눈은 희다"는 진술에 진리성을 부여하는 것은 … 눈에 희다라는 속성을 부여하는 것만큼 누구에게나 모든 점에서 명료하다.18)

콰인이 언급 이론의 개념들을 확실하게 신뢰해도 좋다고 단언할 수 있다고 믿는 데에는 또 하나의 중요한 요인이 있다. 언급 이론에 관한 콰인의 생각은 대부분 타르스키의 연구 결과에서 유래한다고 할 수 있는데, 타르스키는 만일 어떤 일반적 조건이 충족되면 진리성 개념이 특정한 종류

---

17) 같은 책, 같은 쪽.
18) 같은 책, 138쪽.

의 형식화된 언어에 적용할 수 있는 명백한 일반적 절차에 의해 (진리성 개념의 도식에 의해 설명된다는 의미에서) 실제로 정의될 수 있다는 것을 밝혔었다. 콰인은 한 걸음 더 나아가 같은 종류의 절차가 "…에 대해서 옳다"와 "명명하다"에 대한 비슷한 정의를 구성하기 위해 쉽게 확장될 수 있다는 점을 주목하고 있었다.

그래서 콰인은 어떤 언어의 문장, 일반 용어, 개체 용어에 적용될 때 "진리성", "…에 대해서 옳다", "명명하다"라는 개념의 패러다임적 예시를 만들어내는 패러다임 도식과 "진리성", "…에 대해서 옳다", "명명하다"라는 개념을 명백하게 정의하는 타르스키의 절차를 둘 다 확보하였다고 생각하였기 때문에 "언급 이론의 이 세 개념이 역설을 일으킴에도 불구하고 의미 이론의 개념들보다 그처럼 훨씬 덜 몽롱하고 덜 신비롭다는 것은 인상적인 일이다"[19]라고 결론을 내렸다. 지금 되돌아볼 때 오히려 더욱 인상적인 일이라 할 수 있는 것은 언급 이론에 대한 콰인의 열광적 승인과 "존재론의 상대성"이란 논문에 나타난 최근의 상대주의적 결론의 깜짝 놀라게 하는 차이라 하겠는데, 그 이유는 콰인이 "존재론의 상대성"에서는 의미론의 두 영역 가운데서 그가 한때 편애했던 언급 이론을 철저히 제한하려 하고 있기 때문이다.

"존재론의 상대성"이란 논문이 (적어도 지금은) 콰인이 명확하게 깨닫고 있는 것, 즉 언급 자체에 관한 물음이 부분적으로 상대적이고 임의적인 본성을 지녔다는 것에 초점을 맞추고 있다 할지라도, 내가 이 논문에 담겨 있는 내용의 범위를 언급 이론 영역에만 한정하지 않고 사실상 의미론이란 이름 아래 들어올 수 있는 것은 무엇이든 다 포괄하도록 넓게 해석해 온 이유가 이제 분명해졌으리라 믿는다. 어쨌든 언급 이론은 의미론 전체에서 가장 안정되고 가장 논란의 여지가 적은 부분인 것은 분명하다. 언급 개념만 가지고 설명해야 할 모든 것을 설명하는 데 충분할 수 있느냐에

---

19) 같은 책, 137-138쪽.

대해서는 상당한 의견의 불일치가 있었다.20) 하지만 언급 이론이 의미론의 모든 문제를 해결하는 게 아니라 일부 문제를 해결한다는 데 대해서는 의견의 불일치가 거의 없었다. 언급의 비결정성과 상대성은 의미 문제에는 영향을 미치지 않고 언급 문제에만 영향을 미치고 있는 게 아니라, 두 문제 모두에 영향을 미치고 있다. 언급 이론이 지금 직면하고 있는 상대성 문제는 의미론의 단지 한 구석에만 제한된 분규가 아니라, 의미론에 지금까지 일어난 어떤 분규보다도 더 심각하게 의미론을 전면적으로 마비시키는 문제가 되고 있다.

> 의미의 동일성이란 개념은 반복해서 문제를 일으키는 흐릿한 개념이다. 외연이 같은 두 술어에 대해 언제 의미가 같다고 말할 수 있고 언제 의미가 다르다고 말할 수 있는지 전혀 명료하지 않다. 이것은 "깃털 없는 두 발 동물"과 "이성적 동물"이나 "등각 삼각형"과 "등변 삼각형"의 예를 통해 드러난 오래된 문제이다. 그러니까 언급 즉 외연 지시(外延 指示)는 확고한 것이고, 의미 즉 내포 지적(內包 指摘)은 확고하지 못한 것이었다. 그렇지만 지금 우리가 직면한 번역의 비결정성은 외연과 내포 양쪽에 똑같이 일어나는 문제이다. "토끼", "분할되지 않은 토끼 부분", "토끼 단면"이란 세 용어는 의미만 다른 것이 아니다. 이 세 용어는 각기 다른 것에 대해서 옳게 사용된다. 따라서 언급조차도 언어행위를 살펴봄으로써 이해할 수 없다는 것을 알 수 있다.21)

두 표현의 언급의 동일성은 의미의 동일성에 대한 최소 조건이므로, 언급 일반에 대한 적절한 설명은 의미에 관한 적절한 설명의 최소 필요 조건이며, 그래서 언급 이론에 대한 공격은 의미 이론을 더 강하게 공격하는

---

20) 앞에서 지적한 내포적 의미라는 좁은 뜻에서의 의미에 호소하는 설명을 참조하라.
21) Quine (11), 35쪽.

것이 된다. 이 때문에 어떤 철학자들은 최근에 의미 이론을 언급 이론과 분리시켜 고찰하지 말아야 하며, 오히려 언급 이론의 부분으로 해석해야 한다는 결론을 내렸다.[22] 우리가 한 개념에 대해 요구할 수 있는 최소한의 것은 그 개념이 독특한 적용 방법을 갖고 있어야 한다는 것이다. 이것마저 없다면 개념에 관한 이야기나 의미에 관한 이야기가 대체 무슨 의미가 있을 수 있단 말인가. 언급조차 "이해할 수 없다"면 의미에 관한 이해는 더 말할 나위도 없다.

그래서 콰인은 다시 한 번 원초적 번역의 맥락 속에서 다음과 같은 수사학적 의문문으로 문제를 제기하였다.

> 어떤 대상 X가 원주민의 언어와 우리의 언어로 진술되는 경우, 정말로 원주민의 언어가 언급하는 대상으로서 대상 X를 가려내는 일조차 그처럼 절망적일 정도로 변덕스럽다면, 경험주의자가 원주민의 언어와 우리의 언어로 진술된 대상 X의 두 상황의 의미가 같다고 진지하게 말할 수 있을까?[23]

이론의 대상이나 언어의 대상이 무엇이라는 이야기가 그 이론이나 언어를 "액면 그대로" 받아들인 특정한 배경 언어로 번역하는 선택된 방식에 상대적으로만 의의를 갖게 되듯이, 배경 언어가 정상적 보완물 즉 논리적 장치와 개별화 장치와 함께 필연성 연산자의 규칙 같은 것도 포함하고 있다는 단서가 붙여진 경우 이외에는, 언어적 표현들의 (좁은 뜻에서의) 의미에 관한 이야기도 "액면 그대로" 받아들인 특정한 배경 언어로 번역하는 선택된 방식에 상대적으로만 의의를 갖게 된다.

따라서 이제는 의미와 언급의 정확한 구별에 더 주의를 기울일 필요가 없다고 하겠다. 그보다는 우리가 당장 살펴보아야 할 다른 문제에 관심을

---

[22] 예컨대 Davidson (6), 그리고 Hintikka를 보라.
[23] Quine (11), 20쪽.

돌려야 하겠다. 그것은 콰인이 언급에 대해 "언급 이론에 대한 소고"에서 보였던 지지 입장과 최근의 상대주의적 견해에 함축되어 있는 명백히 부정적인 입장이 어떻게 조화를 이룰 수 있느냐는 것이다. 이 점과 관련해서 가장 중요한 문제가 앞에서 콰인이-타르스키와 카르납을 비롯한 많은 철학자의 노선에 따라서-현재의 절충된 언급 이론에 주저 없이 소속시키는 것을 보았던 진리성 개념 자체의 격위(格位) 문제라는 것은 분명하다.

2. 진리성과 언급 이론

존재론의 상대성은 의미론 영역에서 콰인이 언급 이론이라 부르는 부분에 속하는 명명과 지시(…에 대해서 옳음)와 같은 개념의 유의미성(有意味性)에 관한 문제를 분명히 일으킨다. 이런 개념은 어떤 언어 속의 개체 용어와 일반 용어 그리고 그 언어의 존재론의 주어진 대상 사이의 관계를 표현하는 말로 사용되는데, 콰인이 이중의 상대적 성격을 지닌다고 결론을 내렸던 것은 어떤 언어의 존재론을 구성하는 대상이 무엇인가라는 물음 바로 그것이었다. 이에 반해 진리성 개념은 적어도 표면상으로는 사정이 상당히 다르다. 온전한 문장의 진리성에 관한 물음은 명명과 지시에 관한 물음처럼 명백한 방식으로 어떤 언어의 개체 용어의 언급에 관한 물음을 자동적으로 일으키지 않는다. 존재론의 상대성이 언급 이론의 개념들 전체에 어떤 관련이 있는지 더 자세히 살펴보기 전에 우선 진리성 개념이 언급 이론에 어느 정도까지 정당하게 속할 수 있는 개념인지 살펴보는 것이 유익할 것 같다.

의미론의 일반적 관심이 언어적 표현과 언어 바깥의 실재 사이의 관계를 탐구하는 언급 이론에 있다면, 진리성을 진술과 객관적 사태 사이의 어떤 관계-예컨대 대응 관계나 일치 관계-라고 생각하는 한 진리성 개념을 의미론적 개념으로 보는 것은 당연하다. 진리성에 대한 이런 의미론적 생각은 예컨대 진리성을 신념 체계 전체나 진술 체계 전체의 다양한 구성원들이 내적으로 성립시키는 논리적 정합성이나 논리적 일관성으로 보는 정합설과 대립하는 전통적 대응설에 지나지 않는다. 우리는 대응이란 개념을 명명이나 지시와 같은 더 기초적인 언급 개념으로 환원하거나 분석하려고 공공연히 노력하지 않는 한 대응으로서의 **진리성 개념**을 존재론에 관한 문제를 명백하게 일으키지 않는 단순하고 환원할 수 없는 의미론적 개념으로 해석할 수 있다.

그러나 진리성 개념은 예로부터 본질적으로 이보다 더 강한 의미론적 특성을 필요로 한다고 여겨져 왔다. 진리성에 관한 더 강한 형태의 의미론적 개념은 진리성을 그 진술을 이루고 있는 용어들의 언급의 함수로 보았다. 이 견해는 대응 관계의 정확한 본성을 진술이나 사실의 구성 요소라고 믿어지는 것들 사이에 성립하는 더 기초적인 관계—예컨대 명명이나 지시 같은 관계—에 의해 분석하려고 함으로써, 진리성이 진술과 사실의 대응에서 성립한다는 단순한 전제를 완전히 벗어나 있다.

예를 들어 "다섯은 수이다"라는 문장을 두 가지 문법적 성분 즉 주어 "다섯"과 술어 "수이다"로 분석한다고 해보자. 그러면 "다섯은 수이다"라는 문장은 오직 "수이다"가 "다섯"이 명명하는 것을 지시할 경우에만 옳다고 말할 수 있다. 이 경우 "수이다"가 지시하는 것과 "다섯"이 명명하는 것이 무엇인가를 아는 것은 (문장의 단순한 서술 기능에 대한 이해를 가정하면) "다섯은 수이다"라는 문장의 **진리 조건**(眞理性 條件, truth condition) 즉 "다섯은 수이다"라는 문장이 옳다는 말이 의미하는 것을 아는 것이 되기 때문에, "다섯은 수이다"라는 문장의 진리성은 명명과 지시로 환원된다.

진리성에 대해서 이와 같은 강한 형태의 의미론적 개념이 일찍이 플라톤[24]과 아리스토텔레스[25]에 의해 고전적 대응설의 모습으로 시사된 것은 분명하지만, 최초로 명백하게 주장한 것은 스토아 철학자 엠피리쿠스(S. Empilicus)의 저작이다.26) 엠피리쿠스는 그 저작에서 "이 박쥐는 난다"와 같은 "원자 진술"은 오직 그 속의 술어 "난다"로 표현된 속성이 지시어 "이"가 지시(명명, 지명)하는 개체에 귀속(적용)될 때에만 옳다고 주장하였다. 힌티카(J. Hintikka) 역시 진리성과 언급 사이의 관계에 대해 다음과 같이 비슷한 설명을 하고 있는데, 그는 진술의 의미와 그것의 진리 조건을 동등하다고 생각하는 점과 내포적 뜻에서의 의미에 대한 호소를 전적으로 반대하는 점에서 비트겐슈타인과 논리실증주의 전통을 따르는 뛰어난 분석철학자다.

> … 외연적 언어에서 [문장의] 진리 조건은 개체 용어의 언급과 술어의 외연을 떠나서 생각할 수 없다. 실은 이 언급과 외연이 양화 문장의 진리 조건을 결정하는 바로 그것이다. 문장의 진리치는 그 문장에 등장하는 용어들의 언급(외연)의 함수이며, … 따라서 원초 용어들의 언급이 일차 질서 문장들의 의미를 결정한다.27)

힌티카의 진술은 옳은 문장과 그 문장을 옳게 만드는 객관적 사실 사이의 관계를 단순 대응 개념에 의한 설명보다 더 근본적인 방식으로 설명하려고 하는 많은 철학자가 느낀 필요 사항을 상세히 알려주고 있다고 하겠다. 이 점에 대해 필드(H. Field)는 다음과 같이 말했다.

> "Schnee ist weiss und Gras ist grün"의 진리성에 대한 해설의 주요 부분은 아마 눈은 희고 풀은 푸르다는 것일 것이다. 그러나 이것은 이 독일어 문장의 진리성에 대한 설명의 일부분일 뿐이라고 보아야

---

24) Plato (1), 240D, 그리고 260C-263D.
25) Aristotle (1), 4a-22b19, 14b2-23, 그리고 (2), 1011b26 이하.
26) Empilicus, Ⅷ. 100. 또한 Mates의 주석 36쪽, Long, 140쪽을 보라.
27) Hintikka, 146쪽.

하는데, 그 이유는 한편의 눈이 희고 풀이 푸르다는 사실과 다른 한편의 이 독일어 진술이 옳다는 것 사이의 연관 관계가 여전히 설명되지 않은 채로 남아 있기 때문이다.28)

문제의 진술에 대한 의미론적 분석이 밝혀내려고 하는 것은 바로 이 "연관 관계"이다.29) 예컨대 필드의 예문에서 이 연관 관계는—문장 연결사 "und"가 우리말 "그리고"와 똑같은 논리적 의미를 갖는다는 사실과 함께—독일어 "Schnee"는 눈, "Gras"는 풀을 명명하고, 독일어 "ist weiss"와 "ist grün"은 각각 흰 것과 푸른 것을 지시한다는 의미론적 사실에 의해 설명된다.

의미론적 진리성 개념에 대한 강한 형태의 분석적 해석은 진리성을 이런 식으로 다른 의미론적 개념들 즉 언급 이론의 개념들로 분석해서 완전히 환원시킬 수 있다고 본다. 이 견해는 옳은 진술과 세계 사이의 연결 관계의 본성이 실제로 문제의 진술에 대한 의미론적 분석에 의해서 밝혀진다고 주장한다. 이 주장 역시—언어의 요소가 세계의 요소로 완벽하게 사상(寫像)된다는 생각과 함께—문제의 언어에 대한 논리-문법적 분석과 그 언어에 대응하는 물리적 사실에 대한 형이상학적 분석을 둘 다 전제하고 있다. 그러므로 이 견해에 따르면, 어떤 언어 속의 개체 용어와 그 언어의 존재론의 대상 사이의 관계는 일차적이고 환원 불가능한 것인 반면에, 문장의 **진리성**은 이 기초적 용어 대 사물의 관계에 의해 이차적으로 구성되는 것이다.

그러니까 진리성이나 대응에 대한 의미론적 분석은—앞에서 단순 대응

---

28) Field, 359-360쪽.
29) 필드가 여기서 마음에 두고 있는 "연관 관계"는 개체 용어와 사물 사이의 의미론적 관계이긴 하지만, 이 구절의 실제 요점은 그러한 의미론적 개념을 사용하기 시작한 1930년대 초에 몇몇 철학자가 보인 기피 태도와 관련해서 주로 영향력을 발휘하였다.

이론이라 부른 첫 번째 견해와는 달리 — 진리성이 궁극적으로 환원되는 명명과 지시 같은 개념이 이치에 닿게 이해되어야 한다는 것을 필요로 하기 때문에 존재론에 관해 똑같은 물음을 일으키지 않을 수 없다. 만일 우리가 힌티카의 견해를 주어진 진술의 진리 조건을 그 진술 속의 개체 용어와 일반 용어의 언급과 외연을 성립시키는 개별 대상들에 의해 설명해야 한다는 주장으로 해석한다면, 존재론의 상대성에 비추어 볼 때 진리성 개념이 완전히 상대적인 개념으로 떨어져버리는 것을 피할 수 있는 방법을 알 수 없게 된다. 이렇게 되면, 어떤 문장이 옳다는 말의 의미에 대한 우리의 이해는 우리가 문제의 언어의 존재론을 성립시킨다고 인정하는 바로 그 대상들에 대한 이해에 상대적이면서 임의적인 것으로 되고 만다.

그러나 진리성이나 대응에 대한 의미론적 분석이 상당한 정도의 존재론적 논쟁점을 분명히 일으키는 데 반해서, 위의 세 가지 진리성 도식에 드러나 있는 진리성 개념은 단순 대응 이론이 지닌 존재론적 중립성을 보여주고 있다. 그래서 콰인은

"눈이 희다"는 언어 L에서 오직 눈이 흴 경우에만 옳다

는 쌍조건 진술이 "'눈이 희다'는 문장에 진리성을 부여하는 것은 … 눈에 희다라는 속성을 부여하는 것만큼 누구에게나 모든 점에서 명료하다"30)는 것을 예증한다고 주장하였다. 그런데 눈에 희다라는 속성을 부여한다는 콰인의 말은 "눈이 희다"의 진리성이 앞에서 상대적 물음이라고 명확하게 밝혀진 물음 즉 "눈"과 "…이 희다"가 각각 눈과 희다라는 속성을 명명하고 지시하는가 않는가 라는 물음에 의존한다는 견해를 함의하고 있는 것으로 해석될 수도 있다. 혹시 이렇게 해석된다면, 그에 따라 성립되는 진리성 개념은 앞 문단에서 말한 것과 같은 상대적이고 편협한 성격의 것

---

30) Quine (7), 138쪽.

이 되어버릴 것이다.

하지만 콰인의 말을 이렇게 해석하는 것은 필요하지도 않고 정당한 근거를 갖고 있지도 못하다. 위의 쌍조건 진술에서 "언어 L에서 옳다"가 "눈이 희다"에 적용된다고 설명하고 있는 전건 즉 "오직 눈이 흴 경우에만" 속의 눈이 희다는 진술은 "눈"과 "…이 희다"라는 용어나 이 두 용어와 언어 바깥의 대상 사이의 어떤 관계에 대해 전혀 언급하지 않고 있다. 전건인 눈이 희다는 진술은 그 대신에 오직 눈과 희다라는 속성에 대해서만 이야기하고 있다. 이 패러다임은 "눈이 희다"는 문장이 옳다는 말의 의미는—이 문장을 이루고 있는 두 용어 "눈"과 "…이 희다"의 구체적 언급이 나중에 어떻게 해석되고 재해석되든 상관없이—그 문장 자체만큼 명료하다는 것을 알려주고 있다. 그래서 이 패러다임은 오직 어떤 문장이 옳을 경우에만 확보되어야 하는 객관적 사실을 기술하기 위해 그 문장을 사용함으로써 이 패러다임에 꼭 들어맞게 되는 개별 문장들의 진리성을 설명한다. 위의 예에서 문제되는 객관적 사실은 두 용어의 언급과는 관련이 없고 오직 눈의 색깔과 관련이 있을 뿐이다.

어떤 문장 전체의 인정할 만한 번역은 원래의 문장을 옳게 만드는 상황도 마찬가지로 정확하게 기술할 것이다.31) 위의 예는 객관적 상황의 기술과 문제의 문장이 우리말에서 동음 이어(同音 異語) 번역으로 관계를 맺는 표준 사례를 예시하고 있을 따름이다. 하지만 그렇다고 해서 위의 패러다임 속에서 "눈이 희다"에 부여되는 진리성이—"눈"과 "…이 희다"라는 용어의 언급에 관한 물음이 상대화되는 것과는 달리—이 하나의 번역에 대하여 반드시 상대화되는 것은 아니다. 위의 실례가 보여주는 번역은 다만 그 문장의 진리성과 눈이 지닌 희다라는 객관적 속성을 연결시키는 수단

---

31) 내가 여기서 사용한 "인정할 만한 번역"이란 말은 통상의 내포적 관점이나 외연적 관점에서의 "의미"를 보존하려는 번역이 아니라, Quine (22) 제2장에 설명되어 있는 경험적 고찰에 의해 얻어진 인정할 만한 "번역 편람"에 의거하여 이루어지는 번역을 뜻할 뿐이다.

일 뿐이다.

콰인은 원초적 번역을 시도하는 상황에서 원주민의 문장들 가운데서 최소한 약간의 의미나 진리 조건은 다양한 상황에서 원주민에게 그 문장에 대해 물었을 때 원주민이 보여주는 승인과 부인을 관찰하여 경험적으로 결정할 수 있다고 분명히 상정하였다.32) 이때 언어학자로 하여금 원주민 언어의 특정한 어휘나 문장을 자신의 언어의 어휘와 문장과 동일시하고, 그래서 원주민의 어떤 문장에 대해서든 그 문장을 옳게 만드는 상황을 정말로 기술하는 자신의 문장을 만들 수 있게 해주는 완벽한 번역 편람을 마련하려는 언어학자는 대규모로 임의적 작업을 할 수밖에 없다. 비록 동등하게 인정할 만한 여러 번역 편람이 아주 다른 용어 대 용어의 상호 관계를 이용하여 동일한 문장 대 문장의 상호 관계에 도달한다 할지라도, 결국 어떤 번역 편람이 만들어낸 상호 관계를 보증하는 것은－수집된 경험적 증거는 상호 관계를 보증하지 못한다고 판정되기 때문에－이 상호 관계들의 상대적 정확성일 뿐이다.

따라서 진리성 도식과 원초적 번역 상황을 통해 밝혀진 진리성은 존재론의 이중 상대성을 넘어선 특유의 절대적 성격을 유지하고 있다.33) 이 진리성 개념을 카르납의 강한 의미론적 진리성 개념과 대조해보는 것은 흥미로운 일인데, 카르납의 진리성 개념은 타르스키의 형식적 정의에서 영감을 얻어 만들어진 힌티카의 진리성 개념과 비슷하다.

카르납은 ＜의미와 필연성＞34)이란 책에서 세 가지 기본적 규칙을 갖춘 "의미론 체계"의 도입 과정을 설명하고 있다. 첫째는 "형성 규칙" 즉

---

32) 같은 책, 같은 쪽.
33) 진리성 개념의 이 독특한 격위에 대해서는 제6장 특히 제4절에서 더 폭넓게 탐색하면서 논의하게 될 것이다.
34) Carnap (10). 카르납이 이 책에서 사용한 "내포와 외연의 방법"과 초기 스토아 학파가 주장한 논리적 신조의 시각이 평행 관계에 있다는 메이츠의 지적은 흥미로운 발견이다. Mates, 11-26쪽을 보라.

제 5 장 진리성에 대한 의미론적 개념 | 193

통사 규칙인데, 이 규칙의 임무는 어떤 언어의 원초적 논리 용어와 기술 용어를 확인하고 또 이 용어들이 문장들을 형성하기 위해 서로 결합되어 사용되는 방식을 구체적으로 설명하는 것이다. 둘째는 "지칭 규칙" 즉 의미 규칙인데, 이 규칙은 기술 용어를 그것이 언급하는 다양한 개별 사물이나 속성에 연결시키는 역할을 한다. 셋째는 "진리성 규칙"인데, 이 규칙은 기술 용어에 할당된 지칭을 근거로 삼아 문장들의 의미 즉 진리 조건을 설명하는 것이다. 카르납은 자신의 의미론 체계 S_1에 대해 다음과 같은 진리성 규칙을 설정하였다.

> S_1에서 [주어인] 개체 상항이 거느리는 술어로 구성되는 원자 문장은 오직 개체 상항이 언급하는 개체가 술어가 언급하는 속성을 소유할 경우에만 옳다.35)

카르납은 "이 규칙은 지칭 규칙을 전제하고 있다"36)고 강조하였다.

방금 위에서 인용한 구절에서 카르납이 형식적으로 구성된 언어들 가운데 특별한 경우에 관한 이야기라고 분명히 말하고 있지만, 개체 용어들로 이루어지는 문장의 진리 조건을 결정하는 일에서 개체 용어의 지칭이 하는 근본적으로 중요한 역할에 관한 카르납의 말은—형식적으로 구성된 언어든 아니든 상관없이—언어의 해석과 이해에 널리 일반적으로 적용된다는 뜻을 가졌다고 하겠다. 왜냐하면 카르납이 형식적으로 구성된 언어 체계의 경우에는 개체 용어의 지칭이 순전히 약정에 의해 정해지는 반면에, 자연 언어의 경우에는 개체 용어의 지칭이 일상적인 경험적 탐구에 의해 발견될 수 있다고 시사하였기 때문이다. 카르납은 통사론에서 의미론으로 전환한 후 얼마 되지 않아 쓴 글에서 가상의 외국어 B에 대해 그런 경험

---

35) Carnap (10), 5쪽.
36) 같은 책, 같은 쪽.

적 탐구를 통해서 얻어질 것으로 예상되는 결과를 논하였다.

> 이제 어떤 외국어 B를 사용하는 언어 집단에서 그들의 언어행위를 관찰해서 발견하는 그 외국어에 관한 사실들의 특정한 측면에 우리의 주의를 집중하기로 하자. 우리는 외국어 B의 표현과 그것의 지칭 대상 사이의 관계를 연구한다. 우리는 그 사실을 근거로 삼고 그런 지칭 관계를 확립하는 규칙 체계를 세우게 될 것이다. 이 규칙 체계가 바로 외국어의 의미 규칙이다.37)

카르납의 견해에 따르면, 일련의 의미 규칙으로 명백하게 법전화된 이 원초적 지칭 관계는 어떤 언어의 이해와 해석에서도 근본적인 열쇠의 역할을 한다.

> 어떤 문장의 진리 조건을 아는 것은 그 문장이 주장하는 것을 아는 것이기 때문에, 일정한 의미 규칙은 모든 문장에 대해서 … 그 문장이 주장하는 것-일상의 표현으로 그 문장의 "의미"라고 하는 것-을 결정한다. 달리 말하면 그 외국어 문장을 우리말로 번역하는 방법을 결정한다. …
> 그러므로 어떤 언어 체계의 의미 규칙을 안다면, 우리가 그 언어 체계를 이해하고 있다든가, 그 언어 체계 속의 기호나 표현이나 문장을 이해하고 있다고 할 수 있다. 한편 표현을 바꾸어 의미 규칙은 그 언어 체계에 대한 해석을 제공한다고 할 수도 있다.38)

따라서 진리성에 대한 카르납의 의미론적 설명은 개체 용어가 언어의 일차적 기초 요소이고, 그런 언어에 대한 이해(해석, 번역)는-문장 속에서 개체 용어의 유의미한 사용을 지배하는 논리-문법 규칙 외에-그런

---

37) Carnap (5), 6쪽.
38) 같은 책, 10-11쪽.

용어가 언급하고 있는 언어 바깥의 대상을 (형식적 약정에 의해서든 경험적 탐구에 의해서든) 먼저 결정하는 일에 본질적으로 의존한다는 기본 가정에 토대를 두고 있다. 일련의 의미 규칙에 의해 성립하는 이 용어-대-사물의 사상 관계는 어떤 언어에 대한 완전한 이해를 만들어내는 본질적 근거로 간주되고 있다.

 이런 시각에서 보면, 현장 언어학자는 먼저 원주민 언어와 자신의 언어 사이에 일련의 용어 대 용어의 상호 관계를 (경험적 관찰을 근거로 삼아) 확립해야 하고, 거기서부터 비슷한 방식으로 수집된 약간의 기초적 문법 원리의 도움을 받아서 원주민 언어의 모든 문장의 의미나 진리 조건을 자신의 언어로 설명해 나가야 한다는 것을 깨달을 수 있다. 카르납의 이 관점과 콰인이 고안한 "원초적 번역" 상황은 근본적으로 다르다. 카르납의 언어학자에게는 결국 원주민의 문장들에 어떤 의미나 번역이나 진리 조건을 부여할 것인가를 최종적으로 결정하는 것은 일련의 기초적 용어 대 용어의 상호 관계와 문법 규칙일 것이다. 하지만 콰인의 언어학자의 경우에는 최종 결정권이 어떤 인정할 만한 번역 편람을 반드시 포함하고 있어서 결정적 매개 변항 역할을 하게 될 약간의 온전한 원주민 문장들의 (경험적 관찰에 의해 결정되는) 진리 조건(의미, 번역)에 있을 뿐이다.

 요컨대 의미론적 진리성 개념에 대한 분석적 해석은 애초부터 어떤 언어의 개체 용어가 언어 바깥의 대상을 언급한다는 것을 문장의 진리성과 허위성에 관한 발언을 가능하게 하는 조건—즉 의의 있는 담화를 가능하게 하는 조건—으로 간주한다. 따라서 어떤 언어의 개체 용어가 내포적 뜻에서의 "의미"를 갖지 않는다고 부정하거나 거부하는 것은 결국에 분석 진술과 종합 진술의 명확한 구별, 양상논리학의 구성, "명제 태도"의 적절한 대상의 발견 등을 미리 배제하는 것이다. 그러나 개체 용어가 바깥 세계에 있는 대상을 고정적으로 언급하지 않는다고 부정하는 것은 (그러한 견해에 입각해서 생각하면) 그 언어 속의 어떤 문장이 옳다는 말이 무슨 의미인가를 이치에 닿게 기술할 수 있는 가능성까지 미리 배제해버리는 것이다.

 게다가 우리는 단순하고 분석되지 않는 대응으로서의 진리성과 명명이나 지칭 같은 다른 언급 개념에 의해 설명되는 진리성 사이의 중요한 차이점도 알게 되었다. 진리성에 대한 이 두 개념이 모두 언급 이론에 속하는 개념으로 분류되는 것은 당연하다. 그러나 어떤 언어의 존재론을 구체적으로 설명하는 일에 관련된 상대성은 분명히 명명이나 지칭 같은 개념의 객관적 의의에 관해 문제를 일으키긴 하지만, 그 언어의 존재론이 이들 다른 개념에 의해 명확하게 이해되거나 분석될 때에만 진리성을 위협한다. 진리성 도식과 원초적 번역 상황에 의해 드러나는 진리성은 언급의 상대성과 의미의 이해 불가능성을 둘 다 초월하는 것으로 보인다. 하지만 어떤 문장을 이루는 용어들의 언급의 함수로 여겨지는 진리성은 명명과 지시 같은 개념보다 더 몽롱하고 막연한 성격을 띠고 있다.

 존재론의 상대성으로부터 단순하고 비분석적인 진리성 개념이 아무런 피해를 입지 않는 것이 분명함에도 불구하고, 분석철학자들 사이에는 진리성을 더 원초적 언급 형태의 함수로 생각하는 강한 경향이 널리 퍼져 있었다. 이것이 바로 콰인이 "존재론의 상대성"이란 논문을 마무리지으면서 했던 다소 수수께끼 같은 아래의 말이 유발시킨 진리성 개념이다.

> 그것들의 불가사의함 때문에, … 다시 말해 더 넓은 배경 [언어]에 상대적일 경우를 제외하고는 가끔 공허해진다는 것 때문에, 진리성과 존재론은 둘 다 선험적 형이상학에 속한다는 말이 오히려 갑자기 명료해지고 관용될 수조차 있는 것 같다.39)

 진리성에 관한 콰인의 생각의 성격은 거의 타르스키로부터 물려받은진

---

39) Quine (11), 68쪽.

리성 정의 방법에 의해 이루어진 것이었다. 콰인으로 하여금 의미 이론보다 언급 이론을 열렬히 지지할 수 있도록 근거를 마련해준 것은 의미론적 개념들을 정의하기 위해 만든 타르스키의 명백한 절차와 아울러 의미론의 본성에 대한 타르스키의 수많은 연구 성과였다. 특히 진리성을 형식적으로 엄밀하고 엄격한 방식에 의해서 다른 의미론적 용어들에 환원시키는 데 처음으로 성공한 것은 ― 콰인과 카르납을 비롯한 많은 철학자에 의해 철학적 이정표로 간주되었던 ― 진리성에 관한 타르스키의 의미론적 개념이었다. 그러므로 더 원초적 언급 형태에 의해 이해된 진리성 개념에 연관된 존재론의 상대성이 지닌 함의 내용과 그러한 진리성 개념이 정당하게 (또는 관용적으로) 선험적 형이상학 영역에 위탁하는 내용의 범위를 확인하기 위해서, 타르스키 자신이 모든 의미론적 개념에 대해 형식적으로 올바르고 실질적으로 적절하다고 간주했던 진리성 정의를 마련하려는 그의 노력을 좀더 자세히 살펴보는 것은 매우 흥미로운 일이라 하겠다. 그러나 이 일을 시작하기 전에 먼저 타르스키가 그의 유명한 형식적 분석을 통해 파악하려고 했던 의미론적 진리성 개념의 철학적 뿌리를 찾아볼 필요가 있는데, 이와 함께 한 걸음 더 나아가 타르스키가 이론적 의미론의 기초를 세우면서 역점을 두고 연구했던 몇 가지 다른 철학적 문제까지도 살펴보고자 한다.

3. 의미론적 진리성 개념과 분석철학

20세기 분석철학에 한정해서 보면, 진리성에 관한 의미론적 개념을 맨 처음 공식적으로 주장한 것이 러셀의 대응설이라는 것은 의심의 여지가 없다. 러셀은 19세기 말엽과 20세기 초엽에 관념론자들이 주장한 정합설에 반대하고 대응설을 옹호하면서 대응에 관한 무어의 설명이 적절하게 해결할 수 없었던 두 가지 문제를 밝히려고 하였다. 첫 번째 문제는 대응설의 일반적 테두리 안에서 오류를 설명하는 문제였다. 플라톤의 <테아이테투스>에서40) 처음 제기된 이 문제는 간략하게 말하면 다음과 같다. 그른 신념의 대상은 존재하거나 존재하지 않을 수밖에 없다. 만일 그른 신념의 대상이 존재한다면 그 신념은 옳은 것으로 간주되어야 하므로 전혀 그를 수 없다. 만일 그른 신념의 대상이 존재하지 않는다면 애당초 어떤 것에 대한 신념도 될 수 없다. 두 경우 가운데 어느 경우든 그른 신념은 불가능하게 된다는 것이 첫 번째 문제이다. 두 번째 문제는 첫 번째 문제의 해결에 달려 있는 것으로 보이는 문제인데, 무어의 취급 방법에서는 상당히 신비롭고 정의할 수 없는 성격의 것으로 처리되었던 대응 개념 자체를 정확하게 분석하는 문제이다.41)

이 두 문제를 해결하기 위해 러셀이 채택한 방법은 <테아이테투스>에서 제기된 문제에 대해 <소피스트>에서 응수했던 플라톤의 접근 방법과 아주 비슷하다.42) 그 방법은 본질적으로 대응 관계를 낱말과 사물 사이에 성립하는 그보다 단순한 의미론적 관계로 분석하는 것이었다. 러셀은 대응 관계가 신념이나 명제와 객관적 사실 사이에 성립하는 단순한 2항 관계라는 생각을 거부하였다. 그는 명제와 사실 또는 신념과 사실은 둘 다 본래부터 복합적인 것이어서 논리적으로 그런 단순한 관계의 항이 될 수 없다고 추론하였다. 러셀의 분석에 따르면, 명제는 얼마간 상호 연관된 단순한 구성 성분 용어들로 이루어지는데, 그 용어들은 제각기 사실 속에서 그와 대응하는 단순한 요소를 나타낸다. 그래서 단순 기호들이 전체 명제 속에서 적절하게 배열되는 방식을 지배하는 문법 규칙은 세계 속의 사실이 지닐 수 있는 여러 가지 논리적 구조를 반영한다고 해석되었다. 사실 속의 요소들의 배열이 명제 속의 해당 기호들의 배열과 올바르게 일치하

---

40) Plato (2), 188E-189A.
41) 예를 들어 Moore (2), 301-302쪽을 보라.
42) Plato (1), 240D, 그리고 260C-263D.

면 그 명제는 **옳고**, 그렇지 못하면 그 명제는 **그르다**.

따라서 러셀은 옳은 진술과 그걸 옳게 만드는 사실 사이에 성립하는 관계를 진술과 사실을 구성하면서 서로 대응하는 요소들 사이에 성립한다고 가정된 좀더 단순하고 기초적인 의미론적 관계에 의해 분석함으로써 "대응" 개념을 설명하는 일과 그른 신념의 실존을 조정하는 일에 성공하였다. 이렇게 생각하면, 그른 신념은 그것이 내용으로 삼으려 하는 대상이 실제로 없다는 것을 함의하지 않는다. 그른 신념은 여전히 어떤 것—즉 그 신념의 구성 성분인 용어 하나 하나가 제각기 언급하는 다양한 "사물"—에 관한 신념이다. 그른 신념의 허위성은 객관적 언급의 절대적 실패에서 나오는 것이 전혀 아니라, 단지 신념의 구성 요소와 그와 대응하는 사실의 구성 요소가 올바르게 배열되지 않은 데에서 나올 뿐이다.[43]

러셀 자신이 비트겐슈타인의 비판에 영향을 받아서 세련되어 완숙 단계에 이르렀다고 인정한 논리원자주의 철학에 따르면,[44] 실재는 전적으로 수많은 "원자 사실"로 이루어지고, 원자 사실은 단순 요소(작은 색깔 반점, 소리, 한 순간의 사물 같은 개별자[45])와 개별자들의 성질과 개별자들 사이

---

[43] 러셀은 처음에는 진리성과 허위성을 믿는 행위 자체의 속성으로 취급하였다. 그는 최초에 내세운 "다중 관계 이론"에서는 믿는 행위를 세 가지 것 즉 사람과 다양한 대상과 "사실"을 구성하는 관계 사이에 성립하는 다항 관계로 보았다. 이러한 신념은 이 세 가지 대상이 실재 세계에서 어떤 관계에 의해 실제로 질서를 이루는 방식과 맞먹는 질서로 그 신념 속의 다양한 대상들이 결합될 때 옳은 신념으로 간주될 수 있다. (Russell (4), 그리고 (7), 119-130쪽을 보라.) 그러나 비트겐슈타인의 비판에 몰리게 된 러셀은 나중에 다중 관계 이론을 버리고, 명제를 신념의 대상과 진리성과 허위성의 진정한 매체로 채택하였다. (Russell (2), 178-189쪽을 보라.) 러셀은 여전히 신념을 단순한 2항 관계 즉 사람과 명제 사이의 관계로 해석하는 결과는 피했음에도 불구하고, 명제 자체가 그것이 표현하는 "사실"과 마찬가지로 본성상 "복합적인 것"으로 보았기 때문에, 신념을 특유의 논리적 형식을 갖는 독특한 종류의 사실—비유컨대 "우리 동물원에 수용해야 할 새로운 짐승"—이라고 인정하지 않을 수 없었다. (Russell (2), 226쪽을 보라.)

[44] Russell (2), 179-281쪽.
[45] 같은 책, 179쪽.

의 관계로 이루어진다. 러셀은 이런 사실의 단순한 구성 성분을 실재에 관한 모든 사실과 그에 대한 우리의 경험이 궁극적으로 그에 의해 구성되는 "논리적 원자" 즉 "분석의 최종 성과물"로 간주하였다. 원자 사실은 "원자 명제"에 의해 표현되는데, 원자 명제는 원자 사실의 복잡성을 "반영한다." 원자 명제는 원자 사실의 논리적 구조에 대응하는 가장 단순한 문법적 형식을 지니고 있으며, 그래서 원자 사실을 구성하는 다양한 요소를 직접 언급하는 단순한 원초 기호만을 포함한다. 단순한 원초 기호로는 개별자를 언급하는 이름, 성질을 언급하는 술어나 형용사, 관계를 언급하는 동사가 있다. 원자 명제보다 더 복잡한 모든 명제 즉 모든 "분자 명제"는 이상적으로 말하면 원초적 구성 성분인 원자 명제로 환원될 수 있거나 분석될 수 있다. 원자 명제 속의 단순 기호에 의해 언급되는 사실 속의 단순 구성 성분은 단순 기호의 "의미"(언급)이며, 다른 용어에 의해서 기술되거나 분석되거나 정의될 수 있는 것이 아니라, 그와 반대로 단순 기호의 "의미"에 대한 지식은 언급된 대상을 화자가 직접 대면해서 얻는 "직접지"(直接知, direct acquaintance)에 전적으로 의존한다.46)

그러니까 러셀의 견해에 따르면, 이 일 군의 단순 표현의 "의미" 즉 언급이야말로 개인의 직접 경험에 그처럼 확고하게 뿌리박고 있어서 어떤 언어 속의 모든 명제에 대한 이해와 모든 명제의 진리성과 허위성이 궁극적으로 의존하는 기초를 형성한다. 진리성에 관한 의미론적 분석이 전제로 삼고 있고 또 서로 평행 관계를 유지하는 언어적 분석과 형이상학적 분석은 "논리적으로 완전한 언어"의 경우에 성립할 수 있는 언어와 실재 사이의 관계에 대한 러셀의 고전적 기술에 아주 생생하게 묘사되어 있다.

    논리적으로 완전한 언어에서는 어떤 명제 속의 낱말이—"또는", "아니", "만일", "그러므로"처럼 다른 기능을 하는 낱말을 제외하면

---

46) 예컨대 위의 책 194쪽과 201쪽을 보라.

―그 명제와 대응하는 사실의 구성 성분과 일 대 일로 대응할 것이다. 논리적으로 완전한 언어에는 개개의 단순 대상에 대해 단 하나의 낱말이 있을 뿐이고, 단순하지 않은 대상은 모두 낱말들의 조합에 의해 표현될 것이다. 이 낱말들의 조합이 단순 대상을 나타내는 낱말들 즉 애초에 사실의 단순한 구성 성분 하나에 대해 낱말 하나 식으로 도입된 낱말들에 의해서 만들어진다는 것은 두말할 것도 없다. 이런 종류의 언어는 완벽하게 분석적 구조를 가진 언어일 것이며, 우리가 주장하는 사실이나 부정하는 사실의 논리적 구조를 보자마자 뻔히 알 수 있도록 보여줄 것이다. <수학 원리>의 언어가 바로 이런 종류의 언어라고 할 수 있을 것이다.[47]

그러므로 러셀은 무어가 제안했던 것과 같은 진술과 사실 사이의 단순 대응 관계, 즉 하나의 진술은 하나의 사실과 단순 대응 관계에 있다고 보는 생각을 전적으로 거부하였다. 그 대신에 러셀은 진술을 구성하고 있는 개개의 낱말과 실재를 분석해서 얻게 되는 (낱말과 대응하는) 다양한 요소 사이에 매우 잘 조율된 의미론적 개념들로 짠 정교한 그물 사다리를 설치하였다. 그 결과 단순 대응 관계가 논리적으로 복합적인 관계로 분석되었는데, 러셀로 하여금 그른 신념의 허위성에 대해 일관성 있게 설명하는 동시에 대응설에 참으로 본질적인 언어와 실재 사이의 연결 관계를 유지할 수 있게 해주었던 것은 바로 이 논리적으로 복합적인 관계였다. 하지만 이 대목에서 우리의 목적을 위해 유념해야 할 중요한 사실이 있는데, 그건 (이제 아주 분명하게 이중으로 상대적인 작업으로 여겨지고 있는) 이 의미론적 분석 전략이―이미 진리성 도식을 검토하는 과정에서 밝혀진 바와 같이―우리가 진리성에 관한 대응설을 고수한다는 오직 그것 때문에 우리에게 강요될 수 있는 성질의 것이 아니라는 사실이다.

비트겐슈타인은 유명한 <논리철학론>에서 이 세계에 관한 모든 명제

---

[47] 같은 책, 197-198쪽.

의 진리성은 원자 사실을 기술하는 원자 명제의 진리성에 환원될 수 있다는 러셀의 견해를 기꺼이 받아들였다. 또한 그는 명제가 본질적으로 복합적 구조를 갖는다는 러셀의 분석과 아울러 명제의 진리성과 의미를 명제에 등장하는 용어들의 의미나 언급의 함수로 보는 러셀의 설명도 받아들였다. 비트겐슈타인의 다음 말이 이 점을 잘 보여준다. "어떤 명제를 이해한다는 것은 그 명제가 옳다면 실제로 성립해 있어야 하는 상황을 안다는 뜻이다. … 어떤 명제의 구성 성분을 이해하는 사람은 누구나 그 명제를 이해한다."[48] 물론 비트겐슈타인이 명제를 그걸 옳게 만드는 사실의 "그림"으로 해석함으로써 대응에 대한 러셀의 설명을 발전시키는 주목할 만한 성과를 이룬 것은 사실이었다.[49] 그러나 그가 명제의 "그리기"(picturing)를 그림과 그려지는 것 속의 상호 연관된 요소들 사이에 성립하는 일종의 구조적 대응으로 설명하였기 때문에,[50] 비트겐슈타인의 "그림 의미 이론"은 결국 대응에 대한 러셀의 원래 분석으로 되돌아갔다고 할 수 있다.

비트겐슈타인은 이 세계에 관해서 유의미한 것일 수 있는 명제는 어느 것이든 원자 명제로 진술될 수 있다는 생각을 아주 진지하게 믿었고, 또 (일반 명제와 명제 태도에 관한 진술을 비롯한) 모든 "분자 명제"가 원자 명제들의 "진리 함수적 중합 명제"임을 밝히려는 단호한 노력을 기울였다. 그러니까 비트겐슈타인은 모든 분자 명제의 진리 조건이 일련의 원자 명제에 할당되는 진리치의 특정한 배분에 의해 진술될 수 있다고 주장한 셈이었다.[51] 근본적 결함이 있긴 하지만 이 점에서 그의 노력은 수많은 것을 시사하고 있음을 알 수 있는데, 특히 결국 논리실증주의자의 검증 원리의 형태로 구체화되었던 "유의미한 진술은 어느 것이든 '가능한 사실들'의 일회적 조합에 대응한다"는 기본 가정을 갖고 있었음을 분명히 보여준

---

48) Wittgenstein (2), 4.024.
49) 같은 책, 4.01-4.02.
50) 같은 책, 2.1-2.3.
51) 같은 책, 5-5.641.

다.52) <논리철학론>의 실질적 공헌이 무엇이든 간에, 이 저작이 이룩한 가장 중요한 성과는 다른 무엇보다도 러셀의 언어관을 – 그와 연관되어 있는 "철학 활동은 논리적 분석 작업이다"라는 생각과 함께 – 널리 알리는 데 확실하게 성공하였다는 것인데, 비트겐슈타인은 이 두 가지 생각을 나중에 비엔나 학단 회원들이 아주 당연하게 받아들일 정도로 개량하고 발전시켰다.

비트겐슈타인은 철학 활동을 전적으로 "언어 비판 작업"으로 간주할 수 있도록 극적으로 묘사하였다. 이 언어 비판 작업은 전적으로 분석 활동이었는데, 이 분석 활동은 우선 자연과학으로부터 완전히 독립된 활동임과 동시에, 전통철학의 "사이비 문제"가 일상 담화의 형식에 대한 오해에 뿌리를 두고 생긴다는 것을 폭로하는 일과 과학 자체의 개념들을 "논리적으로 명료화시키는 일"을 통해서 전통철학의 사이비 문제를 제거해버리는 이중의 임무를 수행하는 활동이었다.53) 그러한 분석 과업을 가능한 것으로 보이게 해주고 또 철학적 성과를 맺을 것이라는 기대를 심어준 것은, 단순한 논리-문법적 구조가 실재의 구조를 반영하게 마련인 "완벽하게 분석적인 언어" 즉 "논리적으로 완전한 언어"를 (화이트헤드와 러셀이 <수학 원리>에서 사용한 논리적 표현 체계가 바로 그런 이상 언어라고 여겨졌으므로) 실제로 활용할 수 있는 가능성이 분명히 확보되었다는 것과 더불어, 단순 감각과 직접 경험의 수준에서 이 구조를 실재에 명확하게

---

52) 러셀은 비트겐슈타인의 <논리철학론> 초판 서문에서 양화에 대한 비트겐슈타인의 처리 방식이 부딪치는 난점에 대하여 논했다. (Wittgenstein (2), xiv-xix쪽.) 비트겐슈타인이 유한한 수효의 개별자를 갖는 세계를 대상으로 하여 양화 논리를 명제 논리로 환원시키려 하는 한, 비트겐슈타인의 논리원자주의는 한때 콰인이 굿맨의 협력을 얻어 지지하였던 "유한주의적 유명론"과 어떤 관계를 갖는 것 같다. 콰인과 굿맨의 "구성적 유명론을 위한 방법"을 보라.
53) 이 두 가지 분석 활동은 각기 카르납이 나중에 "언어의 논리적 분석을 통한 형이상학의 제거"라는 논문에서 말한 "긍정적" 성과와 "부정적" 성과를 만들어내는 활동이다.

연결시켜주는 러셀의 근원적인 의미론이었다. 그러한 언어는 모든 지식을 체계적이고 명백하고 애매하지 않은 방식으로 표현할 수 있고, 또 그 때문에 모든 이론 과학을 밑받침하는 기초 개념들과 기초 진리들의 정확한 논리적 상호 관계와 경험에 대한 관계가 명확하게 규정되고 명백하게 드러나 보이도록 표현할 수 있다고 여겨졌다. 이 "논리적으로 완전한" 언어 안에서는 전통철학의 사이비 문제는 생길 수조차 없을 것이고, 그 반면에 모든 개념이나 주장의 정확한 사실적 의미 즉 경험적 의미는-정말로 의미가 있기만 하다면-단순한 논리적 규칙과 정의에 의해 확정될 것이다. 따라서 이러한 언어는-<수학 원리>의 풍부한 논리적 장치를 갖추게 되면-분석가 지망자에게 적어도 모든 유의미한 이론적 개념을 직접 경험에 관한 개념으로 완전히 환원할 수 있도록 해주고, 이 세계에 관한 모든 진리를 오직 "논리적" 근본 원리와 단순하고 분석될 수 없고 관찰 가능한 "사실"을 진술하는 일련의 "기초 문장"으로 압축해서 표현하는 형식적 공리 체계화를 약속한다고 여겨졌다.

이와 같은 언어에 대한 전체 그림과 철학적 분석의 광범위한 잠재적 가능성에 대한 전체 그림은 본질적으로 러셀의 창조물이었다. 러셀은 <수학 원리>에서 그 이후로 분석가의 기본 도구로 사용될 수 있는 언어와 논리학을 마련하였을 뿐만 아니라, 어떻게 고전적 수학의 모든 분야를 논리학과 언어에 분석적으로 환원시킬 수 있는가를 정말 극적으로 보여주었다. 그는 <외부 세계에 대한 우리의 지식>에서 물리적 실재에 관한 우리의 지식을 대상으로 삼는 비슷한 연구 계획을 진척시키기 위해 동일한 언어적 장치와 논리적 장치가 어떻게 이용될 수 있는가를 알려주는 첫 번째 구체적 실례를 만들어 제시하였다. 게다가 러셀은 일상의 세련되지 못한 담화의 피상적 겉모습에 의해 야기된 철학적 혼동을 쫓아내는 방법까지 보여주었다. 그의 "논리적으로 완전한" 언어의 치밀하게 짜여진 통사론은 악명 높은 집합론의 역설이 문법을 어긴 무의미한 이야기라고 폭로하였으며, 터무니없는 존재론적 가정을 세우지 않고서도 "한정 기술"을 해석할 수 있도록 해주었다.

논리적 분석에 의한 철학 프로그램은—논리적 분석이 과학의 개념들을 해명하는 "긍정적" 임무에 종사하는 데까지는—러셀이 분명하게 알았던 바와 같이 본질적으로 확실성에 대한 데까르트적 추구였다.54) 콰인은 수학의 기초에 대한 러셀의 저작에서 가장 뚜렷한 실례를 찾아볼 수 있는 그러한 확실성 탐구가 **개념적 확실성**(conceptual certainty) 추구와 **학리적 확실성**(doctrinal certainty) 추구라는 별개의 두 부분으로 진행된다고 다음과 같이 설명하였다.

> 개념적 연구는 의미에 대해서 연구하고, 학리적 연구는 진리성에 대해서 연구한다. 개념적 연구는 어떤 개념을 다른 개념으로 정의함으로써 개념을 명료하게 만들고, 학리적 연구는 어떤 법칙을 다른 법칙에 의해 증명함으로써 법칙을 확립한다. 이상적으로 말하면, 몽롱한 개념은 **명료성**을 극대화시키기 위해 더 명료한 개념에 의해 정의될 것이고, 명백하지 못한 법칙은 확실성을 극대화시키기 위해 더 명백한 법칙에 의해 증명될 것이다. 이상적으로 말하면, **정의**는 선명하고 분명한 관념으로부터 모든 개념을 만들어낼 것이고, **증명**은 자명한 진리로부터 모든 정리를 만들어낼 것이다.55)

많은 사람에게 러셀과 화이트헤드의 <수학 원리>는 수학에 관해서 이 두 가지 이상을 거의 실현시킨 것으로 보였다. 즉 <수학 원리>는 어떻게 모든 수학적 개념을 그보다 더 선명하고 분명하다고 인정되는 (집합론을 물론 포함하는) 논리학의 개념들로 정의할 수 있는가를 보여주고, 그래서 (<수학 원리> 속의 무한 공리와 선택 공리의 일반적으로 알려진 불명확

---

54) Russell (2), 181쪽.
55) Quine (11), 69-70쪽.

성에도 불구하고) 어떻게 수학적 진리들을 그보다 더 "명백한" 논리적 공리로 여겨지는 명제들로부터 연역할 수 있는가를 보여줌으로써 이런 일을 해낸 것으로 보였다. 또한 러셀은 자연에 관한 지식에 대해서도 같은 방법을 적용하려는 연구 계획을 세웠다. 그는 이 계획이 "선명하고 분명한 관념"이라는 최초 원료에다 "직접 경험에 관한 관념들"이라는 원료를 추가해서 확장함과 동시에, 최초의 다소 "명백한" 진리들에다 직접 경험에 관한 "직접 보고"(直接 報告, direct report)를 포함시켜 확장함으로써 이루어질 수 있다고 생각하였다. 하지만 괴델은 학리적 확실성 추구가 데까르트적 이상을 포기한다 하더라도 수학의 영역에서 완전하게 수행될 수 없다는 것을 증명하였다. <수학 원리>의 언어가 "선명성"과 "분명성"이라는 개념적 이상을 실제로 어느 정도까지 실현시켰는가는 좋게 평가한다 해도 논쟁의 여지가 남아 있는 정도라고 하겠다. 물리적 세계에 관한 지식에 관해서는 그 진보가 개념의 측면에서만 이루어졌는데, 그것마저도 러셀이 <외부 세계에 관한 우리의 지식>에서 시도한 시험적 구성과 카르납이 <세계의 논리적 구조>에서 보여준 독창적 노력에도 불구하고 곧 좌절되고 말았다. 학리적 확실성 추구의 노력은 출발에서부터 보편 진술에 대해 흄이 제기한 오래된 문제 즉 아무리 많은 개체 진술을 증거로 삼더라도 거기에서 보편 진술을 끌어낼 수 없다는 흄의 주장에 의해 방해를 받았다.56)

그렇다면 진리성에 대해 러셀과 비트겐슈타인이 제안했던 의미론적 분석 즉 어떤 진술을 구성하는 표현들의 언어 바깥의 것에 대한 언급에 의해서 그 진술의 진리성을 설명하는 분석은 "(확실성의) 토대 연구"의 개념적 측면과 학리적 측면 사이의 연결 고리―진리의 명백성이나 확실성이 그 진리에 등장하는 관념들의 선명성과 분명성의 함수라는 가정에 이미

---

56) 이 점에 관해서 더 세부 사항까지 언급하지만 간명하게 정리하고 있는 요약과 평가는 Quine (4), 69쪽 이하를 보라.

암암리에 함의되어 있었던 연결 고리-를 위조한 셈이다. 진리성에 관한 의미론적 개념의 분석적 변형은 실은 2장에서부터 계속 검토해 온 언어 분석 개념을 형식적 화법으로 표현한 것일 뿐이다. 그것은 낱말들의 의미는 그것들로 이루어지는 진술의 진리성보다 논리적으로 선행하고, 그래서 (의미 분석 작업으로서의) 철학은 (진리 발견 작업으로서의) 과학보다 논리적으로 선행한다는 원리를 구체적으로 표현한 것이다. 그렇다면 집합에 의한 "수"의 분석이 수학의 "토대"를 마련하려고 하고, 감각 인상에 의한 "물체"의 분석이 물리적 세계에 관한 지식의 "토대"를 마련하려고 했던 것과 마찬가지로, 진리성을 의미나 언급에 관한 의미론적 개념에 의해 설명하는 일은 위와 같은 종류의 노력 즉 분석철학 자체의 개념적 토대를 마련하려는 노력을 보여주고 있는 것이다.

4. 실증주의자의 딜레마와 타르스키 업적의 관련성

초기 실증주의자들의 마음을 완전히 사로잡고 있었던 생각은 "논리적 분석"이라는 새로운 방법이 한편으로는 종래의 사변적 형이상학을 붕괴시키면서, 동시에 다른 한편으로는 언어 연구라는 과학적으로 확고한 영역 안에서 전통적인 데까르트적 인식론을 추구할 수 있는 기회를 제공한다는 것이었다. 그들은 모든 진정한 지식과 의의 있는 사상이 복잡하고 막연한 이론적 개념과 진리가 훨씬 더 명료하고 단순하고 명백한 개념과 진리로부터 단순한 논리 규칙과 정의에 의해서 도출되는 방식으로 정확하고 명확하게 진술될 수 있는 "논리적으로 순수한 언어"라는 생각에 매혹되어 있었다. 실증주의자들은 전체 문장 가운데 한 부분인 단순한 "기초 문장", "원자 문장", "원초 문장"의 집합을 모든 진리의 궁극적 저장소로 인정한다는 생각과, 전체 개념 가운데 한 부분인 원초적 무정의 용어-위의 단순한 문장을 독점적으로 만들어내는 용어-의 집합을 모든 의미의 궁극적 저장소로 인정한다는 생각을 중심으로 결속되어 협력하였다. 그러나 그들은 개념적 (철학적) 연구와 학리적 (과학적) 연구를 바랐던 방식으로 연결시키는 역할을 맡고 있는 이 표현들 자체의 진리성과 의미-분석과 환원의 한계-에 대한 적절한 설명이 무엇이냐 라는 결정적 문제에 대한 의견차이로 인해 최종적으로 갈라서게 되었다.

슐리크가 이끈 한 그룹은 본질적으로 러셀과 비트겐슈타인의 것이랄 수 있는 노선을 추구하였다. 이들은 대응이나 진리성에 대한 의미론적 분석을 전통적 경험주의의 테두리 안에서 응용하면서 "기초 명제"나 "원초 명제"를 직접 경험에 대한 보고(報告, report)로 해석했는데, 이 기초 명제나 원초 명제의 진리 조건이나 의미-이런 명제를 실증하는 "사실"이나 "경험"-는 이런 명제를 구성하는 근본적 용어들의 언어 바깥의 것에 대한 직접 언급에만 의존한다고 생각하였다. 이들이 카르납이 초기에 <세계의 논리적 구조>에서 시험적 구성을 통해 실례를 보여주고 있는 노선을 따르고 있다는 것은 두말할 것도 없다.

러셀의 원래 설명에서 기초 명제를 구성하는 근본 용어들과 실재나 직접 경험의 특징들 사이의 정확한 연결은 "직접 대면"과 비슷한 과정을 통해서만 확인될 수 있었기 때문에, 이들도 이에 따라 기초 명제의 검증은 오직 기초 명제를 주어진 경험과 직접 "대조"하거나 "비교"해봄으로써만 이루어진다고 보았다.

> … 내가 어떤 명제를 정말로 이해하는 때는 언제인가? 내가 그 명제에 등장하는 낱말들의 의미를 참으로 이해하는 때는 언제인가? 이 문제는 정의에 의해 설명될 수 있다. 그러나 정의 속에 나타난 새로운 낱말의 의미를 명제로 서술할 수 없는 경우에는 그 새로운 낱말의 의미가 직접적 방식으로 제시되어야 한다. 다시 말해서 그 낱말의 의미는 결국 보여지거나 주어져야 한다. 이 일은 지시 행위나 지적

행위에 의해서 이루어진다. 이 경우 지시된 것이 반드시 우리 앞에 있어야 하며, 그렇지 않으면 나는 그 낱말로 아무 것도 언급할 수 없다.

따라서 우리가 어떤 명제의 의미를 발견하기 위해서는 그 명제에 정의를 거듭 사용해서 그 명제 속에 더 이상 언어로 정의할 수 없어서 의미를 직접 지시에 의해 알려줄 수밖에 없는 낱말들만 등장하는 단계에 이를 때까지 그 명제를 변형시켜야 한다. 그렇다면 그 명제의 진리성과 허위성의 기준은 (정의로 제시된) 명확한 조건 아래서 일정한 경험적 자료가 나타나거나 나타나지 않는다는 사실이다. 만일 이 사실이 결정되면, 그 명제가 주장하는 모든 것이 결정되고, 그래서 나는 그 명제의 의미를 알게 된다.[57]

그러자 실증주의자들 사이에 곧바로 기초 명제에 의해 보고된 관찰이 절대로 틀릴 수 없는 것인가라는 문제와 그것이 사적 감각에 관한 것인가 아니면 공적으로 관찰 가능한 사건에 관한 것인가라는 문제를 두고 논쟁이 일어났다.[58] 기초 명제에 의해 기술된 궁극적 사실이나 경험의 본성, 또는 기초 명제 속의 원초 용어들이 실제로 언급하는 사물의 종류에 관한 논쟁은 초기 실증주의자들을 상당히 크게 난처하게 만들고 당황하게 만드는 골칫거리임이 점점 분명해져 갔다. 언어 바깥의 실재와 그에 대한 (분석 이전의) 직접 지각이나 직접 자각에 관한 적나라한 토론은 그들의 설득력 있는 반형이상학적 자세를 치명적으로 손상시키는 것으로 보였고, 분석철학 전체의 프로그램도 사변적 형이상학에 뿌리를 두고 있다는 주장이 나오게 됨으로써 그들이 지닌 철학관의 타당성도 붕괴의 위험에 부딪쳤다.

노이라트가 이끈 다른 그룹은 언어적 표현과 바깥의 실재 사이에 대응

---

[57] Schlick (4), 87쪽.
[58] 예컨대 Neurath (1)과 (2), Schlick (1), Hempel (2)와 (4)를 보라.

관계나 그 밖의 다른 의미론적 관계를 설정하지 않는 전혀 다른 길로 접어들었다. 노이라트와 나중에 합류한 카르납에 더해서 헴펠과 포퍼를 비롯한 이 그룹의 철학자들은 의미론을 지극히 의심스러운 분야로 보았고, 언어적 표현들이 정당하게 관계를 맺을 수 있거나 비교될 수 있는 대상은 —논리적으로 말해서—오로지 다른 언어적 표현들일 뿐이라고 주장하였다. 이 노선으로 나아가 도달한 결과는 진리성과 의미에 관한 형식적 설명이었는데, 이 설명은 많은 점에서 전통적 관념주의 진리성에 관한 "정합설"과 비슷하다.

형식주의적 관점에서 탐구했던 시절의 카르납은 언어가 궁극적으로 언급할 수 있는 "원초적 자료"에 대해 명백한 발언을 결코 하지 않으려 한 점에서 노이라트를 따랐으며, 그래서 진술의 의미나 진리 조건을 오로지 그 진술의 문법적 형식과 그 진술이 다른 진술들과 맺고 있는 논리적 관계의 함수로서만 설명하려고 하였다. 그래서 낱말의 의미는 논리적으로 관계를 맺고 있는 진술들의 그러한 체계 속에 그 낱말이 출현하는 양식에 의해 결정되게 되었다.

> 그렇다면 낱말의 의미는 무엇인가? 낱말이 의미를 갖기 위해서는 그 낱말에 관한 어떤 약정이 만들어져야 하는가? … 첫째로 그 낱말의 **통사론**이 확정되어야 한다. 즉 그 낱말이 출현할 수 있는 가장 단순한 문장 형식 속에 그 낱말이 등장할 때 취하게 되는 출현 양식이 확정되어야 한다. 이 문장 형식을 요소 문장이라 한다. … 둘째로 그 낱말을 포함하는 요소 문장 S에 대해 제기되는 아래의 물음에 대한 답이 제시되어야 하는데, 이 물음들은 여러 가지 방식으로 표현될 수 있다.
>
> (1) 문장 S를 연역할 수 있는 문장은 무엇이고, S로부터 연역할 수 있는 문장은 무엇인가?
> (2) S는 어떤 조건 아래서 옳다고 인정되고, 어떤 조건 아래서 그

제 5 장 진리성에 대한 의미론적 개념 | 211

르다고 인정되는가?
(3) S는 어떻게 검증되는가?
(4) S의 의미는 무엇인가?59)

카르납은 <언어의 논리적 통사론>에서 논리적 개념들 전체와 의미론적 개념들 전체에 대해 일군의 순수하게 형식적이고 통사론적인 정의를 도입하였다. 예컨대 연역 가능성, 귀결, 논리적 함의, 동치, 의미, 지칭, 분석성, 동의성 등등이 그런 개념이다. 카르납은 의미와 언급에 관하여 잘못 만들어진 겉보기만의 의미론적 문제에 대해 갖고 있는 편견을 설명하기 위해서 또 한번 자신의 "유사 통사론적 문장" 이론에 호소한다.

> 실질적 화법의 진술인 것처럼 위장된 진술은 이른바 철학적 토대에 관한 문제가 과학의 논리에 관한 물음 즉 과학 언어의 문장들과 그 문장들 사이의 관계에 관한 물음에 지나지 않는다는 사실과 한 걸음 더 나아가 과학의 논리에 관한 물음이 형식적 물음 즉 통사론적 물음이라는 사실을 숨기게 된다.60)

따라서 카르납은 언어와 언어 바깥의 실재 사이의 관계에 대해 말하는 모든 진술이 어떻게 언어적 표현의 형식과 형식적 관계에 관한 진술로 번역되는가를 보여주었다.61)
카르납은 한 동안 언어적 의미의 궁극적 근원으로서의 직접 경험과 원초 문장의 관계에 대해 말하기가 점점 더 거북해진다는 걸 느끼면서도, 어쨌든 원초 문장이 어떤 언어 속의 모든 다른 표현의 의미나 경험적 내용을 확정시키는 특권적인 관찰 토대의 역할을 여전히 하기 때문에 원초 문

---

59) Carnap (1), 62쪽.
60) Carnap (9), 288쪽.
61) 같은 책, 288-292쪽.

장이라는 개념을 전면적으로 거부하기 어렵다고 생각하였다.

> … 낱말 계열은 원초 문장의 특성이 무엇이든 원초 문장에서 그것이 연역될 수 있는 관계가 확정된 경우에만 의미를 갖는다는 것은 확실하다. 마찬가지로 한 낱말은 그 낱말이 출현한 문장이 원초 문장에로 환원될 수 있을 경우에만 의미를 갖게 된다.62)

카르납의 이 초기 신조에 따르면 과학자는 "현상을 포괄하는 법칙"(covering law)과 더 높은 수준의 가설을 ─ 그 법칙과 가설이 현장 과학자들에 의해 이미 "진술되었거나 인정받고 있는" 수많은 "기존의 원초 문장"과 충돌하는 원초 문장을 전혀 논리적으로 함의하지 않는 한 ─ 이론적 경제성 그리고 편리와 효과 같은 실제적 사항에 대한 고려만을 근거로 해서 원하는 대로 채택할 수 있다.63)

그러나 원초 문장과 직접 관찰 사이의 특권적 관계가 카르납의 설명 속에 암암리에 유지되고 있었는데도, 그가 추구한 엄격한 형식주의는 (그가 <세계의 논리적 구조>를 썼음에도 불구하고) 과학적 관찰자가 최초로 원초 문장을 "진술하거나 인정하는" 것을 격려하거나 보증해주는 관찰 상황의 본성을 진지하게 탐구하지 못하도록 방해하였다. 더욱 만족스럽지 못한 결과는 원초 문장 자체의 본성에 관한 물음조차도 (논리적 분석에 관한 한) 이 부류의 문장이 지니고 있다고 약정적으로 결정된 통사론적 형식에 관한 물음으로 환원되었다는 것이다.

> 경험적 토대에 관한 문제 즉 검증에 관한 문제는 원초 문장의 형식에 대해 탐구하는 문제이면서, 물리적 문장 특히 법칙과 원초 문장 사이의 귀결 관계에 대해 탐구하는 문제이다.64)

---

62) Carnap (1), 63쪽.
63) Carnap (9), 317쪽 이하.

카르납의 이와 같은 비교적 초기의 견해는 모든 언어적 표현의 의미가 그것들이 기초 명제나 원초 문장이라는 핵심부와 맺고 있는 체계적인 논리적 관계에 의해 정확하게 결정되는 고도로 형식화된 언어의 그림을 보여준다.

하지만 카르납은 언어의 이 기초 핵심부가 모든 다른 이론적 주장의 승인 가능성과 의의를 판결하는 최종 법정이라는 특별한 확신을 정당화시킬 수 있는 방식으로, 이 기초 핵심부가 어떻게 세계나 그에 대한 우리의 경험과 연결되는가에 대해 이치에 닿는 설명을 제시할 수 없었다. 슐리크와 에이어가 그처럼 명확하게 옹호했던 원초 문장은 그것들 내부의 정합성과 전통적 매력 이외에는 어떤 것의 보증도 얻지 못한 채 "허공에 떠있었다."65) 결국 카르납과 노이라트는 원초 문장도 과학 속의 나머지 진술과 철학적으로 의의 있는 방식으로 차이가 있다고 보지 않게 되었으며, 그래서 원초 문장이 특유의 형식적 특징이나 통사론적 특징을 갖고 있다고 강조하지 않게 되었다.

언어에 대한 이런 설명에는 다른 무엇보다도 러셀이 원래 제안했던 것과 같은 의미론, 즉 객관적 진리와 의미가 실존한다는 것을 설명할 수 있도록 원초 문장이나 언어 일반을 관찰에 연결시키는 일을 충분히 할 수 있는 의미론이 분명히 결여되어 있다. 형이상학을 배제한다는 실증주의자의 기본 신조를 어기지 않는 그러한 의미론을 발견하는 일이 카르납 같은 철학자들이 논리적 분석이란 새로운 방법의 사용을 정말로 안전하다고 믿기 전에 극복해야 할 도전으로 남아 있었다. 러셀의 대응설은 과학의 기초 진술을 그 속의 구성 성분 용어를 통하여 그 진술을 궁극적으로 옳거나 그르게 만드는 "사실"에 직접 연결하려고 하였다. 이처럼 확고하게 기초 진술과 사실을 연결하는 언어적 토대가 주어진다면, 누구나 그 토대에 상

---

64) 같은 책, 323쪽.
65) Schlick (1), 214-218쪽과 Ayer (5), 228쪽 이하를 보라. 그 내용은 Carnap (3), (1), Neurath (1), (2), Hempel (2), (3), (4)에 개진된 정합설에 대한 비판도 겸하고 있다.

대적으로 성립하는 나머지 이론 과학을 아무 거리낌없이 자유롭게 분석할 수 있을 것이다. 하지만 과학의 "합리적 재구성"이라는 분석적 과업의 성취를 갈망했던 실증주의자들은 딜레마에 부딪치게 되었다. 그들은 애당초 말로 표현할 수 없는 언어와 실재 사이의 관계에 관해 이야기함으로써 형이상학과 무의미한 언어에 빠지거나, 아니면 과학적 진리와 객관적 사실을 전혀 관련 없는 것으로 완전히 분리시킬 수밖에 없었던 것이다. 노이라트와 초기 카르납은 분석에 의해서 고도의 형식적 엄격성과 논리적 정확성을 얻고자 노력했던 반면에, 슐리크와 에이어는 상식과 객관적 진리에 대한 이치에 닿는 설명의 필요성을 중시하였다.

　이 딜레마를 마침내 해결한 것은 타르스키의 연구 업적이었다. 진리성에 대한 타르스키의 유명한 의미론적 개념은[66] 진리성 개념이 다시 일어난 형이상학적 논쟁에 휘말려 손상되지 않도록 구해냈으며, 또 진리성에 대하여 카르납 조차도 쉽게 승인할 정도로 흠잡을 데 없는 용어를 사용하여 형식적으로 올바르고 명백한 의미론적 분석을 마련함으로써 초기 분석 철학자들의 직관이 정당함을 입증하였다. 타르스키는 특정한 유형의 형식화된 언어에 적용했을 때 그 언어 속의 낱낱의 문장에 대해 그 문장을 구성하고 있는 표현들의 신중하게 선정된 의미론적 속성들에 의해서 진리성을 설명하는 절차를 마련하였다. 진리성에 대한 타르스키의 정의에서는 맨 처음에 만족 개념―지시 개념과 거의 동등한 개념―이 어떤 언어 속의 열린 문장(술어)과 대상들의 다양한 계열 사이의 관계로서 도입된다. (타르스키의 정의에 관한 좀더 자세한 내용은 다음 절에서 살펴보겠다.) 그리고 나면 다음에 그 언어 속의 모든 닫힌 문장의 진리성이 닫힌 문장을 만들어내는 열린 문장의 만족의 함수로 밝혀지게 된다.

　타르스키는 수학과 물리 과학의 개념들을 분석하는 데 그처럼 극적으로 활용되었던 논리학과 집합론의 기술적 방법을 받아들여, 그 방법을 철학

---

66) Tarski (1).

적 진리성 개념 자체에 직접 적용하였다. 그의 정의는 두 가지 중요한 점에서 환원이라 할 수 있다. 첫째로 타르스키의 정의는 진리성 개념이나 대응 개념을 그보다 더 기초적인 의미론적 개념들에 환원시키고 있다. 타르스키의 저작이 나오기 전에는 대응에 근거한 진리성 개념을 표현하는 말이 아주 부정확하고 애매해서 기껏해야 비유적이고 암시적인 수준에 머물고 있었다. 타르스키는 진리성과 의미(언급) 사이에서 전부터 감지되었던 관계를 엄격한 논리적 기호 체계를 사용하여 파악함으로써 이 개념에 정확한 의미를 부여하였다. 옛날부터 내려오는 세련되지 못한 진리성 개념을 애초부터 한정된 영역 안에서의 의의가 명확하게 확립되었던 "단순한 의미론적 개념"에 정확하고 체계적인 방식으로 연결시킨 것은 이 논리적 기호 체계였다. 둘째로 타르스키의 정의는 의미론 자체를 과학에서 인정받을 수 있는 비의미론적 개념에 환원시키고 있다. 타르스키의 정의 절차에서는 만족 개념을 도입하는 일이 정의되지 않은 다른 의미론적 개념이나—논리학과 문법과 집합론의 개념을 제외하고—진리성과 만족을 정의하는 언어의 의미보다 더 의미가 미심쩍은 다른 개념을 미리 도입할 필요가 전혀 없다. 이 사실은 예컨대 이른바 물리주의 언어—그것이 지닌 간주관성(間主觀性, intersubjectivity) 때문에 카르납이 노이라트를 따라 모든 이론적 담화의 관찰 토대로 택했던 언어[67]—를 위해서 진리성과 만족이란 용어가 이제 일상의 물리적 개념과 마찬가지로 (물론 집합론의 용어를 제외하고) 흠 없고 유의미한 용어로 도입될 수 있다는 것을 뜻한다. 그래서 타르스키는 자신의 연구 성과가 진리성에 대한 형식적 분석일 뿐만 아니라 바로 이론적 의미론 자체의 토대를 마련한 것으로 생각하였다.[68]

---

[67] Carnap (14)를 보라.
[68] 타르스키의 연구 성과는 이와 정반대되는 평가를 받기도 하지만, 처치가 타르스키의 연구 성과를 카르납이 원래 <언어의 논리적 통사론>에서 시도했던 방식으로 의미론을 통사론에 환원시키는 데 실제로 성공한 작업이라고 지적하고 있는 사실은 흥미롭다고 하겠다. **Church 64-68쪽과 Kleene**을 보라.

포퍼는 진리성과 허위성 대신에 순전히 "도출 가능성 관계에 대한 논리적 고찰"만 이용하여 "과학의 논리"에서 사용했던 진리성과 허위성 개념을 피할 수 있는 방법을 서술하고 있는데, 이 대목에다 나중에 추가한 각주에서 그는 자신이 타르스키의 연구 성과를 알고 난 후에 어떤 생각을 갖게 되었는가를 다음과 같이 말하고 있다.

> 이 대목을 쓴 뒤 얼마 되지 않아 나는 다행스럽게도 타르스키를 만났는데, 그는 나에게 자신의 진리 이론의 근본 개념을 설명해주었다. 이 이론은 〈수학 원리〉 이후 논리학 분야에서 이루어진 두 가지 위대한 발견 가운데 하나인데, 그런 이론을 아직도 학자들이 정확하게 이해하지 못하여 잘못 설명하고 있는 것은 아주 애석한 일이다. 타르스키의 진리성 개념이 … 일찍이 아리스토텔레스가 가졌었고, 실은 거의 모든 사람이 똑같이 갖고 있었던 것과 똑같은 생각 … 즉 **진리성은 사실과의 대응이다—또는 실재와의 대응이다—**라는 생각이라는 사실은 크게 강조되어야 할 것이다. 그러나 우리가 어떤 **진술**이 사실이나 실재와 대응한다고 말할 때 이 말은 대체 무슨 의미를 지닐 수 있을까? … 타르스키는 정말로 풀릴 가망이 없어 보였던 이 문제를 … 대응이라는 다루기 힘든 개념을 그보다 단순한 개념 즉 만족 개념이나 충족 개념에 환원시킴으로써 … 해결하였다.
> 타르스키의 가르침을 받은 이후로 나는 더 이상 "진리성"과 "허위성"에 대해 말하는 것을 주저하지 않게 되었다.69)

카르납의 반응도 마찬가지로 열광적이었다. 그는 타르스키의 연구 성과로 인해서 의미론 분야 전체가 갑작스럽게 과학적 탐구 영역 안에 정당하게 자리잡을 수 있게 되었다고 보았다.

---

69) Popper (2), 274쪽 각주를 보라.

이런 식으로 언어와 사실 사이의 관계에 관해 말을 할 수 있게 되었다. 물론 우리는 [비엔나 학단의] 철학적 토론에서 이 관계에 관해 항상 이야기했었지만, 우리는 이 목적에 적합한 엄밀하게 체계화된 언어를 갖고 있지 못했었다. 이제는 의미론의 새로운 상위 언어(上位 言語, metalanguage)를 사용하여 지칭 관계와 진리성에 관해 진술할 수 있게 되었다.70)

일단 타르스키의 연구 성과를 충분히 이해하게 되자, 카르납은 자신이 이전에 추구했던 순수한 통사론적 접근 방법이 부적절하고 "불완전하다"는 것을 서슴없이 인정하고, 곧바로 <언어의 논리적 통사론>에서 정의했던 통사론적 개념들을 대치하고 보완하기 위해 일련의 의미론적 개념을 개발하였다.71) 그는 1930년대 후반, 그러니까 <논리학과 수학의 토대>와 <논리학의 형식적 체계화>와 같은 책을 쓰기 시작할 무렵부터 철학적 문제의 탐구에서 거의 전적으로 새로운 "의미론적 방법"을 사용하였다. (카르납이 말하는 "의미론적 방법"은 주로 대상 언어(對象 言語, object language)와 상위 언어의 구별을 엄격하게 고수하고, 의미론적 유형들의 논리적 계층을 준수하는 방법을 뜻한다.) 이제 그는 전에 의미론을 배제하려 했을 때와 같은 정도로 진실하고 솔직한 마음으로 의미론을 받아들였다.

의미론이 철학에 유용하다는 사실이 나에게는 너무나 명백했기 때문에, 이를 입증하기 위한 더 이상의 논증 작업은 필요하지 않다고 믿었으며, 그래서 의미론적 성격을 지닌 수많은 재래의 개념을 나열하는 것으로 충분하다고 믿었다.72)

---

70) Carnap (6), 60쪽.
71) 카르납은 (7), 246-252쪽에서 타르스키에 의해 마련된 "새로운 의미론적 방법"에 비추어 검토할 필요가 있다고 느낀 자신의 통사론적 신조를 수정하고 보완하였다.
72) Carnap (6), 62쪽.

하지만 진리성과 만족 그리고 이와 관련있는 약간의 다른 의미론적 개념에 대한 타르스키의 정의가 순수하게 외연적 정의ㅡ바꾸어 말하면 의미 이론에 속하는 게 아니라 언급 이론에 속하는 정의ㅡ인 반면에, 카르납은 타르스키의 연구 성과를 순수한 내포적 개념을 도입하는 근거로서도 사용하려고 노력하였다. 이 노력은 논리적 진리성에 대한 의미론적 정의, 양상 논리학의 구성, 과학적 실존 물음(내적 실존 물음)과 철학적 실존 물음(외적 실존 물음)의 구별에서 분석 진술과 종합 진술의 구별까지를 겨냥한 의미 이론의 개발에 이르기까지 계속되었다. 카르납 후기의 이 의미론적 신조들은 이미 이 책에서 광범위하게 살펴보았으므로, 이제 관심의 초점을 진리성을 외연적으로 처리한 타르스키의 독창적 방법에 모아보기로 하겠다. 초기 실증주의자들이 보기에 의미론적 분석을 처음으로 합법화시키고, 그 이후 카르납을 비롯한 수많은 철학자가 미해결의 철학적 문제 전반에 대해 실제로 공격의 출발점을 마련해준 것은 만족이라는 의미론적 개념에 의해 이루어진 바로 이 진리성에 대한 형식적 분석이었다.

5. 타르스키의 방법

타르스키는 그의 논문들 가운데 매우 철학적 논문이랄 수 있는 "과학적 의미론의 확립"[73])에서 의미론의 본성, 의미론의 "토대"를 구축하기 위해 취해야 할 구체적 방책, 이 분야에 대한 자신의 연구 성과가 지닌 철학적 의의에 관한 자신의 견해를 아주 간결하고 명쾌하게 설명하고 있다. 그는 의미론이 순수하게 외연적 학문의 특성을 지녔다고 규정했는데, 이 점은 콰인이 후기에 언급 이론에 대해 설명하면서 취했던 노선과 아주 비슷하다.

---

[73]) Tarski (2).

여기서는 "의미론"이란 말이 통상의 의미보다 좁은 의미로 사용되고 있다. 내가 말하는 의미론은 대체로 말해서 어떤 언어의 표현과 그에 의해 언급되는 대상이나 사태 사이의 어떤 관계를 표현하는 개념들에 관한 모든 연구라고 이해하면 될 것이다. 의미론적 개념의 전형적인 예를 든다면 지시, 만족, 정의와 같은 개념을 들 수 있다. … 74)

타르스키는 여기에다 한 가지 개념을 더 추가하면서, 이 마지막 의미론적 개념에 특별한 관심을 보이고 있다.

이것은 일반적으로 간과되고 있는 사실인데, 적어도 고전적 해석에 따르면 "옳다"는 말은 "실재와 대응한다"는 것을 뜻하기 때문에 진리성 개념도 여기에 포함되어야 한다.75)

타르스키는 진리성이 다른 의미론적 개념과는 달리 언어적 표현과 그것이 언급하는 대상 사이의 관계가 아니라 언어적 표현(문장)의 속성을 나타내는 것처럼 보이는데도 의미론적 개념에 포함시키고 있는데, 그 이유를 다른 글에서 다음과 같이 설명하였다.

앞에서 낱말의 의미를 설명할 목적으로 사용된 모든 진술이 문장 자체에 대해 언급할 뿐만 아니라, 그 진술이 "이야기하고 있는" 대상이나 어쩌면 그 진술이 기술하고 있는 "사태"에 대해서도 언급하고 있다는 것은 쉽게 알 수 있다. 게다가 진리성에 대한 정확한 정의에 도달하는 가장 단순하고 자연스러운 방법은 다른 의미론적 개념 예컨대 만족 개념을 사용하는 방법이라는 것이 밝혀진다.76)

---

74) 같은 책, 401쪽.
75) 같은 책, 같은 쪽.
76) Tarski (4), 345쪽.

의미론적 개념들이 철학과 논리학과 언어학에서 예사로이 사용되고 있음에도 불구하고, 또 이 개념들이 일상의 담화에 사용되었을 때 의미가 직관적으로 분명해서 아무 문제도 일으키지 않음에도 불구하고, 이 개념들의 의미를 명료하게 밝히려는 모든 노력 즉 플라톤과 아리스토텔레스에서 무어와 러셀과 비트겐슈타인에 이르기까지의 체계적 노력이 모두 실패로 끝났으며, 이 개념들을 상당히 기초적이고 명백한 듯한 가정과 결합시켜 사용하는 경우에도 이 장의 1절에서 살펴보았던 곤란한 역설들을 계속 만들어낸다는 사실을 타르스키는 간파하였다. 그는 이런 역사상의 난점들이 의미론적 개념들을 의심하는 많은 사람의 회의주의를 전반적으로 정당화시켜 주지만, 이런 난점을 만들어내는 근원이 언어에 관한 상당히 기초적인 오해와 혼동에 있다고 인정하였다. 타르스키에 따르면, 레스니에프스키(S. Lesniewski)가 지적하기까지는 대부분 알려지지 않았던 이 과오는 모든 의미론적 개념이 그 개념이 적용되는 표현을 가진 언어에 상대화되어야 한다는 것을 올바르게 인식하지 못한 사실, 즉 어떤 사물에 관해 말하는 언어 즉 "대상 언어"와 이 언어에 관해 말하는 언어 즉 "상위 언어"를 주의 깊게 구별하지 못한 사실, 달리 말하면 어떤 언어가 제 자신에 적용되는 의미론적 용어를 갖고 있으면서 그 언어 속에 통상의 논리적 법칙들을 유지하면 자체 내부에 부정합성이 일어난다는 사실을 올바르게 인식하지 못해서 생긴다. 그래서 타르스키는 이런 과오를 피하기 위해 즉시 적절한 조치를 취해야 한다고 강력히 주장하였다.

> 과학적 의미론의 토대를 마련하는 일 즉 의미론적 개념들의 특성을 정확하게 밝히는 일과 이 개념들을 논리적으로 흠잡을 데 없고 실질적으로 적절하게 사용하는 방식을 설정하는 일이 이루어지면 극복할 수 없는 난점은 더 이상 생기지 않는다.[77]

---

[77] Tarski (2), 402쪽.

그렇다면 "과학적 의미론의 토대를 마련하는 일"은 (타르스키의 말을 빌리면) 모든 의미론적 개념에 대한 실질적으로 적절하고 형식적으로 올바른 정의를 구성하는 일이다. "실질적으로 적절한 정의"는 정의되는 용어가 지닌 일상적 의미나 "직관적 의미"를 성공적으로 포착하고 있거나 표현하고 있는 정의이다. 이 말은 의미론적 진리성 개념의 경우에 "진리성에 대한 이른바 고전적 개념 즉 '옳다=실재와 대응한다'는 개념에 담겨 있는 내포를 파악하는 일"78)을 뜻한다. 이에 반해서 "형식적으로 올바른 정의"는 명확하게 설명된 용어이기 때문에 그 자체에 모호성이나 애매성이 전혀 없는 용어만 정의에 사용하여, 정의되는 용어의 외연을 정확하고 분명하게 결정하는 정의이다. 이 말은 대체로 말하면 이론적 격위가 미심쩍은 의미론적 개념들이 주어진 다음, 그 가운데 어느 한 개념에 대해 정의하라는 요구를 받을 경우에, 타르스키가 다음과 같은 해결책 즉 "나는 사전에 그 의미론적 개념을 다른 개념들에 환원시킬 수 없다면 어떤 의미론적 개념도 사용하지 않을 것이다"79)라는 해결책을 택하지 않을 수 없다는 것을 뜻한다. 물론 이 기획 전체는 실증주의와 분석적 전통의 관점에서 짜여졌다. 이 점은 "당연히 … 우리는 작업을 현대 논리학이 제공하는 장치를 충분히 활용하고, 현대의 방법론이 요구하는 것에 주의를 기울이면서 신중하게 진행시켜야 한다"80)는 말이 보여준다.

타르스키는 의미론적 개념에 대한 정의가 반드시 만족시켜야 하는 다음과 같은 "본질적 조건"을 설명하였다. 첫째로 의미론이 구성되어야 할 대상 언어는 완벽하게 형식화된 논리적 구조와 문법적 구조를 갖추고 있어야 한다. 다시 말하면 그 대상 언어의 모든 원초 표현이 열거되어야 하고, 새로운 표현을 원초 표현들로 정의해서 도입할 수 있게 해주는 정의 규칙이 명확하게 진술되어야 한다. 둘째로 모든 표현들 전체 속에는 문장 표현

---

78) Tarski (1), 153쪽.
79) 같은 책, 152-153쪽.
80) Tarski (2), 402쪽.

들이 구체적으로 열거되어야 하고, 이 문장 표현과 별도로 공리가 설정되어야 한다. 셋째로 공리로부터 정리를 끌어낼 수 있게 해주는 추리 규칙이 제시되어야 한다.[81]

한편, 대상 언어의 표현에 적용될 의미론적 개념을 만들어내야 하는 상위 언어가 대상 언어의 표현과 그것의 언급 대상 사이의 관계를 기술할 수 있으려면 상위 언어에 특유한 용어들을 갖추어야 한다. 이 말은 상위 언어가 전통적인 논리적 장치와 집합론적 장치를 완전히 갖춘 외에, 대상 언어의 표현이 언급하는 바로 그 대상을 언급하는 표현은 물론이고, 대상 언어의 표현 자체를 언급하는 표현을 포함해야 한다는 것을 뜻한다. 후자에 속하는 표현들은 타르스키가 언어 형태론(言語 形態論, morphology of language)이라 부르는 것에 속하는데, 대상 언어의 구조적 특성과 대상 언어의 표현들 사이의 관계를 기술한다. 그리고 전자에 속하는 표현들은 대상 언어 자체의 표현이나 그런 표현의 "번역"으로 구성된다. 이외에도 타르스키는 상위 언어가 대상 언어의 변항보다 더 높은 수준의 변항을 가져야 한다는 조건을 세웠다.

콰인이 언급 개념의 의미를 명확하게 보여준다고 생각한 패러다임 도식들은 실은 원래 타르스키에 의해서 그가 정의하고 싶었던 의미론적 용어들의 실질적으로 적절한 사용 조건을 확립하기 위해 고안한 패러다임 도식들과 동등한 표현이다. 타르스키에 따르면, 이 도식들은 문제의 의미론적 용어를 대상 언어에서 적절하게 선택된 개별 표현에 대해 사용하는 방법을 확정하는 부분적 정의의 형식을 보여주고 있다. 따라서 의미론적 개념의 "실질적으로 적절한 사용"이나 의미론적 개념에 대한 정의는 어느 것이든 그와 대응하는 모든 부분적 정의를 논리적으로 함의해야 한다.

예를 들어 진리성에 대한 정의는 "아리스토텔레스의 고전적 진리성 개

---

[81] 엄밀하게 말하면, 우리는 어떤 언어의 진리성 술어를 정의하기 위해 그 언어에 적합한 공리나 연역 규칙이 어떠한 것이어야 하는가를 알 필요는 없다.

념을 옹호하는 직관을 정당화시키는"82) 것이 바람직하기 때문에, 타르스키는 ("실재와 대응한다"는 뜻에서의) "옳다"라는 용어의 정의는 진리성 도식을 표현하는 아래 문장

   (T) X는 오직 p일 경우에만 옳다.

속의 "X"에 대상 언어의 문장 이름이 대치되고 "p"에 문장 자체나 상위 언어 속의 적당한 "번역 문장"이 대치되어 만들어지는 "'눈은 희다'는 오직 눈이 흴 경우에만 옳다"와 같은 모든 진술을 논리적으로 함의해야 한다는 것을 요구하고, 이어서 다음과 같은 설명을 덧붙였다.

> 이 형식의 진술은 진리성 개념에 대한 부분적 정의로 간주될 수 있다. 이런 진술은 문장 X는 옳다는 유형의 모든 특정한 표현의 의미를 정확하게 설명할 뿐만 아니라 상식적 용법에 맞게 설명한다.83)

진리성 정의가 형식 T를 갖춘 모든 동치 문장을 논리적으로 함의해야 한다는 요구 조건을 "약정 T"라 부른다.84)

 한편 타르스키의 의미론에서 중요한 역할을 하는 만족이란 의미론적 개념에 대해서도 비슷한 방식으로 정의할 수 있다. (하나의 자유 변항을 가진 문장 함수나 열린 문장을 위한) 만족 개념에 대한 "부분적 정의"의 형식은 다음의 도식으로 나타낼 수 있다.

   모든 a에 대해서, a는 오직 p일 경우에만 문장 함수 x를 만족시킨다.

---

82) Tarski (4), 342쪽.
83) Tarski (2), 404쪽.
84) Tarski (1), 187-188쪽. (약정 T에는 "옳다"는 말이 정말로 문장인 표현에만 적용되어야 한다는 것을 요구하는 구절도 포함되어 있다.)

우리는 이 도식으로부터 그 속의 "x"에 (하나의 자유 변항을 가진) 어떤 문장 함수의 이름을 대치시키고, "p"에 (문장 함수의 자유 변항을 "a"로 대치시킨 후에) 문장 함수 자체를 대치시킴으로써 "모든 a에 대해서, a는 오직 a가 흴 경우에만 문장 함수 'x는 희다'를 만족시킨다"와 같은 만족 개념의 실질적으로 적절한 사용에 관한 개별적 "패러다임"을 만들어낼 수 있다. 그래서 그러한 문장 함수를 위한 만족 개념의 실질적으로 적절한 사용이나 정의는 어느 것이든 이 형식의 모든 부분적 정의를 논리적으로 함의해야 할 필요가 있다.[85] (임의의 수효의 자유 변항을 가진 문장 함수를 만족시키는 더 일반적인 경우를 위한 "부분적 정의"의 형식은 다음 절에서 살펴보겠다.)

지금까지 의미론적 용어의 실질적으로 적절한 사용이나 정의를 알아내는 방법이 명확하게 밝혀졌고, 대상 언어와 상위 언어가 제각기 갖추어야 할 형식적 조건을 알게 되었으므로, 이제 특정한 대상 언어의 표현에 적용될 수 있는 의미론적 개념이 실제로 상위 언어 속에 도입되는 방식을 살펴볼 차례가 되었다. 타르스키는 이에 대해 근본적으로 다른 두 가지 접근 방법을 제시했는데, 하나는 공리적 정의를 사용하는 방법이고, 다른 하나는 상위 언어의 용어에 완전히 환원시키는 방법이다.

의미론적 개념에 대한 공리적 정의는 상위 언어의 원초 어휘 속에 정의되지 않은 의미론적 용어를 포함시킨 다음, 이 의미론적 원초 용어가 상위 언어 안에서 사용되는 용법을 결정하기 위해 이 의미론적 원초 용어를 포함하는 새로운 공리를 충분히 추가함으로써 이루어지는데, 이렇게 되면 문제의 의미론적 용어의 모든 "부분적 정의"를 논리적으로 함의한다는 것을 확보할 수 있다. 타르스키는 "이런 방식을 통해서 의미론이 언어 형태

---

[85] 타르스키는 Tarski (2), 405쪽에서 하나의 부분적 정의의 예만을 실제로 인용하였다. 하나의 자유 변항을 가진 문장 함수와 관련된 만족에 관한 도식은 Tarski (1), 190쪽에 제시되어 있다.

론에 토대를 둔 독립적 연역 체계로 세워진다"86)고 보았다.

하지만 이 접근 방법은 분명히 단순한 방법임에도 불구하고, 의미론의 "토대 연구"라는 견지에서 보면 몇 가지 아주 심각한 결점을 지니고 있다. 우선 공리의 선택은 항상 주로 편리성과 연역 능력이라는 실제적 고려 사항에 토대를 두고 이루어지고, 또 우리 지식의 실제적 수준이나 특정한 시점에 우리에게 명백하고 자명하게 보이는 것에 의존하여 이루어지기 때문에 어쩔 수 없이 임의적이고 우연적인 성격을 지니게 된다. 또한 그러한 공리 체계의 정합성 즉 무모순성을 확립하는 것도 어려운 문제인데, 이 문제는 역사적으로 의미론적 개념과 관련해서 악명 높은 역설이 많이 생겨났기 때문에 현재의 경우와 관련해서 특별히 관심을 끄는 문제이다. 게다가 타르스키 자신이 지적한 바와 같이, 과거에 그처럼 심하게 혼동과 오해를 일으켰던 정의되지 않은 원초 개념들을 받아들인다는 것이 상당히 "심리적으로 불만족스럽다"는 문제가 있다. 하지만 가장 중요한 반론은 타르스키가 반드시 지키려고 애썼던 "현대 방법론"의 관점에서 지적되는 문제일 것이다.

> 그래서 내 생각에는 (의미론의 개념들이 논리적 개념도 아니고 물리적 개념도 아니기 때문에) 이 방법을 과학의 통일과 물리주의를 위해 필요한 조건과 조화시키는 일이 어려울 것으로 보인다.87)

간단히 말하면, 공리적 접근 방법은 실증주의자들과 경험주의 성향을 지닌 다른 철학자들이 경험적으로 의미 있는 용어들을 사용하여 명확하게 정의하기를 몹시 원했던 바로 그 개념들을 원초 용어로 삼고자 했던 것이다.

그러니까 공리적 접근 방법이 원하는 것은 단지 의미론을 독립적 연역

---

86) 같은 책, 405쪽.
87) 같은 책, 406쪽.

이론으로 구성하는 것만이 아니라, 의미론적 개념들을 논리학과 물리과학에서 사용하는 과학적으로 인정받을 수 있는 개념들에 의해 완전하게 해설하는 것이었다. 그런데 타르스키의 두 번째 접근 방법 즉 모든 의미론적 용어들을 상위 언어의 용어에 완전히 환원시켜 도입하는 방법이 달성하려는 목표가 정확히 바로 이 일이었다. 왜냐하면 위에서 설명한 상위 언어는 대상 언어의 개념들 외에 오직 (집합론을 포함하는) 논리학과 언어 형태론의 개념들만을 포함하고, 또 대상 언어 자체는—만일 그것이 경험적으로 의미 있는 물리주의자 담화에 속하는 상당히 형식화된 일부분이거나 그러한 담화에 환원될 수 있는 언어라면—본질적으로 오직 논리적 개념과 물리적 개념만을 포함할 것이기 때문이다. 타르스키는 상위 언어가 대상 언어보다 "본질적으로 더 강하거나", "더 풍부한" 상태를 유지할 수 있기 위해서는 의미론적 개념에 대해서 정확히 이런 종류의 환원이 수행될 수 있어야 한다고 주장하였다. 이 말은 상위 언어가 대상 언어의 표현들보다 더 높은 단계의 질서나 논리적 유형에 속하는 표현들을 포함해야 하며, 그래서 대상 언어가 상위 언어에 포함되거나 상위 언어로 번역될 수는 있지만, 그 반대는 불가능하다는 뜻이다.

그러므로 타르스키는 경험적으로 의심스럽거나 검증되지 않는 새로운 담화 영역을 전혀 끌어들이지 않으면서 전통적인 의미론적 개념들을 실질적으로 적절하게 재구성하자고 제안하였다. 그는 자신의 이론을 카르납이 〈언어의 논리적 통사론〉에서 시도한 통사론적 구성에서 사용한 것보다 본질적으로 더 강하지 않은 개념적 기초에 엄격하게 제한하였다. 카르납은 논리학과 집합론에서 통상 사용되는 개념과 더불어 (언어적 표현들의 형식과 배열에 관계하는 개념과) 제한된 범위의 물리적 개념에만 의지한 반면에, 타르스키는 상위 언어의 개념적 자원 속에 대상 언어 자체의 표현이나 그 번역을 포함시킴으로써 물리적 개념을 일반적으로 받아들였다. 타르스키의 목적은 신뢰할 수 없는 의미론적 개념의 통사론적 모사품을 만드는 것이 아니라 전통적인 의미론적 개념 자체를 직관적으로 만족스럽게 재구성하려는 것이었다.

이 기획 전체는 만족이라는 의미론적 개념의 도입을 중심으로 삼고 진행된다.

> 의미론적 개념을 정의할 때 만족 개념을 먼저 다루는 것이 두 가지 이유 때문에 유익하다고 밝혀졌다고 지적할 수 있다. 첫째 이유는 만족 개념의 정의가 상대적으로 거의 난점을 일으키지 않는다는 것이고, 둘째 이유는 나머지 의미론적 개념들이 만족 개념에 쉽게 환원될 수 있다는 것이다.[88]

이처럼 만족 개념을 사용하는 일은 — 진리성에 대한 부분적 정의에 의해 드러난 바와 같이 — 만족 개념이 개개의 문장 함수나 열린 문장과 그것의 술어가 적용되는 특별한 대상 사이의 관계를 위한 것이기 때문에 진리성 개념의 경우에 특히 중요한 의의가 있다. 그러므로 만족 개념에 의해서 진리성을 설명하는 것은 어떤 진술의 진리성을 그 진술의 구성 성분 용어들의 언급의 함수로 분석하는 것이며, 그래서 분석되지 않은 진리성 개념이 일으키지 않는 존재론의 상대성에 관한 관심을 얼마간 일으키게 된다.

6. 진리성에 대한 타르스키의 정의

타르스키와 그를 따르는 콰인은 진리성 도식을 그것이 적용되는 어떤 언어 속의 낱낱의 문장에서 진리성을 포착하기에 충분한 것으로 간주하였지만, 진리성 도식 그 자체가 일반적 정의도 아닐 뿐더러 곧바로 문법적으

---

[88] 같은 책, 406-407쪽.

로 인정받을 만한 방식에 따라 쉽게 정의로 바뀔 수도 없다는 것을 명확하게 인식하고 있었다.89) 그래서 타르스키는 주로 진리성에 대한 "형식적으로 올바른 정의"에 요구되는 것을 전문적으로 연구하게 되었고, 그 과정에서 만족 개념과 진리성을 정의하기 위해 제안한 특별한 절차를 사용하기에 이르렀다. 타르스키는 1935년에 독일어로 발표되어 지금은 고전적 논문으로 인정받는 "형식화된 언어에서의 진리성 개념"(Der Wahrheitsbegriff in den formalisierten Sprachen)이라는 논문90)에서 이 연구 결과를 자세히 논하고 있다. 이제 타르스키가 제안한 절차를 간략하게 설명하고 나서, 그가 그런 절차를 제안했던 이유를 설명해보고자 한다.

자연 언어가 제 자신에 적용되는 의미론적 술어들을 반드시 포함하고 있거나 포함하도록 만들어질 수 있다는 것과 그로 인해서 앞에서 언급했던 악명높은 의미론적 이율배반을 만들어낼 수밖에 없다는 것은 자연 언어의 "보편적 특징"이다. 게다가 자연 언어는 그것이 본래부터 갖고 있는 문법적 애매성과 "개방성" 때문에 그 안에서 만들어지는 모든 문장을 형식적으로 열거할 수 없도록 되어 있다. 그러니 모든 옳은 문장을 형식적으로 열거할 수 없다는 것은 두말할 것도 없다. 그래서 타르스키는 진리성에 대한 "형식적으로 올바른 정의"는 이른바 "형식화된 언어" - 앞 절에서 규정했던 대상 언어의 필요 조건을 충족시키는 언어 - 에 대해서만 가능하다고 추론하였다.91)

타르스키가 대상 언어로 선택한 언어는 집합론의 일부분을 이루는 언어였는데, 그것은 집합에 대한 "부울의 대수"(Boolean algebra)로 알려져 있는 언어였다. 이 언어는 극히 한정된 어휘와 아주 단순한 문법 구조를 갖고 있다. 이 언어는 네 가지 상항(常項)을 갖추고 있는데, 그 네 가지 상항은 세 가지 표준적 논리 결합사, 즉 부정 기호(否定 記號, ~), 선언 기호(選言

---

89) Tarski (1), 155-163쪽.
90) Tarski (6).
91) Tarski (1), 163-167쪽.

記號, ∨), 보편 양화사(普遍 量化辭, (x))와 한 가지 술어 즉 집합 간의 포함 관계를 나타내고 "…에 포함된다"로 읽는 2항 술어(二項 述語, ⊃)로 이루어져 있다. 이 언어 속의 유일한 다른 원초 표현은 "x1", "x2", …, "xn"으로 표현되는 무한 개의 변항이 있는데, 이 변항들은 개체들의 집합을 값으로 취한다. 이 기본 요소들로부터 이 언어 속의 모든 다른 표현이 만들어질 수 있다.

이 언어에서 가장 단순한 문법적 구성물은 "x2 ⊃ x1"과 같이 임의의 두 변항을 포함 기호로 결합시켜 만들어지는 포함 관계 문장이다. 나머지 모든 다른 문장은 포함 관계에다 부정, 선언, 보편 양화라는 잘 알려진 논리적 연산을 가함으로써 얻어진다. 포함 관계를 나타내는 요소 형식문(要素 形式文, elementary formula)은 자유 변항을 포함하고 있고, 그 때문에 그 자체로서는 옳지도 그르지도 않은 문장 함수나 열린 문장일 뿐이다. 문장 함수나 열린 문장은 일정한 집합들에 의해 만족되거나 만족되지 않을 때 옳거나 그르게 된다. 이 언어에서는 사용될 수 있는 이름이 전혀 없기 때문에, 닫힌 문장은 오직 문장 함수 속의 모든 변항이 보편 양화사에 의해 속박될 때에만 실제로 만들어질 수 있다.[92]

타르스키의 상위 언어는 ― 대상 언어의 빈약한 어휘와 간결한 문법 구조와는 아주 대조적으로 ― 매우 풍부한 준비품을 갖추고 있는데, 거기에는 논리적 장치와 집합론적 장치 그리고 대상 언어를 연구할 때 상위 언어를 더 쉽게 사용할 수 있도록 고안된 다른 특수한 장치가 갖추어져 있다.[93] 이 용어 자원에는 모든 대상 언어 표현의 번역과[94] 대상 언어 표현을 언

---

[92] 대상 언어에 대한 타르스키의 설명은 Tarski (1), 168-169쪽에 있다.
[93] 이 장치들에 대한 타르스키의 자세한 설명은 Tarski (1), 171-172쪽에 있다.
[94] 콰인과 후기 타르스키에 따르면, 상위 언어는 원하기만 하면 대상 언어 표현의 번역이 아니라 대상 언어 표현 자체를 포함하도록 만들어질 수 있다. 이 작업은 반드시 처리해야 할 여러 가지 종류의 표현들을 감소시킬 수 있으며, 상위 언어를 기술할 때 "번역"이라는 개념에 불필요하게 의지함으로써 생기는 어떤 방법론적 불안을 피할 수 있도록 해준다.

급하는 표현95)도 들어 있다. 이와 같이 상위 언어는 필요한 방식으로 대상 언어보다 "본질적으로 더 강한" 언어로 이해될 수 있고, 또 앞 절에서 설명했던 상위 언어의 다른 조건들을 만족시킨다.

타르스키는 상위 언어로 어떻게 집합 연산에 관한 언어의 "표현"이 구성되는가를 진술한 다음에,96) 상위 논리적 개념들을 도입했는데, 여기에는 공리, 귀결, 증명 가능성, 그리고 집합 연산을 "형식화된 연역 체계"로 확립하기에 충분한 다른 개념들은 물론이고 문장 함수와 문장이란 개념도 포함되어 있다.97) 이러한 완벽한 형식적 체계화는 진리성을 정의하기 위해 필요하다고 궁극적으로 밝혀지는 것 이상의 것이지만, 일단 진리성 개념이 도입되고 나면 타르스키로 하여금 몇 가지 중요한 "상위 논리적 결과"를 끌어낼 수 있게 해준다. 그런데 문장과 공리와 논리적 귀결이 이런 식으로 상세히 열거된 체계가 주어지면, 누군가가 "옳은 문장"을 간단히 "증명 가능한 문장"으로 정의할 수 없는가 라고 묻는 것은 당연할 것이다. 이 물음에 대한 답은 부정적인데, 이유는 타르스키가 집합 연산 언어의 경우라 할지라도 "옳다"의 외연이 "증명 가능하다"의 외연과 일치하지 않는다는 것을 증명하였기 때문이다.98) 게다가 괴델의 연구 결과는 자연수의 산술학을 표현할 수 있는 연역 체계는 증명 가능한 문장보다 더 많은 옳은 문장을 항상 포함한다는 것을 증명하였다.99)

타르스키가 검토한 또 하나의 가능성은 형식적으로 열거된 개개의 대상 언어 문장에 진리성 도식을 적용함으로써 얻어지는 진리성에 대한 모든

---

95) 그런데 타르스키의 상위 언어는 소위 구조-기술적 지칭에 전적으로 의존하고 있다. 같은 책 172쪽을 보라. 나는 설명을 단순화시키기 위해 인용 부호를 사용하겠다.
96) 이 표현들은 타르스키의 상위 이론의 공리 속에서 설명된다. 같은 책, 173-174쪽에서 목록을 제시하면서 이에 대해 논하고 있다.
97) 문제의 정의는 같은 책, 175-185쪽에 있다.
98) 같은 책, 186쪽. 또한 199쪽에 있는 타르스키의 가정 E와 그에 대한 각주를 보라.
99) 타르스키는 같은 책, 186쪽 각주 1에서 "옳다"는 말을 "증명 가능하다"는 말로 정의하는 일이 철학적으로 인정받을 수 없는 다른 이유도 설명하고 있다.

"부분적 정의"의 목록을 작성할 수 있는 가능성이었다. 그러나 부분적 정의의 완벽한 목록이 실질적 적절성 기준 즉 약정 T를 확실히 만족시키기는 하지만, 집합 연산의 언어는 (아주 사소한 언어를 제외하면 모든 언어가 그렇듯이) 무한 개의 문장을 갖고 있기 때문에 부분적 정의의 완벽한 목록은 전혀 불가능하다는 결론에 도달하였다.[100]

따라서 타르스키는 먼저 대상 언어의 모든 단순 문장이나 요소 문장의 진리성을 (그에 대응하는 형식 T의 "부분적 정의"에 의해서) 정의한 다음, 모든 중합 문장의 진리성을 단순 문장들의 진리성의 함수로 설명함으로써, 대상 언어의 무수히 많은 문장 하나 하나의 진리성을 밝힐 수 있는 재귀적 정의(再歸的 定義, recursive definition)나 귀납적 정의를 시도하는 다른 전략을 모색하였다. 그러나 집합 연산 언어에서 모든 중합 형식문을 만들어내는 요소 형식문들은 결코 문장이라 할 수 없는 표현이며, 오히려 자유 변항을 포함하고 있는 문장 함수이다. 문장 함수 자체는 옳지도 그르지도 않은 것이며, 단지 일정한 집합에 의해 만족되거나 만족되지 못하는 표현일 따름이다. 닫힌 문장은 그러한 자유 변항을 양화 기호로 속박함으로써 실제로 만들어지며, 그래서 중합 문장 함수는 특별한 집합을 이루게 된다.

집합 연산 언어의 경우와 마찬가지로 어떤 언어의 진리성에 대한 직접적인 재귀적 정의는 그 언어의 표현이 자유 변항을 대신할 이름들을 포함해야 한다는 것과 단순 문장 함수에서 닫힌 단순 문장이 만들어져야 한다는 것뿐만 아니라, 문장을 형성하는 연산으로서의 양화가 전혀 없어도 괜찮도록 이름들이 충분히 있어야 한다는 것을 필요로 한다. 다시 말하면 문제의 언어의 양화에 대하여 대입적 해석(代入的 解釋, substitutional interpretation)이 반드시 가능해야 한다.[101] 그러나 이러한 필요 조건은 고려

---

100) 같은 책, 185-188쪽.
101) 이러한 언어의 진리성에 대한 설명은 Quine (18), 318-321쪽을 보라. 이 문제는 Tharp와 Wallace (1), (2), (3)의 일반적 주제이기도 하다.

될 수 있는 언어의 강도를 상당히 제한할 것이며, 재귀적 방식으로만 열거될 수 있는 무수히 많은 이름을 가진 언어에 곤란한 문제들을 가중시키게 될 것이다. 이런 이유 때문에 타르스키가 최종적으로 택한 접근 방법은 먼저 집합 연산 언어의 모든 문장 함수에 대한 **만족** 개념을 재귀적 정의로 규정한 다음에 문장 함수의 만족을 이용하여 문장의 **진리성** 개념을 설명하는 방법이었다.

우리는 바로 앞 절에서 하나의 자유 변항을 가진 문장 함수의 만족에 관한 타르스키의 도식을 살펴보았다. 하지만 임의의 수효의 자유 변항을 가진 문장 함수에 적용되는 만족 개념을 설명하기 위해서는 집합 연산 언어의 문장 함수를 일정한 집합이 아니라 일정한 집합들의 무한 계열이 만족시킨다고 말할 수 있게 해주는 **무한 계열**(無限 系列, infinite sequence)이라는 수학적 개념을 상위 언어에 도입할 필요가 있다는 것을 타르스키는 깨달았다. 그래서 각 무한 계열의 개개의 항이나 원소가 되는 집합들은 문장 함수 속의 변항이 제각기 모든 계열의 별개의 원소(집합)와 관련을 맺는 방식으로 배열되거나 열거된다. 계열의 길이가 무한하다는 것은 모든 문장 함수 속의 변항과 관련을 맺는 충분한 수효의 집합이 항상 있다는 것이 보장된다는 뜻이며, 한편 그 계열 속에 있으면서 주어진 문장 함수 속의 어떤 변항과도 대응하지 않는 나머지 모든 집합은 그저 무시하면 그만이다.102) 그래서 타르스키는 문장 함수에 대한 만족 개념을 다음과 같은 일반적 도식으로 정리하였다.

   모든 무한 집합 계열 f에 대하여, 오직 p일 경우에만, f는 문장 함
  수 x를 만족시킨다.

---

102) 무한 계열 개념을 가정하는 다른 방법은 문장 함수 속의 모든 변항에 원소가 할당될 때까지 계열의 마지막 항을 계속 반복해서 늘려나가는 약정을 채택하는 방법이다. Quine (12), 38쪽을 보라.

이 도식 속의 "x"는 임의의 문장 함수의 이름에 의해 대치되고, "p"는 ("f_i", "f_j", …에 의해 대치된 자유 변항 "v_i", "v_j" …를 가진) 명제 함수에 의해 대치된다. 이 도식을 적용하면 한 예로 "$x_2 \supset x_1$"와 같은 집합 연산 언어 속의 요소 문장 함수에 대한 만족 조건을 다음과 같이 간략하게 말할 수 있다.

모든 무한 집합 계열 f에 대하여, 오직 f_2가 f_1에 포함될 경우에만, f는 문장 함수 "$x_2 \supset x_1$"을 만족시킨다.

그리고 나서, 만족에 대한 타르스키의 재귀적 정의는 집합 연산 언어 속의 임의의 요소 문장 함수—즉 임의의 단순 포함 관계—가 주어진 집합 계열에 의해 만족된다는 말이 무슨 뜻인가에 대한 설명으로 시작한다. 그런데 위에서 예시한 바와 같은 개개의 포함 관계에 대한 만족 조건을 말하는 것은 쉽지만, 대상 언어 속의 무수히 많은 변항 가운데 임의의 두 변항을 포함 기호 "$\supset$"로 연결시켜 만들어지는 임의의 포함 관계에 대한 만족 조건을 일반적으로 말하는 것은 굉장히 높은 수준의 추상성과 일반성을 지닌 진술일 수밖에 없게 된다. 다음의 진술을 살펴보자.

(1) 모든 i와 j 그리고 집합 계열 f에 대하여, 오직 f_i가 f_j에 포함될 경우에만, f는 포함 기호 "$\supset$"가 v_i와 v_j를 연결시켜 만들어내는 문장 함수를 만족시킨다.

(1)은 모든 단순 포함 관계에 대한 만족 조건을 명백하게 진술하고 있으며, 만족에 대한 타르스키의 재귀적 정의의 **직접 조항**(直接 條項, direct clause)이다. 만족에 대한 타르스키의 재귀적 정의의 **귀납 조항**(歸納 條項, inductive clause)은 모든 요소 문장 함수에 대해 이처럼 직접적으로 정의된 만족을 이용하여 이루어지는데, 이 귀납 조항은 중합 문장 함수의 세 가지

유형 즉 부정, 선언, 보편 양화에 대한 만족을 설명한다. 귀납 조항은 다음과 같이 설명될 수 있다.

어떤 문장 함수의 부정은 그 문장 함수를 만족시키지 않는 어떤 계열에 의해 만족되는 것으로 설명되고, 어떤 두 문장 함수의 선언은 그 두 문장 함수 가운데 적어도 하나를 만족시키는 어떤 계열에 의해 만족되는 것으로 쉽게 설명된다. 따라서 타르스키의 정의의 (2)와 (3) 조항은 다음과 같이 정리될 수 있다.

(2) 모든 집합 계열 f와 문장 함수 x에 대하여, 오직 f가 x를 만족시키지 못할 경우에만, f는 x의 부정을 만족시킨다.

(3) 모든 집합 계열 f와 문장 함수 x와 y에 대하여, 오직 f가 x를 만족시키거나 f가 y를 만족시킬 경우에만, f는 x의 선언을 만족시킨다.

그러나 보편 양화에 대해 설명하는 일은 상당히 까다롭고 미묘하다. 이제야 하는 말이지만, 사실은 바로 이 보편 양화의 진리 조건을 정의하기 위해서 먼저 만족 개념에 의지할 필요가 있었다.

어떤 변항에 관하여 보편적으로 양화된 문장 함수를 만족시키는 계열에 대해 생각해보면, 그 계열은 양화된 변항과 대응하는 원소가 무엇으로 밝혀지는가에 전혀 관계없이 그 문장 함수를 만족시켜야 한다. 그렇다면 이제 우리가 x가 문장 함수이고, 어떤 계열이 문장 함수 x를 만족시키는가를 이미 알고 있다고 가정하자. 그러면 우리는 어떤 계열 f가 오직 그 속의 i번째 원소를 선택할 때마다 x를 만족시킬 경우에만 ─ 달리 말하면 오직 (i번째 자리만 제외하고는) f와 동일한 모든 다른 계열 역시 x를 만족시킬 경우에만 ─ 계열 f는 그 속의 i번째 변항에 관하여 x의 보편 양화를 만족시킨다고 말할 수 있다. 이 말은 다음과 같이 형식적으로 진술될 수 있다.

(4) 모든 i와 j 그리고 집합 계열 f와 문장 함수 x에 대하여, 오직 j≠i
인 경우에 언제나 $g_j=f_j$인 모든 집합 계열 g가 x를 만족시킬 경우
에만, f는 v_i에 관하여 x의 보편 양화를 만족시킨다.

(1)-(4)의 조항은 집합 연산 언어에서의 만족 개념에 대한 타르스키의 재귀적 정의를 완전히 표현하고 있다. 이제 남은 것은 만족 개념에 의해 진리성을 도입하는 일이다.

어떤 집합 계열이 주어진 문장 함수를 만족시키는가 않는가가 일반적으로 그 계열을 이루면서 주어진 문장 함수 속의 자유 변항에 대응하고 있는 특정 집합의 본성에 달려 있다는 것은 누구나 쉽게 깨달을 수 있을 것이다. 하지만 이런 변항이 보편 양화사에 의해 속박되면, 문장 함수는 그 계열을 이루면서 변항에 대응하고 있는 집합이 무엇인가와 상관없이 만족될 경우에만 만족될 것이다. 그렇다면 문장과 관련된 극단적 경우에는, 모든 변항이 보편 양화사에 의해 속박되면, 어떤 계열이든 그것의 원소가 무엇인가에 관계없이 문장 함수를 만족시키거나, 아니면 어떤 계열도 만족시키지 못해야 할 것이다. 그러므로 그러한 문장은 모든 계열에 의해 만족되거나 아니면 어떤 계열에 의해서도 만족되지 못할 것이다. 이 사실로부터 진리성에 대한 명백한 정의가 자연스럽게 이루어지는데, 그 정의는 진리성이란 "모든 계열에 의한 만족"이라는 것이다.

(5) 개개의 문장 함수 x 모두에 대하여, 오직 x가 문장이고 또한 개개의 집합 계열 f 모두가 x를 만족시킬 경우에만, x는 옳은 문장이다.[103]

---

[103] 여기서 내가 개략적으로 소개한 정의를 원래 타르스키가 설명한 최초의 모습대로 확인하고 싶으면 타르스키 (1), 189-197쪽을 보라. 내 설명은 약간의 표기법상의 차이를 제외하면 본질적으로 타르스키의 설명과 동일하다. 콰인은 타르스키의 경우처럼 수학적 언어가 아니라 경험적 담화의 형식화된 부분을 대표하는 언어에 적용된 타르스키의 절차에 대해 명쾌하게 설명하였다. 콰인의 대상언어는

이렇게 해서 타르스키는 ① 모든 문장 함수에 대한 만족 개념을 직접적으로 정의하는 일과 ② 모든 중합 문장 함수에 대한 만족 개념의 특성을 요소 문장 함수에 대한 만족 개념에 의해서 귀납적으로 규정하는 일과 ③ "자유 변항을 전혀 갖지 않은 모든 중합 문장 함수" 즉 문장의 진리성을 만족 개념에 의해 명백하게 정의하는 일에 성공하였다. 이 정의는 약정 T에 의해 부과되는 실질적 적절성 기준을 만족시키며,104) 집합 연산 언어처럼 완벽하게 형식화된 체계의 경우에는, 그 체계로부터 모순율과 배중률,105) 괴델의 정합성 증명과 불완전성 증명 같은 "상위 논리적 설명",106) 그밖에 수많은 전문적인 수학적 결과를 끌어낼 수 있다.107)

타르스키가 진리성 개념을 만족 개념에 의해 형식적으로 구성한 이론과 진리성에 대한 러셀의 대응설을 예로 들 수 있는 훨씬 더 전통적이고 덜 전문적인 이론이 아주 비슷하다는 것을 확인할 수 있는 것은 흥미로운 일이다. 이 두 이론의 핵심적인 생각은 논리적으로 간결한 언어를 택하여,

---

부정 이외에 기본적인 논리-문법적 구문으로서 선언과 보편 양화 대신에 연언과 특수 양화를 포함하였으며, 또 타르스키의 대상 언어는 집합들의 포함 관계라는 단 하나의 술어만 갖고 있는 반면에, 콰인의 대상 언어는 1항 술어, 2항 술어, …, n항 술어 식으로 임의의 수효의 항을 가진 술어를 상정하였다. 따라서 나의 첫 번째 조항 (1)에 대응하는 콰인의 조항에는 서술에 대한 일반적 만족 조건을 제시하기 위해서 그러한 술어 각각에 대한 설명이 필요하였다. 콰인은 또한 타르스키의 문장 함수 개념의 역할과 똑같은 역할을 하는 문장 개념을 사용하였는데, 자유 변항을 포함하는 열린 문장과 자유 변항을 전혀 포함하지 않은 닫힌 문장을 구별하였다. 이 밖에 지적할 가치가 있는 차이점은 콰인이 "옳다"는 말의 적용 범위를 닫힌 문장에 한정하지 않았다는 점인데, 그래서 "x=x"와 같이 모든 계열에 의해 만족되는 열린 문장도 옳은 문장으로 간주되었다. Quine (12), 35-42쪽을 보라.
104) 타르스키는 대상 언어 속의 임의의 문장에 대하여 그와 대응하는 T 형식 동치 문장이 상위 이론에서 증명될 수 있는 절차를 증명하였다. Tarski (1), 195-196쪽을 보라.
105) 같은 책, 197쪽.
106) 같은 책, 198-199쪽.
107) 같은 책, 199-209쪽.

그 언어의 모든 기본적인 문법적 요소와 어구 구성 방법을 확인한 다음, 이 문법적 요소와 언어 바깥의 사물 사이의 관계를 모든 다른 문법적 어구의 의미론적 속성이나 의미론적 관계 특히 문장의 진리성이 구성될 수 있는 기초의 역할을 할 수 있도록 설정한다는 것이다.

러셀은 자신의 <수학 원리>의 "이상 언어"를 가지고 연구를 진행했는데, 이 언어의 기본 요소는 이름(고유 이름)과 술어였고, 이것들은 결합하여 명제(원자 명제)를 형성하였다. 집합 연산 언어와 같이 표준 양화 논리를 사용하는 언어에 적용된 타르스키의 절차에 따르면, 이 기본 요소가 변항(자유 변항)과 술어인데, 이것들은 결합하여 문장 함수(요소 문장 함수)―집합 연산 언어의 경우에는 포함 관계―를 형성한다. 러셀이 고유 이름과 술어가 적용되는 개개의 개체 사이에 설정했던 의미론적 관계는 타르스키의 분석에서 변항과 포함 관계 같은 술어가 적용되는 사물(집합)의 계열 속의 개개의 원소 사이에 설정되었던 관계에 해당된다. 러셀의 도식에 따르면, 기초 명제의 진리성이 고유 이름에 의해 지칭된 사물에 실제로 적용되는 술어의 함수이다. 타르스키의 도식에 따르면, 문장 함수의 만족은 그 문장 함수 속의 자유 변항과 관계를 맺고 있는 (집합 같은) 개개의 사물에 실제로 적용되는 (포함 술어 같은) 술어에 의해 이루어진다. 그러니까 순수한 진리성은 말하자면 자유 변항이 양화에 의해 속박됨으로써 생기는데, 이 자유 변항의 속박은 자유 변항 속에 잠재되어 있던 언급 기능을 활성화시키고 있다.

양쪽 도식에 따르면, 모든 복합 어구의 의미론은 적어도 이상적으로는 가장 기본적인 어구들의 의미론의 함수이다. 타르스키는 옳거나 그른 명제 대신에 만족되거나 만족되지 않는 명제 함수를 기초 형식문이라고 재해석하려고 (상당히 인위적으로) 고집스럽게 노력하였지만, 그 일을 통해서 러셀과 비트겐슈타인과 초기 실증주의자들을 아주 난감하게 만들었던 어려운 문제를 해결하였다. 타르스키는 보편 양화를 비롯한 표준 양화 형식을 지닌 모든 문장의 진리성을 요소 형식을 지닌 문장의 의미론으로 어떻게든 환원시켜 놓았다. 이 관점에서 타르스키는 "용어 대 사물의 관계" -그 하나 하나가 모두 세계와 언어를 연결시키는 이음매 역할을 하는 관계-의 원초 모형에서 진리성 자체를 구성하려는 러셀의 이상을 실현하였다. 타르스키는 이 일을 일찍이 카르납이 필요하다고 생각했던 것보다 더 간단하고 적은 어휘를 사용하여 달성하였다. 카르납과 포퍼 같은 철학자들이 "<수학 원리> 이래 논리학 분야에서 이루어진 두 가지 위대한 발견 가운데 하나"라고 칭찬할 때 마음에 두고 있는 대상은 바로 이 업적이다.

 실증주의자들의 전면적 환원주의 프로그램이 애초부터 실현되기 어려운 운명을 타고났음에도 불구하고, 진리성과 그 밖의 의미론적 용어에 대한 타르스키의 설명은 가장 넓은 뜻에서-다시 말해 분석이 (학문적 작업이든 아니든) 관련된 의미나 개념의 본성을 연구함으로써 진리 조건을 일반적으로 탐구하려고 한다는 뜻에서-분석철학의 토대를 마련하였다. 이 대목에서 포퍼가 <수학 원리>에 대해 언급한 다음과 같은 이야기를 소개하는 것은 아주 적절하다고 여겨진다. <수학 원리>가 수학을 논리학과 집합론에 환원시킨 것과 꼭 마찬가지로, 진리성에 대한 타르스키의 의미론적 정의가 철학 자체를 의미론에 환원시켰다고 보는 것은 정당하다. (진리성에 대한 타르스키의 의미론적 정의가 철학에서 하는 역할은 수 개념이 수학에서 하는 역할과 같다.) 이 사실은 전통적 형이상학을 언어 분석으로 대치시켜야 한다는 실증주의자들의 최초의 주장을 반영하고 있다.

제 6 장 진리성과 의미론과 철학

1. 타르스키 절차의 적용 가능성

　타르스키의 의미론적 방법이 카르납이나 포퍼 같은 철학자들에게 철학적 문제에 명백하게 의미론적인 접근 방법을 사용하는 일에 대해 커다란 자신감과 안전감을 심어주었다 할지라도, 진리성에 대한 타르스키의 형식적 분석에 정당하게 부여될 수 있는 철학적 의의의 대부분은 타르스키의 형식적 분석이 다른 언어—모든 언어는 아닐지라도 최소한 우리가 관심을 갖고 있는 언어—의 진리성을 설명하기 위해 얼마나 일반적으로 적용될 수 있느냐에 달려 있다. 타르스키는 자신의 방법을 사용할 때 두 가지 중요한 제한 조건이 있다는 것을 인식하고 있었다. 첫째 제한 조건은 자신의 방법이 자연 언어나 "일상 언어"가 아니라 이미 앞에서 살펴보았던 "형식화된 언어"에만 적용될 수 있다는 것이었고, 둘째 제한 조건은 자신의 방법이 상위 언어의 강도에 비해서 상당히 약한 강도를 지닌 언어에만 적용될 수 있다는 것이었다. 지금 되돌아보면, 타르스키의 업적이 처음으로 널리 알려진 이래 그것이 지닌 철학적 의의에 관한 대부분의 토론은 이 두 가지 제한 조건이 타르스키의 방법이 적용될 수 없는 특정 언어의 결함보다는 그 방법 자체의 결함을 더 많이 반영하고 있는 것 아니냐 라는 문제를 중심으로 진행되었다.

타르스키는 집합 연산 언어에 대한 그의 연구 성과에 의해 명쾌하게 밝혀진 고전적 양화 논리 구조를 갖춘 언어가 원리상 모든 형식화된 연역적 지식뿐만 아니라 모든 경험과학의 지식까지도 표현할 수 있다고 생각하였다.[1] 타르스키는 자신의 방법이 적용되는 대상이 바로 이러한 언어라는 사실을 자신의 저작의 철학적 의의에 대한 자신의 주장이 성립할 수 있다는 논거의 중심으로 삼았다. 타르스키의 이런 주장에도 불구하고, 일상 언어 철학자들은 진리성에 대한 타르스키의 형식적 설명이 일상적 담화를 잘 처리할 수 없기 때문에 전혀 가치가 없다고 강하게 비난하였다. 일상 언어는 거의 모든 의사 소통과 다른 언어에 대한 이해가 의존할 수밖에 없는 언어로 간주되고 있기 때문에, 일상 언어의 진리성을 설명하지 못한다는 것은 철학적으로 가장 흥미롭고 중요한 언어의 진리성을 설명하지 못하는 것으로 여겨졌다. 타르스키는 자신의 방법이 일상 언어에 적용될 수 없도록 만드는 난점들의 근원을 다시 한번 주목할 필요가 있다고 응수하였다. 그는 이 난점들이 자신의 절차가 지닌 특별한 결점을 반영하는 것이 아니라 자연 언어의 모호성과 애매성과 보편적 성격을 반영하고 있다고 다음과 같이 상기시켰다.

> 이러한 난점들에도 불구하고, 일상 언어의 의미론을 정확한 방법의 도움을 받아 추구하고 싶은 사람은 누구나 이 언어의 개조라는 빛이 나지 않는 일을 먼저 떠맡지 않을 수 없을 것이다. 그는 그 언어의 구조를 명확하게 밝히는 일과 그 언어에 나타나는 용어들의 애매성을 극복하는 일이 필요하다는 것을 깨달을 것이다. 또한 마지막으로 그는 그 언어를 점점 더 넓은 외연을 갖는 언어들의 계층으로 나눌 필요가 있다는 것을 알게 될 텐데, 각 계층의 언어가 다음 계층

---

[1] Tarski (1), 209쪽, 그리고 (5), 68쪽.

의 언어에 대해 유지하고 있는 관계는 형식화된 언어가 그것의 상위 언어에 대해 유지하고 있는 관계와 똑같은 방식으로 성립하는 관계이다.2)

타르스키가 제안하고 나중에 콰인과 데이빗슨(D. Davidson)이 강력하게 지지한 다른 종류의 응수는 형식화된 언어 자체를 그걸 포함하는 자연 언어의 일부분이나 자연 언어의 외연의 부분 외연으로 간주한다는 것이었다.3) 이 견해는 형식화된 언어가 더 포괄적인 자연 언어의 근저에 있는 "심층 구조"에 대한 실제 분석은 아닐지라도 자연 언어의 일정한 부분에 대한 대안의 표기법 체계를 나타낸다고 본다. 데이빗슨은 이런 생각을 가지고 지금까지 양화 논리 체계에 의해 체계적으로 설명되지 못하고 남겨져 있던 자연 언어 담화의 광범위한 문맥을 개조하는 "빛이 나지 않는 일"을 열광적으로 받아들이는 철학적 프로그램을 지지하고 나섰다.4) 그런데 이 관점에서는 형식화된 언어가 그저 자연 언어의 일부분에 그치는 게 아니라 자연 언어 가운데 가장 잘 이해될 수 있는 양질의 부분에 해당된다. 그러니까 타르스키의 방법이 아직도 자연 언어의 나머지 부분에 적용될 수 없다는 사실은 자연 언어의 개조 작업이 아직 완결되지 않았다는 것을 나타낼 뿐이다.

또 하나 중요한 고려 사항은 타르스키의 절차가 적용될 수 있는 언어의 의미론을 구성하기 위해 사용된 상위 언어의 강도와 비교해볼 때 타르스키의 절차가 적용될 수 있는 언어가 지니는 상대적 강도이다. 타르스키는 우선적으로 러셀-화이트헤드 식의 언어를 고려했었는데, 이 언어는 대상

---

2) Tarski (1), 267쪽.
3) 같은 책, 165쪽, 각주 2, (22), 157-161쪽, Davidson (2), 82쪽을 보라.
4) 이 일상 언어 담화의 문맥은 세 가지 유형으로 나뉘어지는데, 첫째는 지시사와 관련되어 있는 문맥이고, 둘째는 명제 태도의 귀속과 관련되어 있는 문맥이며, 셋째는 양상 연산자의 사용과 관련되어 있는 문맥이다.

들의 여러 집합에 걸치는 변항들을 구별하기 위해서 논리적 유형의 통사론적 계층을 사용하는 언어다. 그는 어떻게 자신의 절차가 다양한 "유한 계층(有限 階層, finite order) 언어"에 적합하도록 수정될 수 있는가를 증명하였지만,5) 적어도 초기에는 동일한 일반 절차가 일반 집합론의 언어와 같은 "무한 계층(無限 階層, infinite order) 언어"를 취급하기 위해 확장될 수 없다고 단정했었다.6)

타르스키의 추론은 다음과 같이 간명하게 요약할 수 있다. 우리가 집합에 관한 일반 이론의 언어가 그럴 수 있는 것처럼 기초 수론(基礎 數論, elementary number theory)을 표현할 수 있는 대상 언어를 다루고 있고, 우리의 상위 언어는 대상 언어의 표현들에다 그것들의 통사 형태를 다루는 수단—콰인이 대상 언어의 원초 통사론이라 부르는 것7)—이 더해져서 이루어졌다고 가정하자. 그리고 집합론에는 타르스키가 만족에 대해 사용했던 귀납적 정의(재귀적 정의)를 직접적 정의(제거적 정의)로 바꾸는 유명한 방법이 있는데, 이 방법은 프레게에 의해 정립되었다.8) 그런데 이 가정과 방법이 연결되면 문제가 생긴다. 괴델이 증명했던 바와 같이, 산술학을 표현할 수 있는 언어는 어느 것이든 제 자신의 표현들이나 원초 통사론도 표현할 수 있도록 만들어질 수 있다.9) 현재의 상황에서 이 말은 대상 언어에 대해 귀납적으로 정의된 의미론이 실제로 타르스키의 방법에 의해 상위 언어 속의 다른 용어들에 환원된다면, (대상 언어의 표현에 적용될 수 있는 의미론적 술어를 포함하는) 상위 언어 전체가 대상 언어로 표현될 수 있다는 것을 의미하며, 따라서 결국 대상 언어 속에 역설이 일어난다는 것을 의미한다. 그러므로 이런 경우에는 그 언어 안에 모순이 포함될

---

5) Tarski (1), 209-241쪽.
6) 같은 책, 241-155쪽.
7) Quine (5), 제7장을 보라.
8) Quine (8), 144쪽, 그리고 (12), 42-43쪽을 보라.
9) Quine (5), 313쪽 이하.

때에만 그 언어의 진리성이 정의될 수 있을 것이다.

그래서 타르스키는 대상 언어가 항상 유한 계층의 언어이어야 한다는 조건을 우선적으로 부과함으로써, 대상 언어에 포함되는 어떤 술어보다도 더 높은 계층에 있는 변항의 값에 적용되는 술어로서 "만족시킨다"와 "옳다"는 용어를 도입할 수 있도록 하고, 그에 의해 이런 의미론적 용어가 대상 언어에 들어오는 것을 원천적으로 배제할 수 있을 만큼, 항상 상위 언어가 대상 언어보다 상대적으로 강한 언어로 만들어질 수 있는 가능성을 확보하려고 했었다. 타르스키는 "형식화된 언어에서의 진리성 개념"이란 논문을 폴란드어로 번역 출판한 후에 이른바 초한 계층(超限 階層, transfinite order)의 변항을 갖춘 상위 언어를 사용함으로써 자신의 방법을 무한 계층의 언어에까지 확장하는 비슷한 방법을 고안하였다.10) 어느 경우든 타르스키는 이런 식으로 상위 언어가 대상 언어보다 "본질적으로 더 풍부한" 통사론적 수단—즉 더 높은 계층의 변항—을 갖는다는 것을 자신의 방법을 적용하기 위한 필요 조건으로 만들었으며, 그래서 대상 언어 표현들의 의미론적 속성을 정의하기 위해 상위 언어에 도입된 집합 자체는 대상 언어 속에서 정의될 수 없도록 되어 있다.

하지만 이 표준은 체르멜로-프렌켈의 집합론과 노이만의 집합론처럼 논리적 유형 이론을 사용하지 않고 또 온갖 종류의 다른 대상들을 자유롭게 값으로 취하는 단일 양식의 변항을 사용하는 언어에는 적용될 수 없다. 그뿐 아니라 진리성에 대한 정의는 진리성이 정의되는 언어보다 항상 본질적으로 더 강한 상위 언어를 사용해야 한다는 필요 조건은 우리가 의미론적 구성을 위해 최종적으로 의존하지 않을 수 없는 어떤 상위 언어에서는 진리성과 그 밖의 모든 의미론적 개념이 정의되지 않은 채로 항상 남아 있다고 생각하도록 만든다.

다행히도 적어도 몇몇 경우에는 이 난점에 대한 만족스러운 해결책이

---

10) Tarski (1), 268-278쪽.

있다. 누군가가 주어진 언어에 대한 만족 개념을 귀납적으로 정의할 수 있다는 사실은 이 귀납적 정의가 프레게의 방법에 의해 직접적 정의로 바뀔 수 있다는 것을 그 자체만으로는 보장하지 못한다. 콰인은 그의 수학적 논리 체계의 표기법과 이 표현들을 기술하는 기초 수단 즉 그 체계의 "원초 통사론"을 이루는 상위 언어 속에서 수학적 논리의 언어에 대한 만족 개념의 귀납적 정의를 어떻게 구성할 수 있는가를 증명하였는데, 이 귀납적 정의는 사실상 직접적 정의로 바뀔 수 없는 정의이다.11) 귀납적 정의 속의 여러 가지 어구에 사용된 다른 모든 표기법이 대상 언어의 논리학과 원초 통사론으로 깔끔하게 바뀐다 할지라도, 대상 언어의 각 형식문에 대해 재귀적으로 정의된 "만족시킨다"라는 술어는 상위 언어 속에 번역될 수 없는 상태로 남아 있다. 이 경우에는 수학적 논리 체계 자체에 모순이 생길 때에만 만족에 대한 직접적 정의를 구성할 수 있을 것이다.

  그렇다면 우리가 만족 개념에 대한 직접적 정의에 의지하려고 하지만 않는다면, 우리는 대상 언어의 강도를 상위 언어의 강도와 비교해서 제한을 가하지 않고서도 — 수학적 논리학의 언어와 같이 한껏 집합론적 힘을 갖추고 있는 언어에까지도 — 타르스키의 절차를 여전히 적용할 수 있을 것이다. 수학적 논리학의 언어와 타르스키의 절차는 둘 다 동일한 논리학을 사용하면서 동일한 존재론에 의지하고 있다. 그것들 사이의 단 하나 명백한 차이점은 귀납적으로 정의되면서 환원되지 않는 "만족시킨다"는 술어가 상위 언어에 등장한다는 것인데, 이 "만족시킨다"는 술어는 어떤 식으로도 대상 언어 표현에 의해 해석될 수 없으면서도 대상 언어 표현에 적용되고 있다. 그럼에도 불구하고 만일 우리가 상위 언어의 논리적 표현과 (원초) 통사론적 표현을 지지하여 의미론적 용어를 제거하기 위해 직접적 정의를 이용하려 한다면, 상위 언어의 집합론은 한편으로 정의된 의미론적 용어가 대상 언어 속에 들어오는 것은 막으면서 다른 한편으로 직접적

---

11) Quine (8), 141-145쪽.

정의는 가능하도록 항상 상위 언어 속의 집합론이 항상 대상 언어의 집합론에 비해서 더 강하게 만들어질 수 있다. 이 경우에 의미론적 어휘는 진리성을 정의하는 언어 속에 포함되기보다는 집합의 원소 자격을 표현하는 더 강력한 술어를 지지하는 용어로 변하게 된다.12)

따라서 타르스키의 절차는 표준 양화 구조로 체계화된 모든 언어에 대해서 진리성을 정의하는 일반적 방법을 제공한다고 결론지을 수 있다. 게다가 이런 언어는 실제로 모든 지적 탐구에 충분하든 않든 적어도 모든 이론적 언어 사용이 도달하려고 애쓰는 논리적 엄격성과 정확성과 명료성이라는 표준이나 이상을 대표한다고 할 수 있다.

2. 존재론의 상대성과 타르스키의 정의

타르스키는 초기 분석철학자들의 의미론적 직관을 형식적으로 설명하는 데 성공했을 뿐만 아니라, 그 일을 러셀의 형이상학과 같은 절대적 형이상학으로부터 내가 2장에서 "언어적 칸트주의"라고 불렀던 언어 상대적 견해나 이론 상대적 견해로 물러서는 것을 실질적으로 부추기고 그에 대해 신뢰성을 부여하는 방식으로 달성하였다.13) 타르스키의 분석은 특정한 언어에 의해 실재가 묘사될 수 있는 방식 이외에, 실재에 대한 어떠한 특권적 접근 방법도 전제하지 않았다. 타르스키의 절차는 "절대적 사실"이나 "이상 언어" 어느 것에도 의지하지 않고 언어와 사실 사이의 구조적 관계에 입각하여 진리성에 대한 고전적 대응 개념을 기술적으로 정확하고 명백하게 분석하였다. 타르스키의 절차는 이 일을 대상 언어 속의 용어들과 대상 언어가 이야기하는 영역 속의 대응 요소들―대상 언어 자체의 용

---

12) Quine (12), 45-46쪽.
13) 위의 책 1장 1절을 보라.

어나 이 용어에 상당하는 상위 언어 용어로 기술된 요소들—사이에 성립하는 것으로 꾸며진 관계를 기초로 삼고, 주어진 대상 언어의 진리성과 대상 언어의 기본적 의미론을 구성하기 위해 상위 언어를 사용함으로써 달성한다. 따라서 타르스키의 의미론은 언어와 그것의 주제 즉 실재를 단단하게 연결하는 방식을 제공하는 것으로 보이는데, 그것도 그 과정에서 어떤 특정한 언어에 사로잡힐 필요 없이 객관적 진리성과 의미를 실재에 단단히 연결하기에 충분한 방식을 제공하는 것 같다.

콰인은 이론적 고찰이나 언어적 고찰을 완수하는 일과 무관하게 진리성이나 실재에 관한 절대적 개념에 호소하는 모든 시도를 강력하게 거부하는 맥락에서, 타르스키의 절차에 의해 정의된 진리성이 주어진 언어의 문장에 유의미하게 귀속한다는 말의 의미를 설명하였다.

> 이런저런 문장이 옳다는 말을 이치에 닿게 할 수 있거나 실제로 하는 때는 오히려 우리가 적어도 잠정적으로 승인하여 채택한 이론 속에 돌아 왔을 때이다. "옳다"는 말의 적용이 의미 있게 되는 때는 가정된 실재(posited reality)까지 완벽하게 갖춘 어떤 이론의 용어로 표현되고 또 그 이론 안에서 확인되는 문장에 "옳다"는 말을 적용할 때이다.14)

진리성에 대한 타르스키의 분석이 왜 모든 담화의 의의는 주어진 "언어 체계"에 상대적으로 성립한다고 주장했던 카르납에게 그처럼 강한 호소력을 발휘했는가를 이해하기는 어렵지 않다.15) 타르스키의 방법은 모든 잘 정의된 언어 체계에 대해서 그 가운데 어느 한 언어 체계가 다른 언어 체계보다 더 충실하게 실재를 나타내거나 더 충실하게 실재와 대응한다고 가정하지 않고서도 대응성으로서의 진리성에 대한 설명을 구성하는 방식

---

14) Quine (22), 24쪽.
15) 위의 책 1장 4절을 보라.

을 제공한다. 타르스키의 의미론은 개개의 언어 체계를—철학자가 편의성, 유용성, 효율성 등의 실제적 고려만을 토대로 하여 언어 체계를 구성하고 선택하는 개인적 재량을 발휘할 수 있는 여지를 충분히 남겨 주면서도—객관적 진리성과 의의를 확보하고 있는 자족적 개념 체계로서 잘 설명할 수 있는 방법을 제공하는 것으로 보인다.

진리성이 개별 언어와의 관계에 의해 상대적으로 이해되어야 한다는 타르스키의 주장은 그 자체만으로는 실재에 대한 모든 유의미한 지각과 개념이 필연적으로 언어에 의해 결정된다는 칸트 식의 신조나 워프 식의 신조를 논리적으로 함의하지 않는다. 타르스키의 의미론적 방법이 칸트나 워프 식의 체계에 적용될 수 있는 것은 사실이지만, 그의 절차가 임의로 선택된 언어 체계에 적용될 수 있는 것과 마찬가지로 유일한 "올바른 언어"나 "정확한 언어"나 "이상 언어"에도 쉽게 적용될 수 있기 때문에 그러한 체계를 미리 전제하지 않는다. 타르스키의 의미론은 철학적 물음들 전체에 관하여 완전히 중립을 유지하고 있다. 타르스키의 방법은 주어진 이론이나 언어에 대해서 일상적인 이론적 진리성을 설명하는 일만 할 뿐, 경쟁하는 이론 체계들 가운데서 어느 하나를 뽑아내는 절대적 기초나 절대적 기준을 제공하지 않는다.16)

그러나 타르스키의 절차가 절대적 사실에 의지하지도 않고 또 언어나 이론이 실재를 기술하는 유일한 올바른 방법이 있다는 것을 함의하지도 않음에도 불구하고, 진리성을 언어와 그것이 이야기하는 언급 영역 사이의 어떤 구조적 관계에 의해 정의하기 때문에, 실은 문제의 언어나 이론이

---

16) 그런데도 포퍼는 진리성에 대한 타르스키의 정의에서 이러한 절대적 표준, 다시 말하면 "규정적 이상"(規定的 理想, regulative ideal) 즉 "박진성"(迫眞性, verisimilitude)을 찾을 수 있다고 생각하였다. Popper (1), 223-238쪽. 또한 타르스키의 정의가 "소박한 실재주의"를 함의하고 있다든가 다른 "형이상학적 요소"와 관련되어 있다는 비판에 대한 타르스키의 응수에 대해서는 타르스키 (4), 361-364쪽에 실려있는 "polemical remarks"를 보라.

기술하거나 묘사하고 있는 사실이나 실재의 본성에 대한 어떤 가정을 필요로 한다. 따라서 이 사실은 결국 타르스키의 절차에 의해 정의된 진리성 개념의 객관적 의의에 대한 관심을 불러일으킨다. 왜냐하면 존재론의 상대성으로 인해서 세계에 적용된 이론 체계를 떠나서 세계 자체의 본성에 대해 말하는 것이 무의미한 것과 마찬가지로, 특정한 언어가 배경 언어로 바뀌는 번역을 떠나서 그 언어가 세계를 기술하거나 묘사하는 방법에 대해 말하는 것은 무의미하다고 이미 제4장에서 결론을 내렸기 때문이다.

<말과 대상>에서 인용했던 위의 인용 구절에서 콰인은 진리성을 "가정된 실재까지 완벽하게 갖춘" 어떤 이론에 부여하는 일은 항상 상대성을 띤다고 역설하였다. 하지만 존재론의 상대성은 이 "가정된 실재" 자체의 본성에 관한 물음조차도 얼마나 상대적인 것인가를 우리에게 가르쳐 주었다. 만일 타르스키의 절차에 의해 정의된 진리성이 본질적으로 주어진 이론의 담화 세계 즉 그 이론의 존재론을 이루는 대상들의 특징의 함수라면, 그 이론의 문장들에 적용되는 "옳다"는 말에 대한 우리의 이해가 어떻게 그 이론의 세계에 대한 우리의 기술보다 덜 상대적인 것일 수 있을 것인가? 진리성이 개별 언어와의 관계에 의해 상대적으로 이해되어야 한다는 타르스키의 주장은 세계에 대한 의의 있는 이야기는 그 담화에 사용되는 특정한 언어 체계에 상대적이라는 점점 분명해져 온 인식과 잘 조화를 이루지만, 마찬가지로 이제 타르스키의 절차를 특정한 이론에 적용하여 정의된 진리성 개념은 오직 그 절차의 적용이 의존하는 그 이론의 세계가 지닌 관련 있는 특징을 우리가 객관적으로 기술할 수 있는 정도까지만 객관적 의의를 지닐 수 있다는 것도 분명해졌다.

러셀, 비트겐슈타인, 슐리크의 분석과는 달리, 타르스키가 진리성을 정의하려는 목적으로 만족 개념과 같은 더 원초적인 의미론적 개념에 의지하려는 동기를 갖게 된 것은 순전히 앞장의 마지막 절에서 설명한 기술적 고려 때문이었다. 타르스키의 정의가 진리성에 대한 우리의 일상적 직관

과 일치해야 한다는 것은 타르스키의 정의가 약정 T를 수용함으로써 완전히 보장받을 수 있었으므로, 타르스키의 정의가 진리성에 대한 우리의 일상적 직관과 일치해야 한다는 것 자체가 형식 T의 모든 "부분적 정의"를 논리적으로 함의해야 한다는 것을 필요로 하지만 않았다면, 진리성 개념을 더 원초적인 다른 의미론적 개념에 의해 분석할 필요가 없었다. 우리는 이미 타르스키와 콰인이 "옳다"는 말의 일상적 사용은 이 진리성 도식으로 가장 잘 예시된다고 생각했다는 것과, 이 도식이 어떤 언어 속에 있는 개별 용어의 객관적 언급에 관해 아무런 문제도 일으키지 않으면서 언급 자체의 이중의 상대성을 넘어선 존재론적 중립성을 드러내 보여준다는 것을 살펴보았다. 이 진리성 도식은 어떤 언어의 개개의 문장의 진리성을 그 문장의 구성 용어들이 언급하는 대상들의 확인은 말할 것도 없고 문제의 문장에 대한 문법적 분석조차도 요구하지 않으면서 설명한다.

하지만 "'눈은 희다'는 오직 눈이 흴 경우에만 옳다"는 개별 진술의 진리성 도식은 개별 문장과 진리성 자체와 그 문장이 주장한다고 여겨지는 객관적 상황만 언급하는 반면에, 타르스키가 만족 개념에 대해 귀납적으로 특성을 부여하는 일은 본질적으로 그 언어에 관해서 더 강한 정보를 필요로 한다. 첫째로 모든 복합 문장 함수의 만족 조건을 그보다 단순한 문장 함수의 만족 조건에 의해 설명하기 위해서는 고려중인 언어에 대한 충분한 논리-문법적 분석—즉 그 언어의 무수히 많은 문장을 유한 수효의 "진리성과 관련 있는 표현"과 "진리성에 작용하는 어구"로의 분할—에 호소해야 한다. 이 일은 그 언어의 모든 원초적 술어는 물론 양화사, 변항, 문장 연결사와 그 밖의 다른 보조 장치를 모조리 확인하는 일을 필요로 한다. 둘째로 개개의 단순 문장 함수에 대한 완전한 만족 조건을 진술하기 위해서는 타르스키의 절차가 개개의 대상 언어의 술어에 대한 구체적 해석에 호소해야 한다. 이 일은 계열의 존재론과 그 계열에 의해 배열된 대상들의 집합이나 종류의 존재론에 호소함으로써 상위 언어의 용어 속에서 예시적으로 이루어진다.

   이 일은 먼저 대상 언어의 존재론을 결정한 다음 그걸 기초로 삼고 이루어진 대상 언어의 술어에 대한 구체적 해석에 철저히 호소하는 것으로 보이므로, 타르스키의 절차가 존재론의 상대성 때문에 다음과 같은 난관에 부딪치리라고 예상하는 것은 당연하다. 이제 우리가 산술학을 표현하는 것으로 해석된 어떤 언어를 고찰하는데, 그 언어의 단순 문장 함수에 대한 만족 개념을 모든 자연수로 구성된 존재론을 양화함으로써 도입하고, 각 문장 함수에 대한 만족을 문장 함수와 적절한 자연수 계열 사이의 관계라고 설명한다고 가정하자. 그리고 나서 마음을 바꾸어 그 언어를 제 자신의 표기법 대신에 그 언어의 원초 통사론을 다루고 있다고 재해석한다고 가정하자. 이렇게 되면 우리는 대상 언어 자체의 표현들만으로 이루어진 존재론에 호소하고 있음을 알게 될 것이고, 따라서 만족 개념은 대상 언어의 문장 함수와 이런저런 대상 언어 표현들의 선택된 계열 사이에 성립하는 관계로서 도입될 것이다. 한편 우리는 방식을 바꿔서 자연수의 이런저런 부분 집합이나 집합의 이런저런 부분 집합으로 이루어지는 존재론을 선택할 수도 있는데, 그런 선택의 경우마다 만족 개념은 그 경우에 맞도록 대상 언어의 문장 함수와 여러 종류의 사물들의 계열 사이에 성립하는 다른 관계로 해석될 것이다.

   그렇다면 타르스키의 절차에 따르는 만족 개념의 정의―그리고 거기서 파생되는 진리성 개념의 정의―는 어떤 이론의 논의 대상 세계에 수나 집합이나 표현 가운데 어느 것을 할당하느냐에 따라 상대적이었던 것처럼 배경 언어와 선택된 번역 편람에 따라 상대적으로 결정되지 않을까? 이런 경우에 일련의 산술학 문장에 귀속된 진리성은 그 문장들이 자연수를 취급하는 것으로 이해되는 한 분명히 수적 성격을 갖고 있는 것으로 해석되어야 하겠지만, 그 문장들이 어떤 집합이나 그 언어 자체의 표현을 기술하는 것으로 이해된다면 위와 다른 성격 즉 집합론적 성격이나 원초 통사론적 성격을 갖는 것으로 해석되어야 할 것이다. 그렇다면 일련의 동일한 문장에 대해 사용되는 "옳다"는 말의 의미는 그 문장들의 술어나 변항의 값을 어떻게 (임의로) 해석하고 재해석하느냐에 따라 체계적으로 바뀌게 될 것이고, 따라서 진리성에 대한 이야기는 객관적 의미를 갖지 못하는 말이 될 것이다.

처음 들으면 역설적인 말로 들리겠지만, 어쨌든 우리가 만족 개념과 진리성 개념의 의의에 관한 이 철저한 상대화를 타르스키의 절차 때문에 억지로 인정할 필요는 없다고 할 수 있는데, 그 이유는 언급 그 자체의 불가해성 때문이다. 우리가 어떤 이론의 존재론으로 사용될 수 있는 자격을 동등하게 갖춘 여러 후보 가운데 어느 한 후보를 더 좋아하는 일에 대해 객관적 기준을 세울 수 없다는 사실이 타르스키의 절차가 그처럼 해석에 따라 매번 달라지는 존재론을 사전에 형식적으로 포착할 수 있는 가능성을 원천적으로 배제하고 있는 것이다. 일단 어떤 이론의 기본적인 논리적 구조를 결정하고 또 그 이론의 양화사와 변항을 확인하고 나면, 우리는 그 변항의 값으로 어떤 대상을 선택하는가에 관계없이 동일한 진리성 정의를 사용할 수 있다. 앞에서 말한 바와 같이, 우리는 만족 관계를 정의할 때에 양화된 대상들의 여러 가지 집합을 가정함으로써 서로 다른 진리성 정의들을 구성한다고 생각할 수 있지만, 다르다고 여겨지는 이런 정의들은 옳은 문장으로 결정된 문장들의 집합 전체에 대해서는 식별될 수 있는 차이를 전혀 만들어내지 않을 것이다. 진리성에 대한 이런 식의 다른 설명은 어느 것이든—존재론이 어떻게 변하고 그에 따라 술어의 해석이 어떻게 변하더라도—무한히 많은 T 문장과 그 밖의 상위 논리적 귀결들을 똑같이 만들어낼 것이다.

한 예로 "x는 소수(素數)다"라는 문장 함수를 생각해보자. 이 문장 함수의 계열에 관한 이야기를 편의상 생략하기로 하면, 이 문장 함수에 대한 만족 조건을 다음과 같이 진술할 수 있다.

모든 a에 대하여, 오직 a가 소수일 경우에만, a는 "x는 소수다"를 만족시킨다.

이 양화된 쌍조건 진술은 우리가 산술학 언어의 대상 즉 산술학 언어의 변항의 값으로 자연수나 집합이나 표현 가운데 어느 것을 선택하든 상관없이 그리고 그에 따라 술어를 해석하고 재해석하는 일과 상관없이 성립한다. 이 형식문은 수에 대한 언급, 집합에 대한 언급, 표현에 대한 언급 사이의 이른바 의미론적 차이가 무엇이든 그 차이에 대해서, 또는 이에 상응해서 생기는 물음, 즉 그 문장 함수가 집합론적 조건이나 원초 통사론적 조건과 전혀 다른 진정한 산술학적 조건을 표현하는가 라는 물음에 대해서 아무런 이론적 중요성도 부여하지 않으면서 "x는 소수다"와 관련해서 "만족시킨다"는 말의 사용을 확정시킨다.

따라서 우리는 그처럼 심히 임의적이고 상대적이라고 증명된 바로 그 범위까지는 이 대상들과 조건들을 반드시 개별화하지 않고도 주어진 조건을 만족시키는 어떤 대상에 관해 이치에 닿게 말할 수 있는 것 같다. "x는 소수다"에 대한 만족 개념에 관한 앞의 설명은 "x는 'x는 소수다'를 만족시킨다"와 "x는 소수다"라는 두 문장 함수가 동일한 사물에 적용될 수 있다는 것을 확립하긴 하지만, 우리가 그 사물의 종류를 선택할 수 있는 중요한 재량권을 남겨 두고 있다. 그러나 우리가 담화의 대상을 수와 집합과 표현이 언제나 제각기 분리되도록 좁게 규정할 필요는 없다 할지라도, 타르스키의 절차에 의해 만족 개념을 정의할 때에는 어떤 이론이 이 대상을 다루고 저 대상을 다루지 않는다고 정확하게 말할 수 있어야 하는 대상 선택들을 여전히 구별할 필요가 있다.17)

물론 이론의 비논리적 표현만큼은 진리성 정의의 형식이나 논리적 귀결

---

17) 이 구별은 우리가 어쨌든 예시적 방법을 이용할 수 없는 추상적 대상에 대해 관심을 갖지 않을 수 없는 한 계속 필요하다.

에 영향을 미치지 않고 자유롭게 해석될 수 있는 반면에, 그 정의의 재귀적 조항이 적용되는 논리 상항(logical constant)의 해석은 고정된 채로 유지되어야 한다. 실제로 그 이론의 술어들은 그 이론의 법칙들 속에서 그것들이 양화사, 변항, 진리 함수적 연결사 등의 논리적 장치에 의해 결합되는 여러 가지 방식을 언급함으로써만 인식될 수 있고 또 구별될 수 있다. 그래서 이론의 표현에 대한 만족 개념을 정의할 때, 우리는 어떤 영역의 일반적인 구조적 속성이 그 이론의 모든 술어를 미리 확립되어 있는 논리적 관계로 해석하는 일을 허용하고, 동시에 그 이론의 모든 문장을 옳은 문장이 되게 해주는 대상 영역만 자유롭게 양화시킬 수 있을 뿐이다. 따라서 이론의 표현을 만족시킨다고 확인하여 선택할 수 있는 대상은 오직 문제의 이론의 모델 즉 옳은 해석으로 쓸모가 있는 영역뿐이다.

그러므로 타르스키의 절차에 의한 만족 개념에 대한 정의는 동형적 영역 속의 상호 관련된 대상들 사이의 일반적 구별에 따라 정해지지 않고, 주어진 이론의 모델로 쓰이기 위해 필요한 논의 세계의 더 광범위한 구조적 특징에 따라서만 정해진다. 개개의 독립된 정의는 그에 의해 정의된 진리성과 만족에 대한 다양한 정의들 사이의 객관적 차이를 끌어들이지 않으면서, 동형적이긴 하지만 서로 다른 대안들을 원하는 대로 사용하여 이루어질 수 있다. 문제는 이론의 대상이 원래 무엇이냐가 아니다. (이 문제는 상대적 문제로 용인되는 문제이거나, 웨일(H. Weyl)이 말한 "직접적이고 직관적인 지각"의 영역에 속하는 문제일 것이다.[18]) 문제는 우리가 "동형적 사상이 이루어지도록" 그러한 대상을 선택할 수 있다는 것이다. 정합적 양화 체계는 어느 것이든 여러 가지 옳은 해석을 가질 수 있다. 그러한 양화 체계가 주어지면, 타르스키의 절차는 만족 개념에 대한 재귀적 정의를 기초로 하여 개별 술어에 대한 해석이 궁극적으로 어떻게 결정되든 간에 "옳다"와 "만족시킨다"에 관해서 단 하나의 정의를 알려줄 것이다.

---

18) Weyl의 책 104쪽에서 인용했던 구절을 다시 살펴보기 바란다.

하지만 타르스키의 절차 아래서 허용되는 의의 있는 존재론적 자유 범위가 있다 할지라도, 그 자유 범위가 타르스키의 절차로 하여금 존재론의 상대성과 번역의 비결정성이라는 귀결로부터 최종적으로 완전히 벗어나게 하기에는 충분하지 못하다. 문제는 가장 일반적 성격의 객관적 언급까지도 의존하고 있고 또 진리 함수 연결사와 함께 타르스키 절차의 적용 가능성에 필수적 역할을 하는 양화가 (콰인에 따르면) 진리 함수와 마찬가지로 어떤 언어의 원초적 번역 수준에서 객관적으로 결정되지 않는다는 데 있다. 양화사와 변항은 결국 콰인이 "영어의 개별화 장치"라고 부른 것에 해당되는 관계 대명사와 같은 장치로 바뀌어 버린다. 콰인은 이런 종류의 장치를 읽는 방식이 있는 경우에는 언제나 이 장치를 서로 양립할 수 없는 여러 가지 방식으로 읽을 수 있다고 역설하였다.19) 그럼에도 불구하고 일단 어떤 언어에서 양화가 고정되고 나면—그 양화의 고정이 아무리 임의적일지라도—그 언어의 존재론을 설명하는 일에 관련 있는 모든 상대성을 깨끗이 넘어서게 된다. 이 점에서 타르스키의 방법에 의해 정의된 진리성과 만족은 언급 그 자체보다 더 강한 절대성을 의의 있게 유지한다.

하지만 타르스키의 형식적 절차에 대해 허용되는 상당한 존재론적 자유 범위가 언급 문제나 존재론 일반에 존재론의 상대성으로 인해 일어난 난점을 피할 수 있게 해주는 정도가 어느 정도든 간에 바로 그 정도만큼 분석철학자들이 진리성을 밑받침한다고 생각했던 언급에 대해 훨씬 더 직관적인 설명을 성공적으로 표현하지 못한다는 사실도 지적되어야 한다. 타르스키의 형식적 의미론은 언어적 의미에 관한 우리의 이해에 대해 가장 약한 요구를 하고 있다. 타르스키의 형식적 의미론은 좁은 내포적 뜻에서의 낱말 의미와 언급된 대상이라는 외연적 뜻에서의 낱말 의미 어느 쪽에도 호소하지 않고, 언급된 대상의 형식적 속성이나 구조적 속성이라는 더 높은 뜻에서의 낱말 의미에 호소한다. 형식적 의미론은 산술학과 같은 이

---

19) 개별화 장치에 관한 논의는 2장 1절과 3장 3절을 보라.

론을 위한 의미론적 개념들을 구성할 때 수에 관한 이야기와 집합이나 표현에 관한 이야기의 차이를 이용하지 않으며, 아예 처음부터 통상 의미론이나 언급 이론으로 간주되는 것조차도 전혀 이용하지 않는다. 그렇지만 이런 의미론이나 언급 이론의 깊은 직관을 명확하게 밝히지 못한다는 사실을 빙자해서 타르스키의 형식적 방법이 실패했다고는 결코 말할 수 없는데, 그 사실은 그러한 직관들이 애초부터 객관적으로 이해될 수 없게 되어 있는 사실을 반영할 뿐이기 때문이다.

3. 의미론적 진리성 개념과 타르스키의 정의

타르스키가 자신의 형식적 분석에 의해 그처럼 훌륭하게 파악했다고 여겼던 의미론적 진리성 개념의 기초는 문장의 진리성이 그 문장을 이루는 용어들의 언급의 함수라는 생각이었다. 이 진리성 개념은 이보다 더 폭넓은 일반적 견해 즉 앞에서 언어 분석 개념이라 불렸던 철학적 분석의 특징을 표현하는 것으로 인정되었다. 다시 말하면 그 견해는 일반적으로 말해서 의미에 관한 물음은 진리성에 관한 물음보다 논리적으로 선행하고, 따라서 본질적으로 의미에 관한 연구에 종사하는 학문인 철학은 이론 과학의 논리적 토대에 관해 연구한다는 견해이다. 이렇게 해서 우리는 의미론적 진리성 개념을 형식적으로 설명하려는 타르스키의 시도가 철학적 분석의 토대를 확보하려는 노력으로도 간주될 수 있다는 말의 진정한 의미를 알 수 있다.

그래서 우리는 타르스키의 분석이 실제로 설명할 수 있는 정도까지는 의미론적 진리성 개념에 대한 분석적 해석을 형식적으로 정확하게 설명하는 데 성공하였지만, 낱말의 의미(언급)에 관한 이야기가 어떻게든 문장의 진리성에 관한 이야기보다 논리적으로 더 견고한 뿌리를 갖고 있다는 견

해를 지지할 수 있는 방식으로 초기 분석철학자들의 의미론적 직관 전체
를 갈무리했다는 믿음을 거의 줄 수 없다는 데에 동의할 수 있다. 그럼에
도 불구하고 그러한 분석적 직관과 동기를 공유하고 있는 철학자들에 의
해서 타르스키의 저작에 부여되기 쉬운 철학적 의의가 바로 이것이다. 한
예로 필드(H. Field)는 진리성과 만족을 진정으로 비의미론적인 용어들에
환원시켰다는 타르스키의 주장에 대해서는 이의를 제기하면서도, 진리성
을 그가 "원초적 지시"(primitive denotation)라 부르는 더욱 원초적인 형태
의 언급에 환원시키는 중요한 임무를 완수한 공적은 타르스키의 것으로
인정하였다.20)

> 나는 진리성을 원초적 지시에 의해 설명하는 일이 중요한 과제라
> 고 생각한다. 이 일이 지금까지 진리성에 관해 알고 싶어서 제기되었
> 던 모든 물음에 대한 답을 제공하지 못하는 것은 확실하지만, 여러
> 가지 목적을 위해서 우리가 필요로 했던 바로 그것이다. 예를 들어
> 우리는 모델 이론에서 다음과 같은 문제에 흥미를 느낀다. 즉 문장들
> 의 집합 Γ가 주어졌을 때, 논리적 연결사에 대한 통상의 의미론이 마
> 련되면 Γ의 문장 모두가 옳은 문장이 되도록 그 언어의 원초 용어들
> 의 지시를 선택할 방법이 있는가? 이와 같은 물음의 답을 마련하기
> 위해 우리가 알 필요가 있는 것은 온전한 문장의 진리치가 그 문장
> 속의 비논리적 원초 용어들의 지시에 의존하는 방법이다.21)

필드가 형식적 언어 체계에 대한 해석과 재해석의 과정 속에 자리잡는
다고 여긴 것에 대한 이 논평은 의미론적 진리성 개념의 밑바닥에 잠재해
있는 진리성과 언급 사이의 관계에 관한 미묘한 혼동의 한 가지 근원을

---

20) 필드는 진리성 정의에 대한 타르스키의 표현이 오해를 일으킨다고 보고, 그가 타
르스키의 정의 속에 함축되어 있다고 느끼는 어떤 특징을 분명하게 드러내기 위
해 타르스키의 정의의 표현을 바꾸어 제안하였다. Field, 350쪽.
21) 같은 책, 351쪽.

밝혀주고 있다.

형식적 언어 체계는 완벽하게 정의된 논리-문법적 구조를 갖추고 있지만 그 언어의 비논리적 어휘가 전혀 상세한 해석이나 의도된 해석을 거치지 않은 채 남아 있는 언어 체계로 이해된다. 우리는 이런 언어 체계를 해석할 때 그 언어 속의 양화 변항의 값과 술어의 외연으로 사용될 수 있는 대상 영역을 열거함으로써 예시적으로 해석한다. 그래서 그 언어 체계 속에서 이전에는 문법에 맞지만 무의미했던 표현들이 옳거나 그른 유의미한 문장으로 바뀌게 된다. 만일 그 체계의 모든 정리가 옳은 문장으로 바뀌게 된다면 문제의 대상 선택은 그 이론의 모델이나 옳은 해석을 만들어내게 된다. 해석을 바꾸는 일 즉 논의되는 세계나 외연을 바꾸는 일은 그 이론 체계 속의 문장의 진리치를 바꿀 수 있으며, 따라서 개개의 해석된 문장의 진리성과 허위성이 그 이론 체계의 술어에 할당된 특정한 외연과 그 이론 체계의 변항에 할당된 값에 의해 전적으로 결정된다고 생각하는 것은 당연하다. 이러한 방식으로 문장의 진리성은 일반적으로 그보다 선행하는 문제 즉 그 문장을 구성하고 있는 용어들의 언급에 관한 문제에 따라 정해지는 것처럼 보인다.

하지만 우리는 3장에서 비유클리드 기하학들의 발달과 형식적으로 구성된 인공 언어의 해석과 관련하여, 어떤 이론이나 언어의 완전한 해석은 우리가 이미 진리성을 인지하고서 대상에 관해 말하는 데 사용하는 훨씬 더 포괄적인 배경 이론에 상대적으로만 이루어진다는 것을 확인했었다.[22] 그 대목에서 어떤 이론의 세계를 상세히 설명하는 일이 그 세계를 배경 이론의 세계 전체나 일부분에 환원시키는 일과 중요한 점에서 전혀 차이가 없는 것과 마찬가지로, 어떤 이론 속의 진리들의 본성이나 기초를 명확하게 설명하는 일은 그 진리들을 배경 이론의 진리 전체나 일부분에 환원시키는 일과 중요한 점에서 전혀 차이가 없다는 것도 지적했었

---

[22] 3장 2절을 보라.

다.

　어떤 체계의 술어들의 외연을 그 체계의 "옳은 해석"이 이루어지도록 선택할 때 우리가 실제로 하는 일은 그 체계의 형식적 정리 하나 하나를 배경 체계에서 이미 주장되고 있는 진리와 동일시할 수 있게 해주는 방식으로 그 술어들을 배경 이론의 술어와 동등시하는 것이다. 요컨대 이런 일정한 일련의 용어-대-용어의 등식 아래서, 이전에 낱말들의 형식적 결합체에 불과하던 표현이 이미 배경 이론에서 옳은 문장이라고 문제의 해석과 무관하게 주장되고 있던 문장의 "약정에 의한 사본(寫本)"으로 바뀌게 된다.23) 이런 식의 선택된 해석 방법은 이미 승인된 어떤 배경 이론 안에서 해석 대상인 그 체계의 용어에 어떤 종류의 객관적 언급 기능을 부여하는 방법으로만 제한되어 이해되기 때문에, 해석 대상인 그 체계의 진리성과 언급의 본성을 이해하기 위한 독립적 기초를 전혀 제공하지 않는다. 이런 해석 방법은 기껏해야 해석된 체계 속의 표현의 진리성과 언급을 −배경 이론이 어떻게 이해되든 간에− 배경 이론 속의 그와 대응하는 표현의 진리성과 언급과 동일시할 수 있도록 해줄 뿐이다.

　물론 우리는 그런 체계를 해석할 때 해석 대상인 체계 속의 비논리적 어휘를 배경 이론 속의 비논리적 어휘와 관련시키는 방법은 어느 것이든 − 그 체계의 논리적 구조가 손상되지 않은 채 유지되고 또 그 체계의 정리 하나 하나가 배경 이론의 옳은 문장으로 바뀌는 한− 다른 방법이 하는 것과 똑같은 일을 한다는 것도 알고 있다. 따라서 진리성의 획득과 논리적 구조의 보존은 해석에 대한 우리의 선택권에 한계를 설정하며, 주어진 대상 영역이 어떤 이론의 모델로 쓰이기 위해 요구되는 대상 영역의 구조에 대한 이야기가 이치에 닿는 말이 되는 것은 이 한계에 상대적으로 이루어지는 일임을 확인했었다. 하지만 이 한계 안에서 이루어지는 영역 선택들의 차이는 문제가 되지 않을 뿐만 아니라 결코 객관적으로 이해될 수 없

---

23) 같은 책, 같은 쪽.

다. 그러므로 해석된 낱말 결합체 하나 하나의 진리성은 어떤 승인된 해석 방법이나 번역 방법에 상대적으로 고정되지만, 언급 자체는 비록 배경 언어 안에서 고정되도록 되어 있을지라도 진리성을 보존하는 그런 해석 하나 하나에 따라 변할 것이다. 이 말의 초점은—흔히들 거꾸로 생각하기 쉬운데—원초적 번역과 관련해서 지적했던 바와 같이 적절한 번역과 옳은 해석을 안내하고 구체화시키고 정의해서 (정말로 결정할 수 있는 정도가 어느 정도까지든) 언급을 결정하는 것은 궁극적으로 진리성을 우선 고려하는 일이라는 것이다.

그렇다면 이제까지 해석되지 않았던 언어의 용어들을 체계적으로 해석해나가는 과정이 문장의 진리성은 본래 그 문장을 구성하고 있는 표현들의 언급에 의존한다는 오해를 쉽게 조장할 수 있다는 생각이 얼마나 단순한 혼동에 빠져 있는가를 이해하는 것은 어렵지 않다. 하지만 그런 해석에 실제로 관련되어 있는 사항들을 좀더 치밀하게 살펴보았다면, 철학적 설명을 하기 위해 진리성을 그보다 원초적 형태의 언급에 환원시키는 일에 두 가지 중요한 점에서 문제가 있다는 것을 훨씬 쉽게 찾아낼 수 있었을 것이다. 첫째는 진리성이 언급보다 더 절대적이고 객관적인 성질이라는 점이고, 둘째는 언급 자체에 대한 이해가 아무리 상대적이고 임의적인 것일지라도 그보다 선행하는 진리성에 관한 물음에 의존한다는 점이다.

앞에서 이미 말한 바와 같이, 필드는 타르스키의 업적에 대하여 타르스키가 진리성을 그보다 더 원초적 형태의 언급에 환원시키는 작업에만 완벽한 성공을 거두었다고 보았으며, 그래서 모든 의미론적 개념을 비의미론적 개념에 환원시키려고 의도했던 이차 과제는 어쨌든 성공하지 못했다고 역설했었다. 이 어리둥절케 하는 평가는 필드 자신으로 하여금 진리성에 관한 우리의 이해를 철학적으로 승인할 만하게 밝히려면 궁극적으로 필요하다고 느껴지는 그런 종류의 설명에 대해 상당히 시사력 있는 의견을 제시하도록 만들었다. 언급에 대하여 필드가 심중에 가졌던 생각은 타르스키가 형식적 분석으로 표현했던 설명에 대립하는 것으로서 원초적 언급에 대해 훨씬 더 경험적으로 설명한다는 것이었다. 필드는 그대로 받아들이기는 심히 어려운 설명으로 여기면서도 그러한 설명의 "고전적 실례"로서 "논리적 고유 이름"에 관한 러셀의 이론을 들었는데, 러셀은 "논리적 고유 이름"과 그 지시 대상의 관계는 이른바 "직접 익숙"에 의해 확립된다고 주장하였다.24) 필드는 진리성과 지시에 대해 자신이 추구하는 이른바 물리주의 환원을 지향하고 있는 좀더 가망 있는 최근의 연구로서 크립키(S. Kripke)가 전개한 "인과적 지시 이론"을 지적하였다.25)

필드는 형식 T로 이루어지는 개개의 패러다임이 일상적 (비철학적) 목적을 위해서는 충분히 "옳다"는 말의 "의미를 명료하게 밝힌다"는 것을 인정하지만, 그런 패러다임이 낱말과 사물 사이의 보다 원초적 (물리적) "관계"에 의해서 진리성을 설명하지 못하기 때문에 진리성에 대한 만족스러운 철학적 설명이 못된다고 거부하였다. 필드는 누구도 자기의 개념 체계를 벗어난 바깥에서 자신의 개념 체계와 실재를 접착시키기 위해 자기의 개념 체계 밖으로 나가는 일이 불가능하다는 것을 재빨리 인정한다. 그는 이 견해를 입증하기 위한 근거로 콰인의 언급의 불가해성 주장과 존재론의 상대성 주장뿐만 아니라 앞 절에서 인용했던 <말과 대상>의 바로 그 구절을 제시한다. 그러나 필드는 자신이 추구하고 있는 것은 말과 사물 사이의 관계를 언어 바깥에서가 아니라 자신이 승인하고 있는 물리주의 언어 체계 안에서 설명하는 것이라고 자신의 입장을 해명하였다.

> 진리성에 관한 이론과 원초적 언급에 관한 이론을 탐구할 때, 나는 언어와 (언어 바깥의) 실재 사이의 관계를 설명하려 하고 있는 것

---

24) Field, 365-366쪽.
25) Kripke.

이지, 그 일을 하기 위해 세계에 관한 이론의 밖으로 나가려고 하고 있는 것이 아니다. 원초적 언급에 대한 설명과 진리성에 관한 설명이 과학적 정보보다 선행하는 철학적 반성에 의해 이루어질 수 있는 것으로 생각되어서는 안 된다. 오히려 그와 반대로 인간 심리의 모델과 신경 생리학의 탐구 성과 같은 것이 언급 작용에 관여하는 심적 기제를 발견하는 데 아주 밀접한 관련이 있다고 생각된다. 진리성과 원초적 언급에 관한 설명이 필요한 이유는 우리의 개념 체계 밖으로 나가서 개념 체계를 실재에다 꿰매어 결합시키는 데 있지 않고, 오히려 그런 설명이 없으면 우리의 개념 체계가 내부로부터 붕괴된다는 데 있다.26)

진리성을 정의하는 타르스키의 절차가 지닌 매우 칭찬할 만한 특성들 가운데 하나는 타르스키의 절차가 주어진 이론 체계 안에서 본 언어와 세계의 관계에 관한 전통적인 의미론적 직관을 잘 포착하고 있다는 사실이라는 것은 앞 절에서 지적했었다. 그런데 필드는 타르스키가 제시한 것보다 더 강한 의미론적 이론을 찾고 있으므로 실은 존재론의 상대성에 관해서 가장 극단적인 결론을 얻으려고 애쓰고 있는 셈이다. 왜냐하면 <말과 대상>과 "존재론의 상대성"을 비롯한 여러 글에서 진행된 "원초적 번역"에 관한 콰인의 연구와 중요한 관련이 있는 것, 그리고 의미와 언급에 관한 유의미한 담화에 대한 콰인의 극단적 평가가 토대로 삼고 있는 것은 필드가 제안하고 있는 것과 같은 연구 즉 미리 승인된 물리주의 언어 체계 속에서 시도되는 경험적 언어 연구 바로 그것을 중요시하는 것이기 때문이다. 콰인의 원초적 번역 작업은 "과학적 정보보다 선행하는 철학적 반성"에 기초를 두고 언어와 사물을 결합시키기 위해 "세계에 관한 우리의 이론 밖으로 나가려고" 하기는커녕 자연에 관해 현재 승인되고 있는 이론 안에서 전적으로 진행되는 작업이다.

---

26) Field, 373쪽.

콰인은 신경 생리학 그리고 언어 학습과 언어행위에 관한 행동주의적 이론을 둘 다 포함하는 물리적 이론을 명백하게 인정하고 작업을 진행시켜, <말과 대상> 2장에서 한 언어를 다른 언어로 바꾸는 원초적 번역의 기초를 마련함과 동시에, 의미에 관한 전통적인 철학적 개념에 경험적 의미를 부여하는 전면적인 노력을 기울여 "자극 의미"에 관한 "인과적 이론"을 매우 치밀하게 발전시켰다. 실제로 콰인으로 하여금 번역의 비결정성 기본 주장과 언급의 불가해성과 존재론의 상대성이란 두 가지 이차적 주장을 내세우지 않을 수 없게 한 것은 이 노력 중에 콰인이 부딪친 근원적 난관 때문이었다. 이미 지적한 바와 같이, "상대주의적 기본 주장"은 우리가 언어 체계나 이론 체계와 언어 바깥의 실재의 "참다운" 관계나 "올바른" 관계 속에서 언어 체계나 이론 체계를 보기 위해 결코 언어 체계나 이론 체계의 밖으로 나갈 수 없다는 잘 알려진 사실을 단지 반복하고 있는 게 아니라, 우리가 세계에 관해 가장 신뢰할 만해서 믿고 있는 이론 안에서 당황하지 않고 작업을 하고 있을지라도, 어떤 언어의 낱말이 관여하거나 언급하는 사물이 무엇인가에 관한 이야기는 어떤 선택된 배경 언어에 의해서 이루어지는 그 언어의 번역에 상대적으로만 이치에 닿는 말이 된다는 것이다.

언급의 객관적 의미를 밝힐 수 없는 우리의 무능이 "개념 체계"의 붕괴를 가져온다고 단정했던 필드의 주장은 적어도 그런 개념 체계가 임의의 이론적 진리 집단의 기초를 이루거나 그 속에 내재하는 객관적 의미나 객관적 언급의 체계로 간주되는 정도까지는 옳았다.[27] 하지만 필드가 이 사실이 언급에 관한 개념들과 마찬가지로 진리성에 관한 개념들을 포기하도록 만든다고 단정한 것은 잘못이었는데,[28] 왜냐하면 이 결론은 필드와 같이 더 원초적인 언급에 의해 진리성을 구성해야 한다고 고집할 경우에만,

---

27) 3장 3절 "개념 체계"에 관한 논의를 보라.
28) Field, 373쪽.

다시 말하면 진리성을 철저히 재평가할 필요가 있다고 인식하고 있는 태도를 고집할 경우에만 나올 수 있기 때문이다. 내가 이미 역설했던 바와 같이, 만일 언급 물음에 선행할 뿐만 아니라 언급 자체가 변할지라도 항상 변함없이 유지되는 진리성을 문장에 귀속시키는 일을 지배하는 독립적 요건들이 있다면, 진리성 자체는 우리가 애써 탐구할 필요가 있는 "물리적" 개념이나 "경험적" 개념과 아주 비슷할 것이다.

필드가 원하는 식의 이론과 달리, 타르스키의 절차는 말과 사물을 연결시키는 경험적 기초를 찾으려고 하지 않는다. 그 대신 타르스키는 대상 언어의 여러 가지 용어를 "액면 그대로" 이해한 다음, 가정된 해석 아래서 바로 그 용어들을 사용함으로써 만족 개념과 진리성 개념을 형식적으로 도입하기 시작한다. 개별 용어의 해석이 필드가 제안한 방식으로 명백하게 의심을 받게 될 때에 부딪치는 훨씬 더 극단적 성격의 상대성에 대해서 진리성에 대한 타르스키의 설명이 형식적으로 중립의 입장을 유지할 수 있도록 해주는 것은 진리성에 대한 타르스키의 설명이 지닌 바로 이 특징이다. 그러나 타르스키의 분석을 진리성에 대한 철학적으로 적절한 분석이나 환원이나 명료화로 간주하는 것은 여전히 문제가 있는데, 그 이유는 타르스키의 설명이 진리성 개념을 만족 개념으로 환원할 때 진리성을 (직관적으로 이해된 언급보다 덜 상대적인 형태의 언급이랄 수 있는) 그보다 더 원초적인 형태의 언급의 함수로 해석하기 때문이다. 게다가 진리성 도식과 형식적으로 구성된 체계에 대한 근본적 번역과 그보다 더 약정적인 해석을 둘 다 고려할 때 점점 명확해지는 것은 의미라는 개념과 언급이란 개념이 매우 파생적 성격을 지닌 것과는 달리 진리성 개념이 일차적 성격을 지니고 있다는 사실이다. 이것이 바로 궁극적으로 언어 분석 개념의 토대를 가장 심각하게 잠식하는 것인데, 왜냐하면 이것은 분석철학자들이 이론적 진리성의 기초로서 의미에 관한 연구를 더 좋아하는 것은—그들이 만족에 대한 타르스키의 형식적 설명이 제공하는 의미론적 이론을 그처럼 세련시키고 순화시킨 것에 만족하였다고 우리가 상상한다 할지라도—출발에서부터 빗나갔다는 것을 뜻하기 때문이다.

4. 진리성 우선주의

그렇다면 우리가 세계에 적용된 이론이 승인하고 있는 용어들 안에서 언어를 그 주제와 확고하게 연결시키려고 한다면, 타르스키의 방법보다 더 나은 방법을 이용하는 일은 기대할 수 없을 것이다. 타르스키의 절차를 사용하는 일은 콰인에 따르면 근본적 번역의 수준에서 해석이 상대적이고 임의적인 논리적 장치와 개별화 장치와 연합된 매우 일반적 성격의 객관적 언급을 전제하지만, 그래도 앞에서 지적했던 것처럼 어떤 언어의 비논리적 표현들에 대한 해석에서 생기는 모든 상대성을 형식적으로 넘어설 수 있는 상당히 폭넓은 존재론적 자유 범위를 허용한다. 그러나 만일 우리가 단지 우리의 이론을 그 이론의 안에서 용어들을 "액면대로" 해석함으로써—이론을 실제적 용도에 제대로 사용할 경우에는 언제나 그것으로 충분하기 때문에—국지적으로만 보고 있다면, 타르스키의 절차는 확실히 진리성에 관한 고전적 대응 이론을—우리가 형식적으로 표현되기를 사리에 맞게 기대할 수 있는 만큼—명료하고 정확하게 표현할 수 있도록 해준다. 어떤 이론에 대한 완전한 해석이 주어지면, 타르스키의 절차는 그 이론 안에서 진리성을 재구성하는데, 이는 주어진 해석이라는 발판의 도움을 받아 깨달은 어떤 언어의 진리성에 관한 견해를 제시하는 일이다. 이 견해가 궁극적으로 상대적 견해이고 국지적 견해라는 사실은 타르스키의 절차의 결함이라 할 수는 없고, "사실"에 관한 설명은 어느 것이든 반드시 그럴 수밖에 없는 것처럼 다만 언어 자체에 대한 우리의 이해의 본성을 보여줄 뿐이다.

형식적 의미론의 목적에 관한 한 타르스키의 방법이 지닌 능력과 정확성에 경쟁할 만한 상대가 없다. 그러나 형식적 의미론의 이론적 격위가 최종적으로 무엇으로 결정되든 간에, 형식적 의미론은 결코 이론적 진리의 철학적 기초를 마련할 수 없다. 타르스키가 정의한 만족 개념은 주어진 언어 체계의 내적 구조를 밝히는 데에는 널리 유용하고 응용될 수 있다고 증명되었지만, 진리성 개념보다 더 명료하고 더 경험적으로 유의미한 개념이라는 자격은 전혀 갖추지 못하고 있다. 타르스키의 절차는 어떤 언어의 무수히 많은 문장 사이의 체계적인 내적 관계를 성문화한 것이고, 그래서 그러한 문장 하나 하나를 사전에 그 문장의 진리 조건으로 알려져 있는 상위 언어 속의 대응 문장과 상호 관련시키는 유한하고 효과적인 방법을 제공한다. 이 점에서 타르스키의 진리성 정의는 적절한 번역과 옳은 해석과 관련 있는 구조를 확인하고 밝혀준다. 그렇지만 타르스키의 방법이 지닌 구조적인 의미론적 특징의 의의는 어떤 언어의 진리성의 기초나 근거를 설명하는 데에 있는 것이 아니라, 타르스키의 방법 자체가 연구중인 그 언어의 진리성에 관한 선행하는 판단과 관찰에서 도출된다는 것을 밝혀준다는 데에 있다. 진리성 문제를 완전히 떠나서 생각하면, 형식적 의미론은 양화 논리 체계의 논리적 구조에 관한 비교 연구로 바뀌게 되는데, 이런 연구는 한 체계의 잠재적 표현력을 다른 체계와 비교하면서 확립하는 일에 도움을 주며, 해석상의 역설을 피하기 위해 필요한 의미론적 계층을 드러내는 일에 도움을 준다.

진리성이 반드시 그보다 더 원초적인 형태의 언급에 의해 이해되어야 한다는 잘못된 가정은 필드로 하여금 우리가 먼저 언급을 이치에 닿게 이해할 수 없다면 진리성 개념을 포기해야 한다는 잘못된 결론을 내리도록 하였다. 타르스키의 절차는 어떤 일정한 해석에 상대적인 이론의 진리성을 잘 설명하지만, 우리는 애당초 그런 해석이나 번역에 도달하는 일이 그보다 앞서 파악된 진리성의 지도를 받아서 이루어진다는 사실을 확인하였다. 그리고 앞에서 지적했던 바와 같이, 이처럼 진리성을 우선적으로 고려해야 한다는 것은 근본적 번역이라는 콰인의 방법에 이미 함축되어 있었는데,29) 왜냐하면 현장 언어학자는 결국 자신의 대상 설정 방식은 물론이고 여하한 대상 설정 방식도 원주민의 언어 사용에 투사할 경험적 근거를 갖고 있지 못하면서도 원주민의 어떤 문장의 진리 조건이 무엇인가를 그 현장에서 모은 경험적 증거를 기초로 삼아 확립하려고 시도하기 때문이다. 사실 언급의 불가해성과 존재론의 상대성을 주장하도록 조장하는 첫째 요인은 이처럼 온전한 문장의 진리 조건을 결정하는 일이 그 문장 내부에 여러 가지로 설정될 수 있는 의미론적 내용 — 낱말들의 언급 — 과 명백히 무관하다는 사실이었다.

의미 문제와 언급 문제를 부차적인 것으로 간주하고 진리성 문제를 가장 우선적인 문제로 보는 생각은 최근에 자연 언어를 대상으로 의미나 해석에 관한 경험적 이론을 구성하는 일에 타르스키의 절차를 적용하자고 제안한 데이빗슨에 의해 극적으로 명확하게 주장되었다.30) 타르스키의 절차는 미리 해석이 가정된 어떤 언어의 진리성 술어를 형식적으로 정의하는 방법인 데 비해서, 데이빗슨의 착상은 동일한 절차를 해석은 가정되지 않았지만 진리성은 이미 이해되어 있는 언어에 적용한다는 것이니까 설명의 방향이 거꾸로 되어 있는 것이다. "나의 전체적 계획은 타르스키의 전체적 계획을 거꾸로 방향을 바꾼 것이다. 나는 진리성 개념을 먼저 파악하고 나서 그에 의해 의미나 번역에 대한 이해에 도달하고자 한다."31)

데이빗슨의 방법론은 "근본적 해석"의 극단적 경우에 대한 설명에 가장 명료하게 예시되어 있는데, 그 설명은 <말과 대상> 2장에 나오는 원초적 번역에 관한 콰인의 설명과 아주 비슷하다.32) 이 대목을 보면 데이빗

---

29) 4장 2절에서 설명한 근본적 번역의 방법론에 관한 논의와 비교해 보라.
30) Davidson (2)와 (6).
31) Davidson (1), 318쪽.
32) Davidson (1)과 (4).

슨은 자신의 과제를 이제까지 알려지지 않은 언어의 온전한 문장들의 진리성과 진리 조건에 관련된 경험적 증거를 기초로 하여 그 언어에 대한 해석 이론을 구성하는 일로 이해하고 있다. 그 해석 이론은 연구 대상이 되어 있는 언어를 유한한 수효의 용어와 문법적 어구로 분석한 다음, 문제의 언어의 문장 하나 하나에 대해서 해석자 자신의 언어로 해석이 이루어지도록 문제의 언어의 용어와 문법적 어구를 해석자의 언어의 용어와 문법적 어구와 동등하게 취급한다. 콰인의 접근 방법에서는 해석 이론이 번역 편람—원주민의 언어에서 해석자의 언어로 문장 대 문장의 연결 관계를 알려주는 원주민 언어의 사전과 문법—의 형태를 취한 반면에, 데이빗슨은 해석 이론을 타르스키의 진리성 정의의 형태로 이해하는 방식을 취한다. 그래서 데이빗슨의 접근 방법은 문장 대 문장의 연결 관계 대신에, 원주민의 문장 하나 하나의 진리 조건을 해석자의 언어 속에서 그와 대응하는 문장으로 명확하게 진술하려고 하는 T 형식의 쌍조건 문장을 이용하게 된다. 그러므로 해석 이론을 타르스키의 진리성 정의의 형태에 일치시키자는 데이빗슨의 제안은 결국 연구 대상으로 되어 있는 언어의 논리적 문법이 타르스키의 절차의 적용을 좌우하는 양화 논리의 표준적 장치로 바뀔 수 있어야 한다는 것을 필요로 한다.

해석 이론이 진리성 정의의 형태를 취했을 경우에는 해석 이론의 승인 가능성이 대상 언어 속의 각 문장의 진리 조건에 대한 예언의 성공 여부에 의해 판정될 수 있는데, 이는 해석 이론이 번역 편람의 형태를 취했을 경우에 해석 이론이 대상 언어의 각 문장에 대해 만족스러운 번역을 만들어내는 정도까지 승인될 수 있는 것과 똑같다. 각 T 문장의 진리성이나 대응하는 문장 번역의 적절성을 결정하는 증거는 각 문장에 대해 원주민 화자가 보여주는 태도나 성향을 관찰한 내용이다. 데이빗슨의 경우에는 그 관찰 내용이 어떤 상황에서 어떤 문장을 옳거나 그르다고 주장하는 태도이고, 콰인의 경우에는 그 관찰 내용이 어떤 자극 조건 아래서 주어진 문장에 대해 승인하거나 부인하는 행동으로 드러나는 성향이다. 하지만 그러한 경험적 고찰은 본래 한계가 있어서 다양하게 가능한 번역 편람들, 다시 말하면 관찰된 언어적 성향들에는 한결같이 들어맞으면서도 독립적으로 검증할 수 없는 문장들의 번역에서는 서로 일치하지 않는 번역 편람들 가운데서 하나를 선택할 수 있는 근거를 제공할 수 없다는 사실 바로 그것이 번역의 비결정성에 관한 콰인의 주장의 근거이다.33) 데이빗슨의 방법에서는 연구 대상 언어가 표준적 양화 논리와 상당히 일치해야 한다는 필요 조건이 그러한 비결정성의 범위를 줄이고 있다.

데이빗슨이 작업 방향을 타르스키의 방법의 작업 방향과 정반대로 잡은 변화의 결과는 데이빗슨의 제안 아래서 T 문장이 하는 역할에 나타난다. 이 쌍조건 문장은 진리성 정의에서 나오는 형식적 귀결이 아니라 이제는 해석 이론에서 나오는 경험적 귀결로 바뀌는 것이다. 타르스키의 경우에는 어떤 언어 속의 개별 문장에 대해 "옳다"는 말이 올바르게 사용되는 "패러다임"이나 "부분적 정의"의 역할을 하는 T 형식 쌍조건 문장의 진리성이 문제의 언어에 대해 가정된 해석에 근거를 두고 인정된다고 생각되었으며, 따라서 그는 T 형식 쌍조건 문장의 형식적 함의 관계를 그러한 언어의 "실질적으로 적절한" 진리성 정의의 귀결로서 확보하는 일에만 관심을 가졌었다. 그러나 일단 그 언어의 해석이 해결되어야 할 문제로 제기되면, 그 언어 속의 각 문장의 진리 조건에 대한 진술로서의 그런 쌍조건 문장의 진리성은 더 이상 그저 가정되는 것이 아니라 독립적인 검증을 받아야 하는 것으로 바뀌게 된다.

데이빗슨이 타르스키의 절차를 이용하면서도 작업 방향을 정반대로 바꾼 방법론의 변화는 그에 뒤따르게 되는 중요한 철학적 귀결을 함축하고 있다. 타르스키는 진리성과 만족 같은 개념을 그보다 더 우월한 인식론적 입장에 있다고 할 수 있는 다른 개념들에 형식적으로 환원시키는 일을 함

---

33) Quine (22), 27쪽, 71-72쪽을 보라.

으로써 다소 전통 철학적 방식으로 의미론의 토대를 마련하려고 했던 반면에, 데이빗슨의 제안 아래서는 진리성 개념과 만족 개념은 둘 다 **의미나 해석에 관한 경험적 이론의 무정의 원초 개념으로 공공연히 채택된다**. 이제 만족은 이 용어가 적용되는 표현과 어구에 대한 사전의 이해를 근거로 하여 형식적으로 도입되는 게 아니라 그 표현과 어구의 의미를 설명하기 위한 **이론 용어**로 사용된다. 이에 반해서 진리성은 관찰 용어의 역할을 맡게 되는데, 이 용어가 어떤 상황에서 어떤 문장에 적용될 수 있는지는 그 이론 자체와 관계없는 고찰에 의해 결정된다.

진리성에 관한 **철학적 명료화나 분석이나 환원**을 존재론이나 인식론에 유리한 개념들에 의해 마련하려는 노력을 일단 포기하고 나면, 존재론의 상대성이란 문제가 이제는 지금까지와 달리 절박한 문제가 아니게 된다. 데이빗슨의 도식에서 "만족시킨다"는 용어는─마치 물리학에서 일상적 물체의 동태를 설명하기 위해 "원자"나 "분자" 같은 개념을 사용하듯이─진리성이라는 매우 친숙한 것을 설명하기 위해 사용하는 비환원적 이론 용어의 역할을 한다. 물리학의 경우에서든 데이빗슨의 경우에서든 이론 용어는 일상적 경험이라는 이론 이전의 수준에서 직관적으로 이해된 더 친숙한 개념에 의해 대치될 수 없다. 이 시각에서 보면, 진리성은 만족 같은 의미론적 개념에 더 이상 본질적으로 의존하지 않고, 단지 이런저런 해석 이론을 통해서 가설적으로 연결될 뿐이다. 따라서 존재론의 상대성으로 인해 그러한 해석 이론에 야기된 난점은 어느 것이든 진리성 자체에 관한 담화의 의의를 방해하는 것이 아니라 오직 해석 이론의 승인을 방해할 뿐이다.

원초적 번역이나 해석에 관한 콰인과 데이빗슨의 연구는 두 가지 근본적 원리의 지도를 받고 있다. 첫째 원리는 아주 널리 알려져 있는 것인데, 어떤 언어로 무수히 많은 문장을 만들어내고 이해할 수 있는 우리의 능력은 모든 문장이 만들어지는 다양한 기초적 구성 성분 즉 낱말들과 이 구성 성분들을 온전한 문장으로 올바르게 조립하는 방식을 지배하는 기초적 원리 즉 문법 규칙에 대한 사전의 이해에 달려 있다는 원리이다. 원초적 번역과 해석에 대한 연구 프로그램에서는 이런 종류의 이해가 번역자와 해석자의 해석 이론이 번역 편람이나 타르스키의 진리성 정의 가운데 어느 형태를 취하든 충분히 발달된 해석 이론으로 표현된다. 어떤 언어에 대한 충분한 이해가 기본 어휘와 문법의 파악에 의존한다는 사실이 플라톤으로부터 러셀을 거쳐 오늘날의 철학자들에 이르기까지 널리 알려져 있었고, 또 전통적 의미 이론과 지식 이론의 발달에 커다란 영향을 끼쳤다는 것은 두말할 것도 없다. 둘째 원리는 그다지 널리 인식되어 있지 않은 원리인데, 그건 누구나 낱말을 처음 배울 때 (고전적으로 그렇게 생각해온 것처럼) 하나 하나의 낱말을 이미 확인된 대상이나 관념이나 인상과 연관시키면서 하나씩 배우는 것이 아니라 낱말이 문장 속에서 하는 역할을 추상함으로써 배운다는 원리이다. 초기 언어 학습에 관한 이 중대한 특징은 여러 가지 상황에서 원주민 화자에 의해 옳거나 그르다든가 승인하거나 부인한다고 주장되는 문장에 대한 번역자와 해석자의 명백한 관심—즉 사전에 알고 있지 않은 언어를 파고 들어가는 번역자와 해석자의 관심—에 의해 원초적 번역과 해석의 방법론에 드러나게 된다. 최초의 언어 학습에 관한 이 사실은 후기 비트겐슈타인의 저작이 나오고, 그에 이어서 콰인이 원초적 번역에 대한 설명에서 이 사실을 명확하게 밝혀 전통적 언어 학습 이론과 근본적으로 결별하기 전까지는 전혀 알려지지 않았다고 말할 수 있을 것이다.34)

온전한 문장에 대한 이해가 일반적으로 어떻게 그 문장을 만들고 있는 낱말들에 대한 이해에 의해 결정되는가에 관해서 명확한 생각을 갖게 되면, 이 생각은 미지의 언어를 처음 배우는 방법은—낱말이 온전한 문장에

---

34) 카르납 (5)에 전개되어 있는 언어 학습에 관한 설명과 비교해 보라. 이 설명은 제4장 제2절에서 검토하였다. 또한 카르납 (11)에 나오는 후기의 설명도 참조하라.

서 하는 역할과는 관계없이−낱말의 "의미"(언급)를 하나씩 하나씩 파악해 나가는 것이라고 생각하게 만드는데, 다시 이 생각은 낱말의 의미에 관한 물음이 어쨌든 문장의 진리성에 관한 물음보다 논리적으로 선행한다는 생각−내가 앞에서 "언어 분석 개념"이라 불렀던 생각−을 만들어내게 된다. 거의 다는 아닐지라도 상당히 많은 낱말의 학습이 동일 언어나 외국어의 다른 낱말들을 사용하여 정의하거나 해명하는 방식을 통해 이루어지지만, 최초의 낱말 학습은 직접 예시의 보조적 도움을 받든 안 받든 상관없이 낱말의 "올바른 사용"이나 "올바른 적용"에 대한 관찰 실례를 통해서 이루어진다고 통상 인정되어 왔다. 이 사실이 전통적으로 개개의 낱말과 화자의 물리적 환경이나 정신 생활이나 감각 경험 사이에 모종의 인지적 관계나 심리적 관계를 설정하는 것으로 여겨졌으며, 그래서 화자의 물리적 환경이나 정신 생활이나 감각 경험이 문제의 낱말의 "의미"나 "지칭 대상"으로 간주되었다. 이상의 이야기는 언어 습득이 일정한 방식에 따라 차근차근 일직선으로 진행되는 과정, 다시 말하면 처음에 어떤 언어 속의 약간의 단순한 언어적 요소의 "의미"와 결합 규칙을 이해하고 나서, 그 언어의 무한히 다양하고 복잡한 모든 언어적 형태를 하나씩 하나씩 숙달해 나가는 과정을 통해 이루어진다는 언어 습득에 대한 고전적 그림을 보여주고 있다. 또한 언어 습득에 대한 이 그림은 전통적 인식론의 근본도 보여주고 있는데, 그렇게 말할 수 있는 이유는 이 그림이 우리가 자연에 대한 이해의 풍부한 내용으로부터 선명하고 분명하게 지각된 약간의 단순 관념을 일정한 방식에 따라 추상한 다음, 모든 지식을 이성의 원리나 이해의 원리에 따라 단순 관념들로 재구성할 수 있다고 상상하도록 만들기 때문이다.

그러나 대부분의 문장이 사전에 배운 낱말들로 만들어지는 것이 분명하고 또 일반적으로 새로운 낱말에 대한 대부분의 학습이 새로운 낱말을 다른 낱말과 관련시켜 이해시킴으로써 이루어진다 할지라도, 낱말에 대한 최초의 학습은 개개의 낱말과 그에 의해서 명명되거나 언급된 대응하는 사물 사이에 결합 고리를 만드는 일을 필요로 하지 않고, 오히려 콰인이 〈말과 대상〉 3장과 4장에서 설명하고 있는 것처럼 문장으로서의 낱말들이나 문장의 부분으로서의 낱말들을 배우는 것이다.35) 낱말에 대한 모든 학습은 궁극적으로 완전한 문장의 맥락, 특히 **옳은** 문장의 맥락 속에서 낱말들이 하는 역할을 배우는 일에 의해 성패가 좌우된다. 어떤 낱말의 "올바른 사용"이나 "올바른 적용"을 관찰하는 것은 그 낱말이—관찰할 수 있는 상황에서 발언된 "빨갛다"나 "이것은 빨갛다" 또는 콰인의 고전적 예문 "가바가이"와 같은 단일 문장의 맥락 속에 있든, 직접 관찰을 전혀 할 수 없는 집합이나 수에 관한 문장처럼 이론 내부의 복잡한 관계에 얽혀있는 문장의 맥락 속에 있든 상관없이—**옳은** 문장의 맥락 속에서 사용되거나 적용되는 것을 관찰하는 것이다.

이렇게 해서 우리는 언어 분석 개념과 의미론적 진리성 개념의 고전적인 분석적 견해와 정반대의 결론, 즉 궁극적으로 낱말의 의미에 대한 이해는 문제의 낱말을 포함하는 문장의 진리 조건에 대한 사전의 이해에 의존한다는 결론에 도달하게 된다. 바로 이것이 원초적 번역에 관한 콰인의 설명과 근본적 해석에 관한 데이빗슨의 비슷한 설명으로 구체화되어 있는 가장 중요한 원리이다. 원초적 번역에 관한 콰인의 견해에 따르면 개별 문장의 진리 조건의 직접 이용이 근본적 해석에 관한 데이빗슨의 비슷한 견해에서보다 적게 출현하는 차이를 보이지만, 여기서 중요한 사실은 콰인과 데이빗슨 둘 다 진리 조건의 직접 이용이—제한되어 있든 않든—개별 낱말의 의미나 언급의 이용보다 선행하면서 독립되어 있다는 것이다. 콰인은 이 문제에 관한 의견을 최근에 다음과 같이 요약해서 표현하였다.

관찰되는 것은 용어가 아니라 관찰 문장이다. 근원적인 것은 문장

---

35) Quine (22), 13쪽.

인데, 이는 문장이 진리성과 허위성을 갖는다는 사실을 염두에 두고 하는 말이다. 그래서 존재론은 …

따라서 우리의 주된 관심사는 용어의 언급에 관한 것이 아니라 문장의 진리성과 진리 조건에 관한 것이라 하겠다. 우리가 이런 태도를 취하면, 언급과 존재론에 관한 물음은 지엽적인 물음으로 바뀌어 버린다. 존재론적 규정은 이론 문장의 진리 조건 속에서 어떤 역할을 할 수야 있지만, 그건 수많은 다른 존재론적 규정도 훌륭하게 수행할 수 있는 역할일 뿐이다.36)

히즈(H. Hiz)는 데이빗슨처럼 문장의 진리성이 낱말의 의미나 언급보다 선행한다는 가정에 기초를 두고 의미론을 세우려고 노력한 철학자이자 언어학자다. 히즈는 "진리주의 의미론"(aletheic semantic theory)에 대해서 다음과 같이 설명하였다.

진리성은 의미론의 원초적 기초 용어이므로, 이를 기초로 삼고 의미론을 세우려는 입장을 진리주의(眞理主義, aletheism, 그리스어 ἀλήθια가 어원)라 불러도 좋을 것이다. 진리주의는 또한 철학적 관점이라고도 할 수 있는데, 그에 따르면 우리는 우선 첫째로 약간의 문장이 옳다는 것을 알거나 약간의 옳은 문장의 내용을 안다. 그러니까 대상, 관계, 속성에 관한 지식은 이미 알고 있는 옳은 문장을 근거로 삼고 이차적으로 구성되는 것이다. 따라서 진리주의 철학은 인식에 관한 가설일 수도 있고, 또는 지식의 조직화에 관한 방법론적 방책일 수도 있다.37)

히즈의 프로그램과 데이빗슨의 프로그램은 세부 사항에서 약간 다르다. 히즈는 진리주의 의미론을 세 가지 "언어적 보편자" 즉 문장과 옳은 문장

---

36) Quine (3), 190-191쪽.
37) Hiz, 443쪽.

과 부정의 연산(演算, operation)이란 세 개념을 가지고 만들 수 있다고 생각하였다. 하지만 데이빗슨은 이미 살펴본 바와 같이 모든 진리 함수뿐만 아니라 언급적 양화와 만족이라는 이론적 개념까지 가정했었다. 또한 히즈의 연구에서는 모든 구성된 의미론적 개념은 오직 언어적 대상들 사이의 관계로만 취급되는 반면에, 데이빗슨은 대상 언어 표현과 상위 언어 속에 있는 양화 변항의 주어진 값 사이에 성립하는 진정한 의미론적 관계로서의 만족 개념에 호소한다. 두 사람의 근본적 공통 요소는 다른 무엇보다도 낱말의 의미에 관한 유의미한 이야기는 진리성이나 옳은 문장에 관한 유의미한 이야기를 전제한다는 인식이다. 이 진리성의 우선권은 명확한 의미나 번역이 결국 어떻게 결정되든지 관계없이 확고하게 고수된다. 그러니까 의미의 결정성이나 비결정성의 증명은 어느 쪽이든 말하자면 진리성의 결정성을 적어도 어느 정도는 전제하지 않을 수 없다.

5. 비결정성과 의미론적 탐구의 격위

그렇다면 철학자든 현장 언어학자든 독립적으로 "파악된" 개개의 낱말의 의미를 통해서 어떤 언어의 문장의 진리 조건에 접근하는 특권을 가질 수 없다는 것은 분명하다. 이미 지적한 바와 같이, 어떤 해석 이론은 개별 문장에 대해 그 문장이 옳다든가 승인받고 있다고 주장되는 사실이 해석자에 의해 관찰되는 상황과 일치하는 진리 조건을 예측하는 일의 성공 여부에 의해서만 판정될 수 있다. 데이빗슨은 이 점에 관해서 다음과 같이 설명하였다.

일반적 방책은 … 어떤 문장이 (이론과 사실에 대한 그 이론 구성자의 견해에 따라서) 옳을 경우에, 화자로 하여금 그 문장을 옳다고

주장할 수 있도록 할 뿐만 아니라 실제로 옳다고 주장하도록 하는 진리 조건을 선택하는 것이다.38)

이 방책은 어떤 언어에 대한 해석이 시작될 수 있기 위해서는 그 언어의 화자와 그 언어의 해석에 착수하는 사람 사이에 진리성에 관한 물음에 대해 전반적 합의가 있어야 한다는 것을 반영하고 있다.39) 물론 신중한 언어학자는 자신이 문제의 언어 속의 대부분의 문장을 해석하는 기초로 의지해도 좋다고 충분히 확신하는 해석 가설―"분석 가설"―의 포괄적 체계를 개발하기 전에는, 매우 흔하고 명백한 사실에 가장 직접적으로 관련되어 있는 문장들의 해석에 먼저 관심을 집중함으로써 최선을 다해 과오나 혼동이나 불일치의 가능성을 최소화하려고 할 것이다.40) 그는 자연스러워서 다루기 쉬운 해석 체계 즉 해석 이론을 구제할 필요가 있을 때에는 최후의 수단으로서 원주민 화자에 의해 (개인적으로나 집단적으로) 진지하게 긍정된 문장을 과감히 그른 문장으로 해석할 것이다.41) 그러나 개개의 문장을 진심으로 주장되는 문장이나 거짓으로 주장되는 문장으로 최종적으로 간주하는 일에 관한 모든 결정은, 어떤 특정한 경우에 그 문장과 관련 있는 사실이 무엇인가에 관한 해석자의 의견―다시 말하면 물리적 세계에 관한 해석자 자신의 특수한 이론에 입각해서 보고 판단된 의견―에 상대적으로 이루어질 수 있을 뿐이다.

따라서 해석이 순전히 약정적 작업으로 진행되든지 확립된 관용 담화법에 대한 경험적 탐구에 기초를 두고 진행되든지 간에, 모든 해석은 해석자

---

38) Davidson (1), 320쪽.
39) 이 점에 관한 데이빗슨의 논의는 그의 책 (1), 320-321쪽을 보라. 데이빗슨이 이 주제에 관해 연구한 상세한 내용은 그의 책 (3)에 있다.
40) 이 때문에 콰인은 (22), 69쪽에서 "평범한 메시지"가 번역에 "꼭 필요한 것"이라고 말하였다. 이와 관련해서 같은 책 40-46쪽에 있는 관찰 문장에 관한 논의도 살펴보라.
41) 같은 책, 69쪽.

자신의 언어의 진리성과 허위성을 결정짓는 고정된 기본 틀에 의거해서만 정해진다. 이 사실은 의미론적 탐구를 위한 방법론에 상당히 중요한 의의가 있는데, 왜냐하면 이 사실에 의해서 — 이론적 진리 자체의 본성에 관한 특별한 자각이나 이해에 대한 어떤 주장을 지지하는 방식으로는 아니지만 — 해석자 그리고 분석가로서의 철학자가 이론적 과학자와 구별되기 때문이다. 과학자는 진보하는 과학 조직 체계 속에서 진정한 이론적 혁신과 수정을 일으키는 범위까지는 그 과학 조직 체계를 새로운 형태와 구조로 다시 만드는 작업을 하고 있다고 볼 수 있다. 그러나 해석자는 고정되어서 정적인 과학 조직 체계 전체나 그것의 꽤 큰 부분에 상대적으로 작업을 한다. 그러니까 해석자는 미리 확립된 진리성에 의해 규정된 범위 안에서 진행되는 정상적 이론 활동의 영역 밖에서 작업을 한다. 이 사실은 왜 데이빗슨이 의미 개념과 신념 개념에 관한 자신의 견해가 약정적 과학 용어로 환원될 수 없다고 생각했는가를 설명할 수 있게 해주는데, 데이빗슨은 의미 개념과 신념 개념이 상호 관련되어 있는 이론적 구성체로 본다.

> 신념과 의미에 관한 이론은 색다른 대상을 필요로 하는 게 아니라 신념과 의미에 관한 이론을 물리과학들과 그밖의 비심리학적 과학으로부터 구별해주는 개념들을 사용할 따름이다. 다시 말하면 의미와 신념 등의 개념은 근본적으로 물리학적 개념이나 신경학적 개념이나 행동주의적 개념에 환원될 수 없다. … 그 이론에 필수적인 개념들의 환원 불가능성을 보장하는 것은 신념과 의미에 관한 이론을 구성할 때 반드시 의존하지 않을 수 없는 … 방법 그것이다. 개개의 해석과 태도 귀속은 전체론적 이론 속에서의 활동 즉 진리와 모순 없이 전체적으로 일관성을 유지시키려는 관심에 의해 필연적으로 지배되는 이론 속에서의 활동이며, 그래서 바로 이 사실이 신념과 의미에 관한 이론을 정신없는 대상을 기술하거나 대상을 정신없는 것으로 기술하는 이론으로부터 항상 구별해주고 있다.42)

오로지 언어적 의미에 대한 분석만 하는 활동으로서의 철학적 분석은 이론 과학보다 더 우월한 위치를 차지하지 못하며, 오히려 그 반대이다. 철학적 분석은 낱말을 해석하는 일을 하는 의미론적 탐구의 한 형태이기 때문에 모든 해석을 지도하는 순전한 이론적 전제에 의존하고 있다. 만일 다른 사람의 낱말의 의미를 해석하는 일이 진리성이나 허위성에 관한 자각적 고찰과 무관하게 이루어지는 것처럼 보인다면, 그 이유는 그런 해석이 암암리에 의존하고 있는 예외 없는 진리들에 대해 누구도 이의를 제기하지도 않고 의심도 하지 않을 때 그런 해석이 가장 전형적으로 이루어지기 때문일 것이다.

이 사실은 오래 계속되어 온 논쟁을 해결할 수 있는 실마리를 알려주는 것 같다. 콰인에 대한 비판은 촘스키(N. Chomsky)에 의해 가장 명확하게 제기되기 시작했는데, 콰인에 대해 비판하는 몇몇 학자들은 번역의 비결정성에 관한 콰인의 기본 주장이 물리학과 관련해서 이미 널리 알려져 있는 견해 즉 물리학 이론은 모든 가능한 경험적 증거에도 불구하고 미결정(未決定, underdetermination) 상태에 있다는 견해와 별로 다르지 않다고 주장하였다.43) 그러나 콰인은 자신의 입장을 옹호하기 위해 <말과 대상> 이후 줄곧 번역의 비결정성은 실제로 이론 자체의 미결정성 이외에, 그와 구별되는 이차적 특징을 지닌 미결정성을 지니고 있다는 주장을 계속하고 있다.44)

> 언어학이 자연에 관한 이론의 일부분이라는 것은 두말할 것 없지만, 번역의 비결정성은 자연에 관한 이론의 미결정성에 해당하는 특수한 경우가 아니다. 번역이 결정되지 않는 것은 자연에 관한 이론이 결정되지 못하는 것과 비슷하긴 하지만 그 이외의 다른 면을 지니고

---

42) Davidson (1), 322쪽.
43) Chomsky, 그리고 Putnam (3), Rorty (1), Friedman, Soames를 보라.
44) Quine (22), 73-79쪽, 그리고 (17)을 보라.

있다.45)

 콰인이 이런 식으로 시도했던 구별은 콰인의 전체적 관점에 공감하는 철학자들을 비롯해서 거의 대부분의 철학자에 의해 파악되지 못했었다. 그러나 콰인이 시도한 이 구별은 일단 진리성이 의미보다 우선한다는 것과 의미론의 문제는 일반적으로 진리성 자체의 문제나 이론 자체의 문제에 의존하는 이차적 성격의 문제라는 것을 충분히 인식하기만 하면 훨씬 더 쉽게 이해될 수 있다.

 이 구별의 요점은 다음과 같다. 우리는 자연에 관한 우리 자신의 이론이 쓸모 있는 증거에 의해서 결정되지 못한다는 것을 자연에 관한 우리의 이론의 일부분으로서 알고 있거나 알고 있다고 생각한다. 하지만 번역자나 해석자는 은연 중에든 부지불식 간에든 그러한 어떤 이론 — 대개는 자신의 이론 — 을 먼저 전제로 설정하고 탐구를 시작하지 않을 수 없으며, 그 다음에 그 이론을 조금도 손상시키지 않으면서 자신이 탐구하고 있는 언어로 읽는 만족스러운 방식을 찾아 나간다. 이 일에는 언제나 그 이론에 의해 주장된 진리 전체를 거의 교란시키지 않으면서 (이 진리 자체가 그런 것과 마찬가지로 미결정 상태에 있는) 그 이론을 다른 언어로 읽는 여러 가지 방식이 있는데, 이 방식들은 모두 동등하게 정당하지만 서로 양립할 수 없다는 것이 바로 번역이나 의미의 비결정성에 관한 콰인의 기본 주장의 본질적 핵심이다.

> … 전자와 중간자와 굽은 공간에 대해 내가 갖고 있는 철저한 실재주의적 태도를 당분간 취하기로 하자. 그러면 세계에 관한 현재의 이론이 원리상 방법론적으로 미결정 상태에 있다는 것을 알고 있음에도 불구하고, 세계에 관한 현재의 이론에 동의하는 것이 된다. 이

---

45) Quine (17), 303쪽.

실재주의적 관점에서 자연에 관해서 알고 있는 진리와 알고 있지 못하는 진리, 관찰할 수 있는 진리와 관찰할 수 없는 진리, 과거의 진리와 미래의 진리를 망라하는 진리 전체를 생각해보자. 번역의 비결정성에 관한 요점은 번역의 비결정성이 자연에 관한 이 모든 진리 즉 진리 전체에 성립한다는 것이다. 바로 이것이 내가 번역의 비결정성이 적용되는 경우에는 올바른 선택에 관해서는 진정한 물음이 성립하지 못한다는 말로 표현하고자 했던 것이다. 사실 이 말은 자연에 관한 이론의 잘 알려진 미결정성의 범위 안에서조차 전혀 문제될 것이 없다.46)

번역의 비결정성은 번역에 관한 선택권이 번역자 자신의 언어 속에서 진리와 허위를 결정하는 바로 그 기본 틀에 상대적으로 주어질 때, 그리고 적어도 당분간 진정한 이론적 의의를 제쳐놓은 후에만 발생한다. 따라서 어떤 언어의 표현에 대한 우리의 해석이나 의미 부여는 통상 세계에 관한 우리 자신의 (미결정 상태의) 이론의 교구적(敎區的) 범위 안에서 사실 문제에 관하여 사전에 이루어진 진리 인식에 본질적으로 의존하는데, 세계에 관한 우리 자신의 이론은 그보다 순수한 이론적 가설이 사전의 진리 인식에 의존하지 않는다는 점에서 교구적 범위를 갖는다. 여기서 중요한 점은 하나의 체계 안에서 가설들이 서로 의존한다는 잘 알려진 사실이 아니라 (번역자의) 가설 체계가 (이론가의) 다른 가설 체계에 의존한다는 사실이다.

우리가 가설들의 체계나 주장들을 채택할 때에는 전체론적 관점에서 편리성, 단순성 등등을 고려하지만, 그 채택을 옳다고 보장하는 것은 다른 무엇보다도 증거이다. 하지만 그런 증거는 어떤 언어의 용어들의 의미와 언급이 궁극적으로 의존하는 개별 문장의 진리 조건이나 의미와 곧바로 동일시될 수 없다. 해석 작업이 시작되는 곳이 바로 이론 작업이 멈추는

---

46) 같은 책, 같은 쪽.

곳이다. 이론을 위한 가장 튼튼하고 절대적인 토대는 관찰 문장이다.47) 해석을 위한 가장 튼튼하고 절대적인 토대는 사실상 관찰 문장의 진리 조건을 기술하는 문장 즉 관찰 문장에 관한 T 형식 문장이다. 만일 우리가 세계에 관한 신념들의 체계를 콰인의 "경험주의의 두 독단적 신조"에 나오는 유명한 비유처럼 "경험을 경계 조건으로 하는 힘의 장"48)이라고 생각한다면, 마찬가지로 해석 이론을 "어떤 이론 체계를 경계 조건으로 하는 힘의 장"이라고 생각해도 별로 무리한 말은 아닐 것이다. 그러므로 콰인이 주장하는 요점은 이론은 증거에 관하여 미결정 상태에 있을지라도, 의미나 번역은 이론 자체에 관하여 비슷한 방식으로 미결정 상태에 있다는 것이다.49)

의미론적 탐구가 이론 과학 자체의 성격에 비해 방법론적으로 이차적이고 의존적인 성격을 갖는다는 것이 일단 인식되고 나면, 번역의 비결정성, 언급의 불가해성, 존재론의 상대성 등의 문제는 마찬가지로 단지 이차적 중요성만 갖는 것으로 여겨지게 된다. 고전적인 철학적 분석이 진리성을 의미나 언급의 함수로 간주한 방식을 방향만 바꾸어 의미와 언급이 진리성에 대한 사전의 고려에 의해 제한되고 규정된다고 보게 되면, 의미나 언급을 결정하는 일에 얽혀 있는 이른바 임의성과 상대성은 객관적 진리나 그에 대한 우리의 이해가 관련되어 있는 한 전혀 직접적 함축 내용을 갖지 못할 것이다.

물론 콰인의 번역의 비결정성 기본 주장에 관해서는 이 기본 주장이 이론의 미결정성과 명확하게 구별되고 또 의미에 대한 진리성의 우선성이 충분히 인식되어 있을 때조차도 의견의 불일치가 여전히 있을 수 있다. 예

---

47) 내가 염두에 두고 있는 "관찰 문장" 개념은 Quine (22)의 40-46쪽과 (11)의 85-89쪽에 설명되어 있는 개념이다.
48) Quine (19), 42쪽.
49) 번역과 해석에 대한 콰인-데이빗슨 식의 기초적 접근 방법에 관련된 이 문제에 관한 훌륭한 논의는 FØllesdal을 보라.

를 들어 해석 이론이 타르스키의 진리성 정의의 형태를 취해야 한다는 데이빗슨의 선천적 요구 조건은 이미 살펴본 바와 같이 문제의 언어를 "양화 이론이라는 프로크루스의 침대"에 억지로 "맞추려고" 하는데, 그렇게 함으로써 만족스러운 번역 편람이 취할 수 있는 형식에 대한 콰인의 흄식 태도가 야기하는 근본적 비결정성을 제거하려고 하였다.50) 그러나 번역의 비결정성에 관해서 콰인과 데이빗슨이 어떠한 차이점을 보이더라도 그 차이점은, 그들이 번역과 해석에 대해 훨씬 더 비중이 큰 공통의 방법론적 노선을 취하고 있기 때문에, 실제로는 아주 제한된 철학적 관심의 대상일 뿐이다. 이런 이유 때문에 의미에 관한 전통적 개념에 대한 콰인의 비판적 음미의 진정한 가치는 궁극적으로 의미론적 탐구의 진정한 본성과 방법을 명백히 밝히는 데 도움을 주었다는 데에 있으며, 데이빗슨이 이 주제에 관한 비판적 논의 과정에서 드러난 콰인의 "기본 착상"—데이빗슨의 근본적 해석 프로그램이 분명히 기초로 삼고 있는 기본 착상—을 "언어에 관한 연구에서 새로이 발견된 극소수의 진정한 기본 착상"51)이라고 말한 진의는 바로 이것이었다.

따라서 이론 과학자는 세계에 관한 진리들의 체계를 구성하고 발전시키는 일에 종사하고, 번역자나 해석자는 그러한 진리들의 번역이나 해석에 종사할 따름이다. 이론 과학자는 증거가 미약할 때 진정한 **이론적 대안들** 중에서 선택을 하게 되며, 그래서 이론 과학자는 실용적 이유에서든 그 밖의 다른 이유에서든 주어진 문장을 옳거나 그른 것으로 승인하거나 거부하는 이유에 관심을 갖는다. 한편 여러 가지 가능한 번역 편람에 직면해 있는 해석가는 **표기법의 대안들** 중에서 선택을 해야 하며, 그래서 해석가의 관심은 동일한 일련의 진리를 실용적 이유에서든 그 밖의 다른 이유에서든 이런저런 표기법 체계로 표현하는 이유에 관심을 갖는다. 그러니까

---

50) 데이빗슨의 논평은 (1)의 319-320쪽과 (4)의 328쪽 각주 14를 보라.
51) Davidson (1), 317쪽.

이론 과학자의 결정은 이론에 변화를 일으키지만, 해석가의 결정은 주어진 일련의 진리가 지니고 있는 형식적 속성이나 표기법적 속성에 변화를 일으킬 뿐이다.

문법의 임무는 어떤 언어의 유한한 수효의 기초적 표현과 어구에 의해서 문장들에 대한 자세한 설명을 마련하는 것이지만,52) 의미론의 임무는 기초적 표현과 어구의 상관 관계에 의거하여 어떤 언어의 문장들을 다른 언어의 문장들에 사상(寫象)시키거나 어떤 언어의 한 부분의 문장들을 그 언어의 다른 부분의 문장들에 사상시키지만, 진리성과 진리 조건이 이론적으로 결정될 수 있는 정도까지는 그 사상이 진리성과 진리 조건을 보존해야 한다는 제약이 부가되어 있는 일이라고 설명할 수 있을 것이다. 만일 이론적으로 동등한 해석 가설들이 동일한 문장의 진리 조건을 달리 결정하거나 다른 진리치까지 부여하는 일이 생긴다면, 이 실질적 차이는 결국 기초 어휘와 문법을 달리 선택했다는 것과 이것들을 배경 언어의 기초 어휘와 문법에 상호 관련시키는 방법을 달리 선택했다는 사실을 반영하는 것이다.

그러므로 의미론적 분석이 세계에 관한 일차적 정보나 세계에 관한 지식을 제공할 수 없다는 것은 전혀 놀랄 일이 아니다. 우리는 경험 과학과 상식적 이해가 이미 우리에게 알려준 것에 대한 간접적 재구성과 반영, 그리고 경험 과학과 상식적 이해가 이미 우리에게 알려준 것이 어떻게 다른 표기법 체계로 표현될 수 있는가에 관한 정보를 의미론적 분석에 기대할 수 있을 뿐이다. 의미론적 분석은 이론의 선택권이 아니라 표기법의 선택권을 알려준다. 의미론적 분석은 매개 변인으로서 이미 확립된 진리 전체가 주어지면, 그 진리를 구성하는 형식적 원리나 그 진리 또는 그 진리의 부분을 다른 진리에 상호 관련시키는 형식적 원리를 찾는다. 의미론적 분석은 옳은 문장들의 형식과 형식적 관계에 관한 진리를 추구할 따름이다.

---

52) 콰인이 (12)의 2장에서 설명하고 있는 문법의 임무의 특성과 비교해 보라.

따라서 의미론적 분석은 관찰이나 경험에 의해 제약을 받는 게 아니라 이미 확인된 진리에 의해 제약을 받는다. 의미론적 해석은 자연 세계에 관한 이론을 형성시키는 증거에 의해서가 아니라 자연 세계에 관해 승인된 유리한 입장의 어떤 이론에 입각해서 만들어진 진리에 의해 구체적 모습을 갖추게 된다. 해석가나 분석가의 해석 가설은 배경 언어에 관해서 이미 승인된 신조에 상대적으로만 언어 외적 의의를 갖는다. 해석가나 분석가의 해석 가설은 그 신조를 믿을 수 있는 근거는 고사하고 그 신조를 이해하기 위한 독자적 토대조차 제공하지 못한다.

의미론의 특성이 본래 형식적 연구나 표기법 연구라는 말은 카르납이 <언어의 논리적 통사론>에서 논리적 분석을 "언어의 수학과 논리학"이라고 설명한 말을 생각나게 한다. 앞에서 지적한 바와 같이, 모든 의미론적 진술은 기호의 형식과 형태에 관한 통사론적 진술로 환원될 수 있다는 것이 카르납의 최초 견해였는데, 사실 그의 통사론적 신조는 히즈의 "진리주의 의미론" 같은 견해와 놀랄 만큼 유사하다. 카르납과 마찬가지로 히즈는 의미론적 관계를 언어적 대상들 사이에 성립하는 관계로 파악하고, 어떤 표현의 의미를 그 표현의 형식적 "귀결들"의 집합에 의해 설명하였다. 가장 중요하고 결정적인 차이점은 카르납이 진리성을 형식적으로 정의하려고 시도하고 또 그러한 통사론적 탐구를 과학적 지식의 "기초"를 명료하게 밝히는 작업으로 간주한 반면에, 히즈의 프로그램은 훨씬 더 겸손하게 번역과 해석만 설명하려는 의미론적 이론을 세우기 위해 진리성이라는 원초적 무정의 개념에 먼저 호소한다는 점이다.

> 그 이론은 오히려 단순할 뿐만 아니라 순진하기까지 하다고 할 수 있다. 그 이론은 철학적 어려움을 최소화시킨다. 그 내용은 다른 의미론적 이론보다 훨씬 더 철학적으로 중립을 유지한다. 이 점 때문에 그리고 약간의 다른 속성 때문에 내가 주장하는 이론은 의미론에 관한 과학적 연구를 확립하는 일과 언어의 의미론에 실질적 가치를 지

닌 약간의 사실을 발견하는 일에 훨씬 더 유용하다.53)

 이 견해는 모든 철학을 통사론이나 의미론 또는 둘 다에 환원시키려고 했던 고전적 분석과는 큰 차이가 있다.
 하지만 만일 번역의 비결정성에 관한 콰인의 주장이 옳기 때문에, 어떤 언어 속의 낱말들의 문법과 의미를 해석하는 단 하나의 올바른 방식이 있을 수 없다면, 명확하게 정의된 이론적 관점에서조차도 어떻게 우리가 어떤 언어를 배우고 이해하게 되는가를 설명하는 문제가 여전히 남게 된다. 물론 그 답은 과학적 지식이 사전에 "본질"이나 "실존의 기본 범주"에 대한 인식을 필요로 하지 않는다는 것과 마찬가지로, 언어의 이해가 개개의 "의미"나 "관념"이나 "개념"의 파악을 필요로 하지 않는다는 것이다. 우리와 세계에 관한 이론을 중재하는 고정된 개념 체계라는 생각은 모든 이론적 구성을 초월하여 언어 바깥에 있는 완전히 결정된 실재라는 생각만큼 쓸모 없고 무의미한 생각이다.
 절대적인 형이상학적 진리의 추구가 말하자면 언어 바깥의 실재의 비결정성—맹목적 경험은 세계에 관한 이론을 미결정 상태로 놓아둘 수밖에 없다는 것—을 깨닫는 데 실패했던 것과 꼭 마찬가지로, 고도의 철학적 목적을 추구하는 의미론적 분석이나 언어적 분석은 의미의 비결정성—이론 일반은 해석 이론이나 번역 이론을 미결정 상태에 놓아둘 수밖에 없다는 것—을 깨닫는 데 실패하였다. 콰인은 이 점에 관해 다음과 같이 말했다.

> 분석 가설의 방법론을 언급함으로써 동의성을 정의할 수 없는 것은 과학적 방법을 언급함으로써 진리성을 정의할 수 없는 것과 형식적으로 동일하다. … 게다가 결과도 비슷하다. 어떤 이론의 용어들로만 문장의 진리성에 관해 의미 있게 말할 수 있는 것과 마찬가지로,

---

53) Hiz, 438쪽.

… 대체로 어떤 특정한 분석 가설 체계의 용어들로만 언어적 동의성
에 관해 의미 있게 말할 수 있다.54)

세계에 대한 우리의 이해와 그 이해에 대한 우리의 이해는 둘 다 똑같이 미결정 상태에 있다. 의미의 비결정성은 의미론적 이론가에게 ― 그가 히즈처럼 의미론은 자연에 관한 현재 이론의 범위 안에서 사전에 파악하고 있는 진리에 크게 의존한다는 것뿐만 아니라 의미론이 직접적인 철학적 취지를 포함하고 있지 않다는 것까지 명확하게 인식하고 있는 한 ― 극복하기 어려운 난관일 필요는 없다. 의미론적 탐구는 세계의 본성에 관한 형이상학적 진리를 밝혀내지도 못하고, 세계의 본성에 대한 우리의 사고에 관한 인식론적 자료를 밝혀내지도 못한다. 의미론적 탐구는 관념과 의미와 개념에 관심을 갖는 게 아니라, 기호 체계의 구조적 속성에 관한 비교 문제에 관심을 갖는다.

의미론적 탐구에 대한 이 그림에 함축되어 있는 내용은 아마 고전적 논리실증주의의 철학적 분석에 가장 큰 피해를 주겠지만, 전통적 형이상학을 힘에 겹다고 거부하면서도 오로지 인간의 언어행위에 대한 이해와 연구만을 지향하는 특별한 종류의 철학적 탐구를 계속 옹호하는 훨씬 더 최근의 철학적 분석에도 피해를 줄 것이다. 이처럼 새로운 형태를 취했던 제일 철학은 옛날의 철학적 문제들에 대한 답을 제시하기 위한 새로운 방법을 찾거나, 옛날의 철학적 문제들을 위장된 언어적 물음이나 개념적 물음으로 해석하거나, 옛날의 철학적 문제들은 모두 사이비 문제라고 단호하게 선언하였다. 철학적 설명을 하는 언어가 이상 언어이어야 하는가 일상 언어이어야 하는가는 거의 문제되지 않는다. 설정된 목표가 기술적 형이상학이든 개념적 인간학이든 결과는 마찬가지다. 언어에 고유한 것으로 여겨졌던 의미나 개념적 내용의 본성은 본래 객관적으로 결정할 수 있는

---

54) Quine (22), 75쪽.

범위와 체계적으로 설명할 수 있는 범위를 벗어나 있다. 의미나 개념적 내용의 본성은 어떤 배경 이론과 그 배경 언어로 번역하기 위해 선택된 특정한 방식에 상대적으로만 유의미하게 기술될 수 있을 뿐이다.

전통적인 형이상학적 탐구의 보조 수단으로서만 언어적 분석을 추구했던 철학자들에게는 의미론에 관한 위의 평가에 함축되어 있는 내용들이 심각한 문제를 별로 일으키지 않을 것이다. 철학적 분석은 형이상학보다 더 나쁜 것도 아니지만, 그렇다고 더 좋은 것일 수도 없다. 어쩌면 콘맨이 언어적 언급에 관한 답을 찾기 위해 언어로 갔다가 다시 형이상학으로 되돌아오는 우회로를 거친 사실은 절대적 형이상학 물음과 낱말의 의미나 언급에 관한 절대적 물음의 철저한 상호 의존 관계를 아주 잘 보여준다.

6. 철 학

지금까지 살펴본 바와 같이, 의미와 번역에 관한 콰인의 저작이 함축하고 있는 상위 철학적 내용(上位 哲學的 內容, metaphilosophical implication)은 주로 부정적인 내용인데, 이와 관련해서 독자는 "그렇다면 철학 고유의 역할은 무엇이라고 생각해야 하는가, 또는 도대체 철학이 맡아야 할 무언가 정당한 기능이 있기는 있는가"라고 묻고 싶은 마음이 들 것이다. 콰인의 저작에 함축되어 있는 내용은 이론 과학의 영역과 성질이 전혀 다른 철학적 탐구의 특별한 영역이 있다는 생각—철학자들이 일상적 경험 과학자의 세속적 속박에 의해 방해받지 않으면서 통찰과 직관과 상상이라는 특수한 능력을 자유롭게 발휘할 수 있는 영역이 있다는 생각—에 관해서 그러한 영역이 순전히 꿈의 세계일 뿐이라고 명확하게 답하고 있다. 그러나 앞에서 윤곽이 그려진 콰인 식의 전체적 조망 속에 머물러 있으면서, 이론 과학 일반의 정신과 방법을 사용하여 계속 합법적으로 탐구할 수 있는 적어도 세 가지 뚜렷이 구별되는 철학 활동이 남아 있다. 게다가 이 세 가지 철학 활동은 그 가운데 어느 것도 제일 철학이나 표준적인 상위 철학적 의미에서의 분석과 동일시될 수는 없으면서도, 이런저런 형태의 언어적 문제에 관여하는 특징을 보여준다.

과학은 "자신을 반성하는 상식"(self-conscious common sense)이라고 여겨져 왔다. 이 자의식은 언어 속에 세계에 관한 (누구나 바라는) 옳은 문장들의 체계적 연결로 명확하게 나타난다. 이와 같이 과학은 실제의 사실 속에 암암리에 함축되어 있는 것을 이론으로 명백하게 밝히려 하며, 다시 이 명백한 이론 체계에 의해서 실제의 사실에 대한 지침을 제공하려고 한다. 이와 어느 정도 비슷한 방식으로 철학은 매우 명료한 어떤 의미에서 "자신을 반성하는 과학"을 표현한다고 말할 수 있다. 이 관점에서 보면, 철학은 과학적 활동 속에 암암리에 함축되어 있는 것을 이론(철학)으로 명백하게 밝히려 한다고 말할 수 있다. 그러니까 세계에 관한 문장들을 체계적으로 구성하려는 독특한 과학적 관심은 그런 문장들에 관한 문장들을 체계적으로 정리하려는 철학적 관심에 의해 반성을 거치게 된다. 과학적 활동의 산물이 이론인 것처럼 "자신을 반성하는 과학"으로 해석된 철학의 산물은 이론에 관한 이론이다. 그리고 과학적 활동의 산물이 지닌 가장 훌륭한 특징이 과학의 문장들이나 이론들이 지닌 진리성인 것처럼 철학적 활동의 산물이 지닌 가장 훌륭한 특징은 그런 진리들의 기원과 범위 그리고 근거와 본성에 관한 문장들의 진리성이다. 이론에 관한 이론이나 과학에 관한 과학으로서의 철학은 단적으로 진리성에 관한 이론으로서의 철학이다.

이론화 작업에 관한 이론가로서의 철학자는 인식론자이다. 이 철학자는 지식에 관한 이론 즉 과학적 진리에 관한 이론이나 과학적 이론에 관한 이론에 대한 연구에 몰두한다. 그는 표기법 체계의 구조적 속성을 탐구하는 것이 아니라 "진리에 관한 이론적 진리"를 탐구한다. 진리성은 단지 어떤 다른 용어들로 정의되면 그것으로 그만인 것이 아니며, 표기법의 탐구에서 없어도 무방한 부수적 요소도 아니다. "진리성"은 과학적 활동의 영역 전체를 탐구 범위로 삼는 경험 과학의 가장 중요한 이론적 개념으로서 자리를 잡는다. "옳다"라는 용어는 "∈"가 집합론의 용어인 것과 마찬가지로 과학에 관한 과학의 용어이다. 이런 용어는 무정의 원초 용어인데, 그에 대한 이해는 우리가 다양한 이론적 연관 관계 속에서 이런 용어의 사용을 얼마나 체계적으로 잘 설명할 수 있느냐에 거의 달려 있다. 게다가 "옳다"는 용어를 최초에 직관적으로 이해할 수 있다는 것은 애당초 명백한 이론적 공준을 설정하는 일에 아주 귀중한 도움을 준다. 그러한 이론은 -타르스키가 마음 속에 가졌던 목표가 "옳다" 이외의 비논리적 원초 용어로는 완전히 의미론적 용어만 사용하는 일련의 공리였던 점을 제외하면 -대체로 타르스키가 제안한 진리성에 관한 "공리적 정의"와 비슷하지만,55) 여기서 언급한 공준의 적용 범위는 인간의 이론적 활동 영역 전체를 포함한다.

진리성에 관한 이론으로서의 철학은 물리학 그리고 과학에 관한 과학과 함께 심리학, 사회학, 인류학, 생물학의 일부를 포함한다. 따라서 철학과 여러 과학은 확연하게 구별될 수 없고 다만 등급을 매길 수 있을 뿐이다. 다시 말하면 진리성에 관한 이론은 결국 그 밖의 이론 과학과 연결되어 있고, 따라서 동일한 관찰적 근거에 기초를 두고 있다. 진리성에 관한 이론으로서의 철학이 이루어낸 가장 뛰어난 한 가지 성과는 이론 자체의 미결정성에 관한 신조이다. 콰인은 이 점에 대해 다음과 같이 말했다.

… 물리학의 이론이 궁극적 매개 변인이다. 물리학보다 더 높고 튼튼한 합법적인 제일 철학은 없다. 물리학자를 제쳐놓고 도움을 청할 수 있는 제일 철학은 없다. 자연에 관한 이론 전체가 불완전한 임

---

55) 4장 5절을 보라.

의성과 미결정성을 지닌다는 이해조차도 더 높은 수준의 직관이 아 닙니다. 그 이해는 자연에 관한 미결정 상태의 이론과 자연적 대상으로서의 우리 자신에 관한 미결정 상태의 이론에 없어서는 안 될 요소이다.56)

이 진리성에 관한 이론에 대한 연구에서 핵심을 이루는 연구는 역사적으로 과학 철학과 지식 이론으로서 연구되어 왔던 것이 대부분이다. 다른 흥미롭고 의의 있는 연구 실례는 콰인이 수행한 문법가와 번역가의 임무에 대한 광범위한 탐구인데, 이 연구에는 그 방법과 이 연구 분야의 이론적 격위에 대한 (이론적) 평가가 포함되어 있고, 그로부터 번역의 비결정성에 관한 콰인의 신조가 나왔다는 것은 두말할 것도 없다. 진리성에 관한 이론가로서의 철학자는 이론에 차이를 만들어내는 결정을 한다. 이론가라면 누구나 그러는 것처럼, 그의 결정은 특정한 시점에 주장하려는 진리의 총량에 직접 관련이 있다. 그러므로 그의 결정은 진정으로 이론적 결정이고, 그래서 번역가나 해석가가 내리는 표기법에 관한 결정과는 아주 다르다.

과학에 관한 과학으로서의 철학이 "상위 철학" 즉 "철학에 관한 이론"을 포함할 뿐만 아니라, 실제로 연구해볼 수 있는 그러한 상위 탐구라면 어느 것이든 모두 포함한다는 것은 두말할 필요도 없다. 따라서 철학하는 고유 방법에 관한 카르납과 그 밖의 다른 실증주의 철학자와 언어 철학자의 광범위한 저작까지도ㅡ그들의 주장이 그르고 틀린 것으로 거부된다 할지라도ㅡ온전한 "이론적 격위"와 "철학적 격위"를 쉽게 인정받을 수 있다. 이 말은 타르스키의 의미론적 진리성 정의에 대한 그 자신의 추천과 옹호에 대해서도ㅡ이 추천과 옹호는 의미론적 진리성 정의 자체와 별개의 것이기 때문에ㅡ똑같이 성립한다. 결국 이 철학관은 유의미한 철학적 담화의 가능성을 배제하지 않는다.

---

56) Quine (17), 303쪽.

또한 개념적 분석이나 언어적 분석이나 의미론적 분석에 남아 있는 다른 측면에서도 철학을 위해 할 수 있는 말이 여전히 많이 있다. 이 경우에 철학은 이론적 진리에 관한 고찰에 간접적으로만 영향을 미치는 표기법에 관한 연구 작업으로 간주된다. 철학의 임무는 언어 체계나 이론 체계의 형식적 속성에 관해서 창조적으로 수학적 탐구를 하는 것이다. 이 탐구가 이론에 직접 미치는 영향은 미미하지만, 이 연구가 과학을 위해 얼마나 중요한가는 과학자들이 실제적 이론을 구성하는 맥락에서 이 연구의 결과가 하는 역할을 올바르게 인식할 때 명백하게 드러난다. 이 분석에 의해 얻어지는 결과는 이론적 발견은 아니지만, 새로운 이론의 채택이나 현재의 이론을 단순화시키거나 세련시키는 형태로 이론적 혁신을 강하게 시사할 수 있다.

이와 같이 분석은 "언어적 좌표계"나 "이론적 좌표계"의 형식적 속성을 서술하고, 여러 가지 다른 체계 사이의 구조적 유사성이나 관계 또는 동일한 체계 속의 다른 부분들 사이의 구조적 유사성이나 관계를 밝히려고 한다. 이 일을 통해서 분석은 상호 간의 번역을 위한 방침이나 일부에 제한되어 있는 정의와 표현을 일반적으로 사용할 수 있는 방침을 밝혀준다. 진정한 이론적 혁신은 그 다음에 분석가의 "분석 가설"에 의해 밝혀진 증가된 이론적 힘과 단순성이 지닌 가능성에 대해 반응을 보임으로써 이루어진다고 할 수 있다. 탐구되고 있는 체계 속의 진리와 허위는 분석에만 전념하는 철학자의 직접적 관심사가 아니다. 분석가로서의 철학자는 자신이 어떤 체계와 다른 체계 사이에 설정하는 수학적 관계에 관한 진리를 탐구하는 의무만 질 뿐이다. 그러한 분석의 진정한 성과는 표기법의 선택 가능성과 이론적 환원과 통합의 가능성에 대한 발견이다.

방금 설명한 분석의 가장 유명한 성공 사례는 여전히 "수학의 기초"에 관한 저작에서 이루어진 성공일 것이다. 그 실례로는 데까르트의 해석 기하학 발명, 비유클리드 기하학의 형식적 구성과 그에 대한 다양한 해석,

수학에서의 여러 가지 집합론적 환원을 들 수 있다. 이에 더해서 카르납의 <세계의 논리적 구조>나 굿맨의 <현상의 구조>에서 시도되었던 "현상주의적 구성" 역시 이런 식의 분석에 포함시킬 수 있는데, 이들은 동일한 분석 방법을 물리적 언어에 철저하게 체계적으로 적용했었다. 한편 열역학을 역학에 접목시킨 이론적 환원도 물리학 체계 속의 매우 제한된 영역에서 이루어지긴 했지만 분석의 아주 인상적인 성공 사례이다. 그뿐 아니라 20세기 철학적 저작에 넘쳐흘렀던 정신적인 것을 물리적인 것에 환원시키려 했던 분석, 윤리적 언어에 대한 분석 등등도 모두—비록 실제로는 단편적으로 조금씩 진행되다 말았을지라도—지금 여기서 말하는 분석의 대표적 실례에 속한다고 할 수 있다. 그렇지만 중요한 점은 그러한 분석 가설의 확립이 저절로 집합이나 수 같은 대상이 정말로 실존하는가에 대해서는 전적으로 중립을 지킨다는 사실이며, 더 나아가 물리적 대상에 관한 지식이 감각 자료에 대한 지식이나 익숙(직접 지각)으로부터 만들어진다는 인식론적 주장을 조금도 지지하지 않는다는 사실이다. 이런 구성은 아무리 단순하고 쉽더라도 그것만으로는 인간의 행동과 행위에 관한 심리주의적 이론이 그르다는 것을 결코 증명하지 못한다. 이런 문제는 이론가로서의 과학자나 철학자가 결정을 내릴 일이지 "분석가"가 결정할 수 있는 일이 아니다.

그러므로 분석이 모든 경험 과학으로부터 독립되어 있는 작업이라는 견해는 옳은 견해라고 할 수 있는데, 그 이유는 실증주의자들과 많은 언어 분석가가 생각했던 것처럼 분석이 과학 언어의 실제적 의미나 개념적 내용에 관한 과학의 물음보다 어떤 식으로든 논리적으로 선행하는 물음을 다루기 때문이 아니라, 일반적으로 분석가는 진리성과 허위성에 관한 문제를 애초부터 직접 탐구하지 않기 때문이다. 분석의 의의에 관해서는 수많은 그른 주장이 그 동안 있었고 또 앞으로도 계속 나오겠지만, 이 사실은 분석이 고유하게 갖고 있는 장점을 전혀 손상시키지 않을 것이다. 분석가의 작업이 지닌 진정한 가치와 유용성은 분석가 자신이 갖고 있는 분석에 대한 오해에 의해서 평가될 수 없을 뿐만 아니라, 다른 사람들이 갖고 있는 분석에 대한 오해에 의해서 평가될 수도 없다. 분석은 지금까지 철학자들로부터 주목받아 왔던 장점을 유지하기 위하여 존재론적 통찰이나 인식론적 통찰을 표방하면서 뽐내던 주장을 전혀 필요로 하지 않는다.

세 번째 종류의 철학 활동은 콰인의 저작을 통해서 매우 잘 알려진 작업이다. 이것은 진리성에 관한 이론의 경우처럼 이론 과학 자체와 완전히 연속되어 있는 철학이다. 그러나 이 철학은 이론과 진리성에 관한 인식론적 물음을 다루는 것이 아니라 "형이상학적 물음"이라는 말이 더 적절할 정도로 세계와 실존에 관해서 더욱 직접적으로 묻는 물음을 다룬다. 예컨대 심리학에 등장하는 정신, 의도, 관념의 실존에 관한 물음, 수학에 등장하는 집합과 수의 실존에 관한 물음, 물리학에 등장하는 분자, 원자, 파장, 입자의 실존에 관한 물음 등등이 그런 물음이다. 이런 물음은 어떤 철학자에 따르면 언어적 언급에 관한 물음이고, 다른 철학자에 따르면 언어적 제안에 관한 물음이다. 내 입장은 모든 과학적 물음이 언어적 제안으로 취급되는 한－다시 말해서 어떤 특정한 문장이나 이론을 옳은 것으로 채택할 것인지 않을 것인지에 관한 물음으로 취급되는 한－언어적 제안으로 간주할 수 있다는 입장이다. 이 경우 문제의 초점이 제안 이론의 지지자들－예컨대 "언어 체계" 신조에 따라 지지했던 카르납 같은 철학자들－이 의도했던 뜻에서 순수한 "사실적 물음"과 순수한 "언어적 물음"을 가르는 명확한 경계선이 없다는 사실에 있다는 것은 두말할 것도 없다.

콰인은 이 종류의 철학 활동의 성격을 밝히는 일을 여러 차례 반복하였다.57) 나는 여기서 이 일에 대해 다만 종래의 "철학적" 실존 물음이 과학적 합의가 매우 쉽게 이루어지는 관찰 수준에서 가장 멀리 떨어진 물음으

---

57) 그 중에서도 콰인의 (4), 42-47쪽과 (22), 270-276쪽에 보이는 시도가 가장 뚜렷하고 하겠다.

로 간주된다는 것만을 강조하는 것 외에는 자세한 설명을 하지 않겠다. 이런 물음은 아주 광범위한 체계적 함축 내용을 지닌 문제이므로, 이런 물음에 대한 의견의 불일치는 이론적 조망 전체에 영향을 미치는 심층부에 관한 의견의 차이가 있음을 암시하는 것이다. 콰인은 이 영역에서의 토론이 그처럼 흔히 이론 자체를 명백하게 다루는 데까지 "상승하는" 것은 이 이유 때문이라고 설명하였다.58) 이런 토론은 언어에 관해서 이야기하게 되는데, 카르납은 언어에 관한 언급을 이런 물음의 사이비 과학적 본성을 알려주는 표시로 보았지만, 콰인은 언어에 대한 언급이 이론적 책임을 선명하게 드러냄으로써 시간을 낭비시키는 혼동과 불필요한 논점 이탈을 피하는 데 실제로 도움을 준다고 보았다. 콰인이 지적한 바와 같이, 일각수로부터 집합에 이르기까지 대상이 무엇이든 실존에 관한 모든 물음은 실제적인 이론적 선택을 반드시 필요로 한다. 예컨대 일각수나 웜뱃의 실존에 관한 물음은 그것들을 포괄하는 이론 그물에 극히 사소한 수정을 가해서 해결될 수 있지만, 수나 집합에 관한 실존 물음은—이 대상들에 대한 생각이 바뀐다면—전반적인 이론적 변화와 광범위한 재조정을 필요로 할 것이다.

철학을 이론 과학 일반과 동화시키는 것은 우리가 실제로 어떻게 생각해야 하는가와 대립하는 것으로서 우리가 어떻게 생각해야 하는가를 알려주는 철학의 규범적 역할이나 비판적 역할을 철학에서 빼앗는 것이라고 종종 생각되어 왔다. 이러한 견해는 규범 대 기술의 구별을 역설하면서 통상 과학의 순수한 사실적 본성을 과장하는 경향이 있다. 이런 견해를 주장하는 사람들은 과학 역시 지극히 규범적 학문이라는 사실을 깨닫지 못하고 있다. 입법적 공준 설정은 과학적 가설이 설정되는 일반적 양식인데, 이 입법적 공준 설정은 본질적으로 인간이 제안하고 결정하는 일이다. 이론은 단순하게 일의적으로 "사실에 의해 결정되는" 것이 아니라, 이론 구성에서 중요한 역할을 한다는 인식이 점점 더 명확해지고 있는 단순성, 편

---

58) Quine (22), 270-276쪽.

리성, 유용성, 효율성 같은 "실제적 사항"에 대한 이론 전체에 걸친 고찰과 관련해서 결정된다. 따라서 동일한 일련의 "사실"에 대한 여러 가지 견해 가운데서 가장 훌륭한 견해나 가장 바람직한 견해를 결정하는 문제-말하자면 우리가 어떻게 생각해야 하는가를 결정하는 문제-는 표준적인 과학적 연구 과정의 근본적 특징이다.59)

철학을 이론 과학에 절대 필요한 부분으로 해석하면 철학의 규범적 역할이나 비판적 역할이나 규제적 역할을 철학으로부터 빼앗게 된다는 생각은 결국 가치 물음과 사실 물음 사이에 그런 식의 엄중한 구별이 성립한다는 아주 낡아빠진 견해의 부산물이다. 이 맥락에서 사실 대 가치의 구별 또는 실제 대 이론의 구별을 거부하는 것은 모든 사실 물음이 실제로 가치 물음이라는 것을 논리적으로 함의하지 않는 것과 마찬가지로, 모든 가치 물음이 실제로 사실 물음이라는 것을 논리적으로 함의하지 않는다. 그런 구별을 거부하는 것은 오히려 과학적 탐구의 영역 전체에 걸쳐 정도의 차이는 있지만, 사실적 고려 사항과 규범적 고려 사항의 미묘한 상호 작용을 올바르게 인식했음을 보여주고 있다. 진리성과 이론 구성에 관한 이론적 설명이 우리에게 어떻게 생각해야 하는가를 알려주어야 한다는 것은 물리학이 우리에게 세계 전체를 어떻게 바라보아야 하는가를 알려주는 것이 변칙적인 일이 아닌 것과 마찬가지로 전혀 변칙적인 일이 아니다. 이런 식의 철학이 과학자나 이론가가 따라야 할 규칙을 마련해주는 것이 놀랍지 않은 것은 물리학자가 기술자가 지켜야 할 규칙을 마련해주는 것이 놀랍지 않은 것과 같다. 철학을 충실한 과학적 학문으로 취급하는 철학 운동은-이론 과학에 대하여 허약하고 낡아빠진 견해에 입각해서 생각하지 않는 한-철학이 비판적 역할과 규범적 역할을 해야 한다는 철학의 책임을 포기하지 않는다.

그러므로 여기서 윤곽을 그려 보인 "자연주의적" 견해는 철학의 고유한

---

59) 입법적 공준 설정에 관한 논의는 3장 4절을 보라.

특성을 세 가지 주요한 탐구 방식 즉 인식론적 탐구 방식과 형이상학적 탐구 방식과 분석적 탐구 방식으로 규정할 수 있도록 해준다. 이 일을 통해서 자연주의적 견해는 의의 있는 철학적 의견 불일치와 상위 철학적 의견 불일치의 가능성을 배제하지도 않으며, 전통적으로 유의미하다고 간주되어 온 물음들을 철학적 문제의 영역에서 배제하지도 않는다는 것이 입증되었다. 그럼에도 불구하고 이 견해 역시 어떤 점에서 아직도 철학의 특성을 독특한 "언어적 탐구 노력"이라고 보는 것이 합당하다고 생각할 수 있게 해준다.

진리성에 관한 이론으로서의 철학의 언어적 성격은 이 철학의 주제 즉 이론과 그 구성 성분인 문장이 지닌 명백한 언어적 성격에 드러난다. 진리성은 실제로 언어적 표현의 속성 즉 문장과 이론의 속성이다. 마찬가지로 가장 일반적 성격의 이론적 문제를 다룰 때 철학자에 의해 상투적으로 사용된 "의미론적 상승"은 이 언어적 관심사를 자연스럽게 보이도록 하면서, 관례적인 과학적 방법론과의 심각한 불화가 거의 드러나지 않도록 설명되어 왔다. 그래서 분석 자체가 철학적으로 적절한 활동이 아니라고 딱 잘라 거부되지 않고, 다만 그것이 표방하는 이론적 취지의 본성에 관하여 철저한 제약을 받아 왔을 뿐이라는 것은 두말할 것도 없다. 사실상 나는 분석의 특성에 대하여 진정한 이론적 문제에 실제로 전혀 직접적 관련을 갖지 않을 정도로 순수한 언어적 활동인 것처럼 설명해 왔다. 분석은 잘못된 상위 철학적 신조와 떼어놓고 살펴보면 원래 생각했던 것보다 실제로 훨씬 더 언어적 활동이다. 하지만 인식론의 임무와 형이상학의 임무가 지닌 것으로 인정되는 언어적 성격은 결코 인식론과 형이상학의 과학적 격위를 떨어뜨리는 것이 아니라, 인식론과 형이상학의 과학적 격위를 명확하게 밝히는 일을 도와줄 뿐이다.

그러므로 철학의 특성은 언어적 탐구 작업을 하는 데 있다는 이 성격 묘사는 철학이 본질적으로 논리적 분석이나 의미론적 분석이나 개념적 분석이라고 보는 견해를 거부하는 일과 전혀 모순을 일으키지 않는다. 초기 실증주의를 가장 좋은 실례로 들 수 있는 고전적 견해에 따르면, 분석이 존재론적 통찰이나 인식론적 통찰 또는 둘 다의 원천이기 때문에 세계와 그에 대한 지식에 관한 전통적인 철학적 물음—즉 진리성과 실존에 관한 물음—의 답을 마련할 수 있는 반면에, 여기서 제시한 견해에 따르면 분석은 인식론과 존재론에서 아주 적은 일을 할 뿐이다. 실존과 실재에 관한 전통적인 형이상학적 물음의 답은—인식론자의 탐구가 진리성과 지식의 근원과 범위에 관한 물음의 답을 마련하듯이—궁극적으로 이론 과학의 합법적 영역 속에서 아주 잘 해결될 수 있을 것이다. 그러나 분석이 철학적 탐구의 독립된 형태로서 이해되는 경우에는 다른 이론 과학과 간접적으로만 관계를 맺게 되므로, 분석은 순전히 이차적이고 보조적인 수준의 이론적 격위로 격하되어야 한다.

따라서 "언어적 전회"에 비추어 볼 때, 분석이 이론 과학의 토대를 제공하는 게 아니라 다른 이론 과학에 비해서 방법론적으로 약하다고 밝혀진 것은 역설적이다. 그뿐 아니라 진리성이 해석과 번역에 의존하지 않고, 그 반대로 해석과 번역이 둘 다 미리 파악되어 있는 진리성에 의존한다는 점에서 보면, 이론 과학이 분석에 토대를 마련해준다고 보는 것이 훨씬 더 올바르다. 따라서 물리학자들을 제쳐놓고 도움을 청할 수 있는 "제일 철학"이 있다는 것을 콰인이 거부한 사실을 알고 있는 로티(R. Rorty)는, 콰인이 번역의 비결정성은 물리학의 미결정성의 특수한 경우 이상의 것이라는 주장에서, 언어학자(해석자, 번역자, 분석가)를 제쳐놓고 도움을 청할 수 있는 "제일 철학"이 있다고 암시하고 있다는 생각에 반대하였다.[60] 그런데 매우 흥미롭게도 이제는 문제의 제일 철학이 형이상학과 인식론을 포함하는 이론 과학 전체 이외의 다른 것일 수 없다고 이해되기만 하면, 이 로티의 평가가 올바르다고 분명하게 말할 수 있다는 것이다.

---

60) Rorty (1), 451쪽.

참고 문헌

Achinstein, Peter, and Stephen F. Barker, eds., *The Legacy of Logical Positivism.* Baltmore: Johns Hopkins University Press, 1969.

Aristotle (1), *Categories and De Interpretatione.* Oxford: Clarendon, 1963.

Aristotle (2), *Metaphysics.* Ann Arbor: University of Michigan Press, 1960.

Austin John L. (1), "*A Plea for Excuses*", in Chappell, ed., Logical Positivism.

Ayer, Alfred J. (1), "Editor's Introduction", in Ayer, *Loigical Positivism.*

Ayer, Alfred J. (2), *Foundations of Empirical Knowledge.* New York:St. Martin's. 1969.

Ayer, Alfred J. (3), *Language, Truth, and Logic.* New York: Dover, 1950.

Ayer, Alfred J. (4), ed., *Logical Positivism.* Glencoe, Ill.: Free Press, 1959.

Ayer, Alfred J. (5), "Verification and Experience", in Ayer, *Logical Positivism.*

Bergmann, Gustav (1), *Logic and Reality.* Madison: University of Wisconsin Press, 1964.

Bergmann, Gustav (2), *Meaning and Existence.* Madison: University of Wisconsin Press, 1959.

Bergmann, Gustav (3), *The Metaphysics of Logical Positivism.* Madison: University of Wisconsin Press.

Bergson, Henri, *Introduction to Metaphysics.* New York: Bobbs-Merrill, 1955.

Black, Max (1), "Carnap on Semantics and Logic", in Black, ed., *Problem of analysis*.

Black, Max (2), "Language and Reality", in Black, ed., *Models and Metaphors*.

Black, Max (3), *Models and Metaphors*. Ithaca, N,Y.: Cornell University Press, 1962.

Black, Max (4), *Problems of Analysis*, Ithaca, N.Y.: Cornell Univeersity Press, 1954.

Black, Max (5), "Russell's Phisophy of Language", in Rorty, *The Linguistic Turn*. Reprinted from *The Philosophy of Bertrand Rissell*, Vol. 5, Liberary of Living Philosophers, ed. Paul A. Schilpp. Evanston and Chicago: Northwestern University Press, 1944.

Black, Max (6), "The Semantic Definition of Truth", in Black, *Language and Philosophy*. Ithaca, N.Y.: Cornell University, 1949.

Bradely, F. H., *Appearence and Reality*, London: Oxford University, 1969.

Carnap, Rudolf (1), "The Elimination of Metaphysics through the Logical Anylisis of Language", in Ayer, ed., *Logical Positivism*.

Carnap, Rudolf (2), "Empiricism, Semantics, and Ontology", in Rorty, ed., *The Linguistic Turn*. 1967. Reprinted from *Revue Interna-tionale de Philosophie* 4(1950), 20-40.

Carnap, Rudolf (3), "Erwiderung auf die vorstenden Aufsätze von E. Ziesel und K. Dunker", *Erkenntniss* 3(1932-1933), 177-188.

Carnap, Rudolf (4), *Formalization of Logic*. Studies in Semantics, Vol. 2, (1943). Cambridge, Mass.: Harverd University Press.

Carnap, Rudolf (5), *Foundations of Logic and Mataphysics*. University of Chisago University Press, 1939.

Carnap, Rudolf (6), "Intellectual Autobiography", in Schilpp, *The Philosophy of Rudolf Carnap*.

참고 문헌 | 299

Carnap, Rudolf (7), *Introduction to Semantics*, Campridge, Mass.: Harvard University Press, 1948.

Carnap, Rudolf (8), *The Logical Structure of the World and Pseudo-problems in Philosophy*, tr rolf A, George. Berklery: University of California University Press, 1697.

Carnap, Rudolf (9), *Logical Syntax of Language*, tr. Amethe Smeaton. London Loutledge and Kegan Paul, 1937.

Carnap, Rudolf (10), *Meaning and Necessity*. University of Chicago Press, 1956.

Carnap, Rudolf (11), "Meaning and Synonomy in Natural Language", in Carnap, *Meaning and Necessity*.

Carnap, Rudolf (12), "Meaning Postulates", in Feigl, Sellars, and Lehrer, eds., *New Reading Philosophical Analysis*.

Carnap, Rudolf (13), "On the Character of Philosophical Problems", in Rorty, *The Lingustic Turn*.

Carnap, Rudolf (14), "Psychology and Physical Language", in Ayer, ed., *Logical Positivism*.

Carnap, Rudolf (15), "Quine on Logical Truth", in Schilpp, *The Philosophy of Rudolf Carnap*.

Carnap, Rudolf (16), "Remark on Logical Truth", *Philosophy and Phenomenological Research* 6(1946), 590-602.

Carnap, Rudolf (17), "Teatability and Meaning", in Herbert Feigl and May Brodbeck, eds., *Readinng in the Philosophy of Science*. New York: Appleton-Century-Crofts, 1953.

Carnap, Rudolf (18), "Über Protokollsätze", 4 *Erkenntnis* 3(1932-1933), 215-228.

Caton, Charles E., ed., *Philosophy and Ordinary Language*. Urbana: University of Illinois Press. 1963.

Caton Stanly, "Austin on Criticism", in Rorty, *The Linguistic Turn*. Reprinted from Philosophical Review 74(1965), 204-219.

Chappell, Vere, ed., *Ordinary Language*. Englewood Cliffs, N.J.: Prentice-Hall, 1964.

Chisholm, Roderik, et al., *Philosophy*. Englewood Cliffs, N.J.: Prentice-Hall, 1964.

Chomsky Noam, "Quine's Empirical Assumption", in Davidson and Hintikka, eds., *Words and Objections*.

Church, Alonzo, *Introduction to Mathematical Logic*, Vol. 1. Princeton, N.J.: Princeton University Press, 1956.

Cornman, James (1), "Language and Ontology", *Australian Journal of Philosophy* 12(1963), 291-305.

Cornman, James (2), "Lingustic Frameworks and Metaphisical Questions", *Inquary* 7(1964), 129-142.

Cornman, James (3), *Metaphysics, Reference, and Language*. New Haven, Conn.: Yale University Press. 1966.

Davidson, Donald (1), "Belief and the Basis of Meaning", *Sy these* 27, nos. 3/4(1974), 309-323.

Davidson, Donald (2), "In Defense of Convention T", in Leblanc, ed., *Truth, Syntax, and Modality*.

Davidson, Donald (3), "On the Very Idea of a Conceptual Scheme", *Proceedings of the American Philosophical Society* 47(1974), 5-20.

Davidson, Donald (4), "Radical Interpretation", *Dialectica* 27(1973), 314-328.

Davidson, Donald (5), "True to the Facts", *Journal of Philosophy* 66(1969), 748-764.

Davidson, Donald (6), "Truth and Meaning", in Davis et al., eds., *Philosophical Logic*.

Davidson, Donald and Gilbert Harman, eds., *Semantics of Natural Language*. Dordrecht: Reidel, 1972.

Davidson Donald, and Hintikka, Jaakko, eds., *Words and Objections: Essays on the Work of W. V. Quine*. Dordrecht: Reidel, 1969.

Davis, J. W., Hocking, D, J., and Wilson, W.K., eds., *Philosophical Logic*. Dordrecht: Reidle, 1969.

Evans, Gareth, and McDowell, John, eds., *Truth and Meaning: Essays in Semantics*. Oxford: Claredon, 1976.

Feigle, Herbert, and Sellars, Wilfrid, eds., *Readinds in Philosophical Analysis*. New York: Appleton-Century-Crofts, 1972.

Field, Harty, "Tarski's Theory of Truth", *Journal of Philosophy* 69, no. 13(1972), 347-375.

Føllesdal, Dagfin, "Meaning and Experience", in Guttenplan, ed., *Mind and Language*.

Frege, Gottlob, "On Sense and Nominatum", in Feigl and Sellars, eds., *Readings in Philosophlcal Analysis*.

Friedman, Michael, "Physicalism and the Indeterminacy of Translation", *Nous* 9(1975), 353-374

Goodman, Nelson (1), *Language of Art*. New York: Bobbs-Merill, 1968.

Goodman, Nelson (2), *Problems and Projects*. New York: Bobbs-Merill, 1972.

Goodman, Nelson (3), *The Structure of Appearence*. New York: Bobbs-Merill, 1966.

Goodman, Nelson (4), "The Way of World Is", in Goodman, *Problems and Projects*.

Goodman, Nelson, and Quine, W. V., "Steps toward a Constructive Nominalism", *Journal of Symbolic Logic* 12(1947), 105-122.

Guttenplan, Samuel, ed., *Mind and Language*. New York: Oxford University Press. 1974.

Hacking. Ian, *Why Does Language Matter to Philosophy?* Cambridge University Press, 1975.

Hampshire, Stuart, "The Interpretation of Language: Words and Concepts." in Rorty, *The Linguistic Turn*. Reprinted from *British Philosophy in the Mid-Century*, ed. C. A. Mace. London: Allen and Unwin, 1957.

Hare, Richard M., "Philosophical Discoveries", in Rorty, *The Linguistic Tutn*. Reprinted from *Mind* 69(1960), 145-162.

Harman Golbert (1), "Quine on Meaning and Existence (Part 1)", in *Review of Metaphyics* 21, no. 1(1967), 124-151.

Harman Golbert (2), "Sellars' Semantics", *Philosophical Review* 79(1970), 404-419.

Harman Golbert, and Davidson, Donald, eds., *Semantics of Natural Language*. Dordrecht: Reidel, 1972.

Hemple, Carl (1), *Aspect of Scientific Explanation*. New York: Free Press, 1965.

Hemple, Carl (2), "On the Logical Positivists' Theory of Truth", *Analysis* 2, no. 4(1935), 49-59.

Hemple, Carl (3), "Some Remark on Empiricism", *Analysis* 2, no. 6.

Hemple, Carl (4), "Some Remark on 'Facts' and Propositions", *Analysis* 2, no. 6(1935), 93-96.

Hintikka, Jaakko, "Semantics for the Propositional Attitude", in Linsky, ed., *Reference and Marality*.

Hintikka, Jaakko, & Davidson, Donald, eds., *Words and Objections: Essays on the Work of W. V. Quine*. Dordrecht: Reidel, 1969.

Hiz, Henry, "Aletheic Semantic Theory". *Philisophical forum* 1. no. 4(1969) 438-451.

Husserl Edmund, *Logical Investigation*, London: Routledge and Kegan Paul; New York: Humanities Press, 1970.

Jorgensen, Jorgen, *The Development of Logical Empiricism*. University of Chicago University Press, 1951.

Kant, Immanuel, *Critique of Pure Reason*, New York: Anchor, 1966.

Kleene, Stephen C., "Review of Carnap's Logical Syntax of Language", *Journal of Symbolic Logic* 4, no. 2(1939), 82-87.

Kraft, Viktor, *Vienne Circle*, tr. Arthur Pap, New York: Philosophical Liberary, 1958.

Kripke, Saul, "Naming and Necessity", in Davidson and Harman, *Semantics of Natural Language*.

Khun, Thomas S., *The Structure of Scientific Revolutions*, University of Chicago Press, 1970.

Leblanc, Hughes, ed., *Truth, Syntax, and Modality*. Amsterdam: North-Holland, 1973.

Lewis, C, I., "Experience and Meaning", in Feigl and Sellars, eds., *Readings in Philosophical Analysis*.

Linsky, Leonard (1), ed., *Semantics and the Philosophy of Language*. Urbana: University of Illinois Press, 1952.

Long, A. A., *Hellenistic Philosophy: Stoics, Epicureans, and Skeptics*. London: Duckworth, 1974.

Lays, Colin, ed., *Philosophy and Linguistics*, New York: St, Martin's, 1971.

Malcolm Norman, "Moore and Ordinary Language", in Rorty, *The Linguistic turn*. Reprinted from the *Philosophy of G. E. Moore*, Vol. 4, The Library of Living Philosophers, ed. Paul A. Schilpp. Evanston and Chicago: Northwestern University Press, 1942.

Martin, Richard M., "Category-Words and Linguistic Frameworks", *Kant-Studien* 54(1953), 176-180.

Mates, Benson, *Stoic Logic, Berkeley and Los Angeles*: University of California Press, 1953.

Moore, G. E. (1), "Proof of an External World", in G. E. Moore. *Philosophical Papers*, New York: Collier, 1962.

Moore, G. E. (2), *Some Main Problems of Philosophy*. New York: Collier, 1962.

Neurath, Otto (1), "Protocol Sentences", in Ayer, ed., *Logical Positivism*.

Neurath, Otto (2), "Radikalaer Physikalismus und 'Wirklich Welt'", *Erkenntniss* 4(1934), 346-342.

Passmore, John, *A Hundred Years of Philosophy*. Baltmore: Penguin, 1966.

Plato (1), *Sophistes and Politicus of Plato*. New York: Arno, 1973.

Plato (2), *Theaetetus*. Oxford: Clarendon, 1973.

Popper, Karl (1), *Conjectures and Refutations*. New York: Harper and Row, 1963.

Popper, Karl (2), *The Logic of Scientific Discivery*. London: Hutchinson, 1948.

Prior, A. N., "The Correspondence Theory of Truth", in *Encyclopedia of Philosophy*. New York: Macmillan, 1967.

Putnam, Hilary (1), *Meaning aud the Moral Sciences*. London: Loutledge and Kegan Paul, 1978.

Putnam, Hilary (2), *Mind, Language and Reality*. Cambridge University Press,

1975.

Putnam, Hilary (3), "The Refutation of Conventionalism", *Nous* 8(1974), 25-40.

Quine, Willard Van Orman (1), "Carnap and Logical Truth", in Ouine, *Ways of Paradox*.

Quine, Willard Van Orman (2), "Comment on Donald Davidson", *Synthese* 27, no. 3/4(1974), 325-329.

Quine, Willard Van Orman (3), "Facts of the Matter", in Shahan and Merrill, eds., *Amercian Philosophy*.

Quine, Willard Van Orman (4), from 9 *Logical Point of View*. Cambridge, Mass.: Harvard University Press, 1953.

Quine, Willard Van Orman (5), *Mathematical logic*. New York: Holt, Rinehart. and Winston, 1972.

Quine, Willard Van Orman (6), *Method of Logic*. New York: Holt, Rinehart, and Winston, 1972.

Quine, Willard Van Orman (7), "Notes on the Theory of Reference", in Quine, *From a Logical Point of View*.

Ouine, Willard Van Orman (8), "On an Application of Tarski's Theory of Truth', in Quine, *Selected of Logic*.

Quine, Willard Van Orman (9), "On Empirical Equivalent Systems of the World", *Erkenntnis* 9(1975), 313-328.

Ouine, Willard Van Orman (10), "Ontological Relativity", in Quine. *Ontological Relativity and Other Essays*.

Quine, Willard Van Orman (11), *Ontological Relativity and Other Essays*. New York: Columbia University Press, 1969.

Quine, Willard Van Orman (12), *Philosophy of Logic*. Englewood Cliffs, N.J.:

Prentice-Hall, 1970.

Quine, Willard Van Orman (13), "The Problem of Meaning in Linguistics", in Quine. *From a Logical Point of View*.

Quine, Willard Van Orman (14), "Review of Evans and McDowell's Truth and Meaning: Essays in Semantics", *Journal of Philosophy* 14, no. 4(1977), 225-242.

Quine, Willard Van Orman (15), *Roots of Reference*. La Salle, Ⅲ.: Open Court, 1973.

Quine, Willard Van Orman (16), *Selected Logic Papers*. New York: Random House, 1966.

Quine, Willard Van Orman (18), "Truth and Disquotation", in Quine, *Way of Paradox and Other Essays*, revised ed. Cambridge. Mass.: Harvard University Fress, 1976.

Quine, Willard Van Orman (19), "Two Dogmas of Empiricism", in Quine, *from a Logical point of View*.

Quine, Willard Van Orman (20), *Ways of Paradox and Other Essays*. New York: Random House, 1966. Revised ed., Cambridge, Mass.: Harvard University Press, 1976.

Quine, Willard Van Orman (22), *Word and Object*. Cambridge, Mass.: MIT Press, 1960.

Rorty, Richard (1), "Indeterminacy of Translation and of Truth", *Synthese* 23 (1972), 443-462.

Rorty, Richard (2), ed., *The Linguistic Turn*. University of Chicago Press, 1967.

Rorty, Richard (3), *Philosophy and Mirror of Nature*. Princeton, N.J.: Princeton University Press, 1979.

Rorty. Richard (4), "Realism and Reference", *Monist* 59(976), 321-340.

Rorty, Richard (5), "Review of Hacking", *Journal of Philosophy*, 74(1977), 416-432.

Royaumont Colloquium, "Discussion of Urmson's 'The History of Analysis.'" in Rorty, ed., *The Linguistic Turn*.

Russell, Bertrand (1), "Logical Atomism", in Ayer, ed., *Logical Positivism*.

Russell, Bertrand (2), *Logic and Knowledge: Essays 1901-1950*, ed. R. C. Marsh. London: Allen and Unwin, 1956.

Russell, Bertrand (3), "On Denoting", in Feigl and Sellars, eds., *Readings in Philosophical Analysis*.

Russell, Bertrand (4), "On the Nature of Truth", in *Proceeding of the Aristotelian Society*(1906-1907), pp. 28-49.

Russell, Bertrand (5), *Our Knowledge of the External World*. London: Allen and Unwin, 1922.

Russell, Blertrand (6), *The Prinriples of Methematics*. New York: Norton, 1938.

Russell, Bertrand (7), *Problems of Philosophy*. London: Home University Library, 1912.

Russell, Bertrand, and Whitehead, Alfred North, *Principia Mathematica*, 3 voles. Cambridge University Press, 1910-1913; second edition, 1925-1927.

Ryle, Gilbert (1), *Coucept of Mind*. Harmondsworth, England: Penguin, 1949.

Ryle, Gilbert (2), "Meaning and Necessity by Rudolph Carnap" *Philosophy* 24(1949), 69-76.

Ryle, Gilbert (3), "Systematically Misleading Expressions", in Rorty, ed., *The Linguistic Turn*. Reprinted from *Proceedings of Aritotelian Society* 32(1931-1932), 239-170.

Ryle, Gilbert (4), "Use. Usage. and Meaning". *Proceedings of Aristotlean Society, Supplementary Volume*, 35(1961), 223-230.

Sagal, Paul T., "Implicit Definition", *Monist* 57, no. 3(1973), 443-450.

Schilpp, Paul A., *The Philosophy of Rodolf Carnap*, Vol. XI. Library of Living Philosophers. La Salle, Ⅲ.: Open. Court, 1963.

Schlick, Moritz (1), "The Foundations of Knowledse", in Ayer, ed., *Logical Positivism*.

Schtick, Moritz (2), "The Future of Philosophy", in Rorty, ed., *The Linguistic Turn*. Reprinted from *Colleger of Pacific Publication in Philosophy* 1 (1932), 45-62.

Schlick, Moritz (3), "Meaning and Verification", in Feigl and Sellers, eds., *Readings in Philosophical Analysis*.

Schtick, Moritz (4), "Positivism and Realism", in Ayer, *Logical Positivism*.

Schtick, Moritz (5), "The Turning Point in Philosophy." in Ayer, ed., *Logical Positivism*.

Shahan, R. W., and Merrill, K. R., eds., *American Philosophy*. Norman: University of Oklahoma Press, 1977.

Shapere, Dudley, "Philosophy and the Analysis of Language", in Rorty, ed., *The Linguistic Turn*. Reprinted from Inquiry 3(1960), 29-48.

Soames, Scott, "Review of Davis, Leiber, and Stalker", in *Metaphilosophy* 11, no. 2(1980), 155-164.

Strawson, Peter F. (1), "Analysis, Science, and Metaphysics", in Rorty, ed., *The Linguistic Turn*., A translation of a paper, and the ensuing discussion, presented at the Royaumont Colloquium of 1961. printed in the proceedings of the colloquium(*La Philosophie analytique*). Paris: Editions de Minuit, 1962.

Strawson, Peter F. (2), "Carnap's Views on Constructed Systems versus Natural Languages in Analytical Philosophy", in Schilpp, *The Philosophy of Rudolph Carnap*.

Strawson, Peter F. (3), *Individuals*. London: Methuen, 1959.

Strawson, Peter F. (4), "Truth", *Analysis* 9, no. 6(1949), 83-97.

Tarski, Alfred (1), "The Concept of Truth in Formalized Languages", in *Tarski, Logic, Semantics, Metametics*.

Tarski, Alfred (2), "The Establishment of Scientific Semantics", in Tarski, *Logic, Semantics, Metametics*.

Tarski, Alfred (3), *Logic, Semantics, Metametics*, tr. J. H. Woodger. London: Oxford University Press, 1956.

Tarski, Alfred (4), "The Semantic Conception of Truth and the Foundations of Theoretical Semantics", *Philosophy and Phenomeno-logical Research* 4 (1944), 341-376.

Tarski, Alfred (5), "Truth and Proof", *Scientific American* 220, no.6(1969), 63-77.

Tarski, Alfred (6), "Der Wahrheitsbegriff in den Formalisierten Sprachen", *Studia Philosophica* 1(1935 for 1936), 261-405, tr. J. H. Woodger. London: Oxford University Press, 1956.

Tharp, Leslie, "Truth, Quantification, and Abstract Obiects", *Nous* 5, no. 4(1971), 363-372.

Thompson, Manley, "Metaphysics", in Roderick Chisholm et al., *Philosophy*. Englewood Cliffs, N.J.: Prentice-Hall, 1964.

Thomson, J. F., "Anote on Truth," *Analysis* 9, no.5 (1949), 67-72.

Toulmin, Stephen, "From Logical Analysis to Conceptual History", in Achinstein and Barker, eds., *The Legacy of Logical Positivism*.

Urmson, J. O., *Philosophical Analysis*. London: Oxford University Press, 1965.

Wallace, John (1), "Belief and Satisfaction", *Nous* 4, no. 2(1972), 85-95.

Wallace, John (2), "Convention T and Substitutional Quantification", *Nous* 5, no. 2(1971), 199-211.

Wallace, John (3), "Response to Camp", *Nous* 9, *no.* 2(1975), 187-192.

Warnock, G. J., *English Philosophy since 1900*. London: Oxford University Press, 1958.

Weyl, Hermann, *Philosophy and Mathematics and Natuaral Science*. Princeton. N.J., Princeton University Press, 1949.

Whitehead, Alfred North and Bertrand Russell, *Principa Mathematica*. See Russell.

Whorf, Benjamin Lee, *Language, Thought and Reality*. Cambridge, Mass.: Technology Press of Massachusetts Institute of Technology, 1956.

Wittgenstein, Ludwig (1), *Philosophical Investigations*, tr. G. E. M. Anscombe. New York: Macmillan, 1968.

Wittgenstein, Ludwig (2), *Tractatus Logico-Philosophicus*, tr. D. F. Pears and B. F. McGuinness, London: Routledge and Kegan Paul, 1961.

찾아 보기

················ ㄱ ················

가능한 사실 202
가바가이(gavagai) 82
가정된 실재(posited reality) 246
감각 자료 40
감각 자료 지칭어 40
개념 역사학 146
개념 인간학 146
개념 체계 147
개념 체계의 기본 모형 15
개념의 배 65, 170
개념적 (철학적) 연구 208
개념적 범주 37
개념적 인간학 285
개념적 확실성 205
개념화 양식 169
개념화 작용 136
개념화 체계 145
개별화 장치 185, 254
개인적인 형이상학 체계 27

개체 구별 장치 82
객관적 실험 149
객관적 진리 214
객관적 진리성 246
거짓말장이 역설 179
검증 211
검증 이론 65
경험적 토대에 관한 문제 212
"경험주의와 의미론과 존재론" 43, 61, 91, 95, 139
"경험주의의 두 독단적 신조" 80, 175, 280
경험주의 지식론 30
공간-시간 점 104
공리 체계의 정합성 225
공준 77, 111, 122, 288
공준의 논증적 설정 122
공준의 입법적 설정 122
공허한 말싸움 43
과학
  자신을 반성하는 상식 287

과학관 27
과학의 기초 진술 213
"과학의 논리" 216
과학의 통일 225
"과학적 의미론의 확립" 218
과학적 가설 126
과학적 사고의 패러다임 148
과학적 실존 물음 120
과학적 진리 52
관용의 원리 42, 74
관찰 문장 280
관찰 용어 269
괴델 K. Geodel 72, 206, 242
　괴델 수 85
구성주의 139
굿맨 N. Goodman 62, 73
　세계의 존재 방식 63
귀납적 정의(재귀적 정의) 242
규칙과 논리적 진리 109
규칙과 존재론 91
그리기 관계 70, 73
그리기(picturing) 202
그림 의미 이론 202
그림에 관한 언어 이론 73
근본적 해석 266
기술 양식 169
기술적 형이상학 48, 146, 285
기초 문장 204, 207
기초 수론 242
기초 형식문 237

기초적 개념 체계 94
기초적 존재론 94
기호론적 분석 23

●●●●●●●●●●●●●● ㄴ ●●●●●●●●●●●●●●

낱말의 올바른 사용 271
낱말의 의미 210
내포 173
내포 지적 184
내포논리학 175
노이라트 O. Neurath 55, 210
　개념의 배 55
　물리주의 언어 60
노이만의 집합론 243
논리 상항(logical constant) 253
논리-수학적 진리성 110
논리실증주의 운동 19
논리원자주의 13
논리원자주의 철학 199
논리적 고유 이름 260
논리적 구성 작업 35
논리적 구성체 30
논리적 문법 37
논리적 분석 33, 55, 65
논리적 불변화사 118
논리적 연결사 256
논리적 진리 110, 123, 176
논리적 진리에 대한 언어적 신조 109
〈논리적 탐구〉 168

논리적 함의 174
논리적 형식 70
논리적으로 순수한 언어 207
논리적으로 완전한 언어 200
논리주의 163
논리주의 대 형식주의의 논쟁 38
논리철학 55
<논리철학론> 140, 159, 201
논리학과 수학의 주장들 20
<논리학과 수학의 토대> 217

.... ㄷ ....

단순 문장 함수 249
대상 언어 99, 217
대응설 187
대응성으로서의 진리성 개념 187, 246
대입적 양화 90, 91
대입적 해석 90
데까르트적 인식론 207
데이빗슨 D. Davidson 241, 266
　데이빗슨의 방법론 266
동음 이어 번역 191
동의성 174, 176, 284
동형 사상(同形 寫像) 168
동형적 사상 253
두 가지 기초적 검증 20
　논리적 검증 20
　사실적 검증 20
뜻(sense) 70

.... ㄹ ....

라이프니츠 G. W. Leibniz 176
　이성의 진리 176
　진리치 보존 교환 가능성 177
라일 G. Ryle 13, 67, 142
러셀 B. Russell 13, 143
　개별자 199
　대응설 197
　분자 명제 200
　원자 사실 199
　이름과 술어 237
　직접지 200
　"추리된 대상을 논리적 구성체로 대체시켜라!" 57
레스니에프스키 S. Lesniewski 220
로티 R. Rorty 296
루이스 C. I. Lewis 49

.... ㅁ ....

마이농 A. Meinong 31
마틴 R. M. Martin 99
　범주 낱말과 언어 체계 99
만족 171, 223, 227
만족에 대한 타르스키의 재귀적 정의 233
<말과 대상> 80, 248, 260, 272
말하는 진짜 방식 159
매개 변인 282
명명 174

명시적 해석 120
명제 태도 175
명제의 "진짜" 형식 67
모국어 145
모델 253, 257
모든 계열에 의한 만족 235
모순율 236
무어 G. E. Moore 17, 197
　외부 세계의 실존에 대한 증명 167
무의미성 32
무정의 원초 개념 269
무한 계열 232
무한 계층 언어 242
문법적 물음 23
문법적 범주 38
문장 함수 223, 227
문장의 진리성 186
물리주의 언어 42
물리주의 언어 체계 260
물리주의 언어의 간주관성 215
물리학 이론의 미결정 상태 277
미학 20
밀 J. S. Mill 21

·············· ㅂ ··············

박물과 의미 이론 175
배경 언어 118, 250
배경 이론 257
배중률 236

번역 편람 250
번역의 비결정성 268
번역의 비결정성 주장 12
번역의 비결정성과 모국어 153
"범주 낱말과 언어 체계" 99
베르그송 H. Bergson 56, 64
　상징들의 장막 56
　이성주의와 경험주의의 논쟁 56
베르크만 G. Bergmann 13, 138
　이상 언어 47
변장한 형이상학 49
변항과 술어 98
변항의 값 174
변형 규칙 72, 122
보편 술어 37
보편 양화 234
보편자 47
보편자 문제 31
본질 284
부분적 정의 222, 268
부울의 대수 228
분명성 206
분석 가설 275, 284, 290
분석 가설 체계 285
분석성 174, 176, 178
분석의 목적 23
분석적 주장 20
분석적 진리 21, 110, 176
분석적 형이상학자 14
분석적으로 옳은 문장 38

분석항(분석하는 어구) 139
분자 명제 200, 202
블랙 M. Black 169
비엔나 학단 14, 19
비유클리드 기하학 111, 257
비트겐슈타인 L. Wittgenstein 14, 201
　언어 비판 작업 203
　함축적 정의 145
　형이상학에 관한 후기 견해 146
비형식적 언급 규칙 162
비환원적 이론 용어 269

··············· ㅅ ···············

사물 언어 44, 46, 93
사물 지칭어 40
사변적 형이상학 77
사상(寫像, mapping) 157
사실의 논리적 형식 70
사실적 물음 292
사실적 주장 20
사실적 진리 123
사실적 진술(사물에 관한 진술) 36
"사용과 용법과 의미" 142
사이비 사물 문장 37
사이비 철학적 문제 132
산술학 85, 105
산술학 언어 252
산술학의 법칙 128
상기설 142

상대주의 12
상위 논리적 설명 236
상위 언어 217
상위 용어 140
상위 철학 289
상위 철학적 내용 286
상징들의 장막 56
샛별과 개밥바라기 174
선명성 206
선명하고 분명한 관념 206
선험적 형이상학 196
세계를 분할하는 방법 153
〈세계의 논리적 구조〉 30, 206, 208
소크라테스 Socrates 28
〈소피스트〉 198
속박 변항 90, 102
속성 35
수사(數詞) 38
수에 관한 집합론적 해석 68
수정적 형이상학 147
수학의 기초 290
수학의 토대 207
수학의 형식적 체계 72
〈수학 원론〉 Principles of Mathematics 31
〈수학 원리〉 Principia Mathematica 29, 58, 59, 204, 205, 237
수학적 논리학의 언어 244
수학적 진리 76
〈순수 이성 비판〉 25

슐리크 M. Schlick 22, 28, 50, 54, 136, 208
   과학과 철학의 구별 51
   의미를 추구하는 작업 51
   진리를 추구하는 작업 51
   철학과 과학 51
스트로슨 P. F. Strawson 14, 139
   사고의 근본 범주들 153
신념 276
신념과 의미 276
신비가 63
실수 104
실수 체계 108
실재적 정의 171
"실제로" 171
실제로 말하는 방식 131
실제로 있는 방식 131
실존의 기본 범주 284
실존의 기초적 범주 94
실증주의자들의 철학관 50
실증주의자들의 프로그램 52
실증주의자의 딜레마 207
실증주의자의 신조 19
실질적 화법 211
심리적 내성 55
심리학 55

·············· ㅇ ··············

아리스토텔레스 Aristotele 28

약정 T 223
약정에 의한 사본 258
약정에 의한 실존 110
약정적 정의 114
양상논리학 175
양화 89
양화에 대한 대입적 해석 231
언급과 경험적 기초 154
언급과 의미의 동일 174
"언급 이론에 대한 소고" 179, 186
언급 이론 160, 174
언급 좌표계 156
언급 체계 156
언급의 객관적 의미 262
언급의 비결정성 184
언급의 틀(언급의 좌표계) 87
언급의 흐릿함 85
언급적 양화 90
언어 분석 개념 14, 65
   두 가지 형태 16
언어 분석에 대한 선입견 12
언어 비판 67
언어 비판 작업 203
언어 사용 179
언어 상의 논쟁 29
언어 숙달 과정 144
＜언어와 진리와 논리＞ 27
"언어 L에서 옳다" 181
＜언어의 논리적 통사론＞ 36, 42, 211, 283

언어 체계 내적 물음 43
언어 체계 외적 물음 43
언어 체계에 상대적인 물음 62
언어 학습 151, 262
언어 현상학 142
언어 형태론 222
언어들의 계층 240
언어에 관한 그림 이론 73
언어에 관한 제안 43
언어에 대한 논리적 분석 19
언어의 개조 240
언어의 겉보기 형식 67
언어의 규칙 72, 74, 131
언어의 의미에 관한 절대적 물음 286
언어의 형식적 규칙 137
언어적 물음 292
언어적 신비주의 159
언어적 언급의 불가해성 주장 12
언어적 이성주의 133, 159
언어적 전회 19, 49, 138, 296
언어적 절대주의 69
언어적 제안 47
언어적 좌표계 160, 290
언어적 진술(통사에 관한 진술) 36
언어적 칸트주의 14
언어행위 24, 84, 153, 177, 179
에이어 A. J. Ayer 22, 27, 55, 67, 213
 "X는 무엇인가?" 36
 "X의 본질은 무엇인가?"
 정의 36

정의에 관한 물음 41
에페메니데스의 역설 179
"X는 무엇인가?" 28, 35
"X의 본질은 무엇인가?" 28
엠피리쿠스 S. Empilicus 188
역사주의자 27
열린 문장 214, 223
영어의 개별화 장치 254
영어의 개체 구별 장치 84
예시 89
예시적 정의 145
오스틴 J. L. Austin 13, 143
오캄의 면도날 34
옳은 문장의 맥락 272
옳은 해석 258
완전한 해석 119
완전히 해석된 문장 88
완전히 해석된 비유클리드 기하학 114
외연 173
외연 지시 184
외연적 언어 188
요소 문장 210
요소 형식문 229
용어 대 사물의 관계 189, 238
<외부 세계에 대한 우리의 지식> 204
워프의 가설 12, 149
원자 문장 207
원자 사실 59, 199
원초 문장 207
원초 통사론 85, 127

원초적 무정의 용어 207
원초적 번역 185, 192
원초적 번역 상황 195
원초적 지시(primitive denotation) 256
웨일 H. Weyl 168, 253
유리수 104
유명적 정의 171
유명주의 대 실재주의 논쟁 41
유명주의 언어 41
유비 106
유사 통사론적 문장 36, 211
유의미한 담화의 성립 조건 53
유의미한 철학적 담화 289
유클리드 체계 111
유한 계층 언어 242
유형 이론 31
윤리학 20
의미 공준 116, 122
의미 규칙 95, 122
의미 이론 174
의미론의 토대 연구 225
의미론적 개념에 대한 공리적 정의 224
의미론적 물음 23
의미론적 분석으로서의 철학 171
의미론적 상승 295
의미론적 역설 179
의미론적 이율배반 228
의미론적 진리성 개념 255
의미론적 해석 95
의미에 관한 그림 이론 59

의미에 관한 절대적 담화 158
의미와 언급 173
의미와 언급의 구별 173
의미와 진리성의 이분법 50
<의미와 필연성> 192
이론 용어 269
이론에 관한 이론 287
이론의 단순성 125
이론의 예측력 125
이론적 가설 124
이론적 가설의 정당화 124
이론적 경제성 212
이론적 좌표계 290
이름과 술어 237
이상 언어 13, 70, 245
이성적 대화 149
이성주의자들 24
이차 표기 체계 105
이항 술어 229
인공 언어 105, 137
인과적 지시 이론 260
인지적 의미가 없는 표현 21
일반 명사 95
일상 담화에 대한 이해의 비결정성 150
일상 언어 137
일상 언어 철학 141
일상 언어 철학자 240
일항 술어 101
입법적 공준 설정 129
"있는 것에 관하여" 163

.... ㅈ ....

자극 의미 262
자신을 반성하는 상식 287
자연 언어 137
자연수 체계 97
자연수 체계의 형식문(공식) 98
자연에 관한 이론의 미결정성 277
자유 변항 224
재귀적 정의 231
재귀적 정의의 귀납 조항 233
재귀적 정의의 직접 조항 233
전기 비트겐슈타인의 철학관 31, 67
전체론적 관점 279
전체론적 이론 276
전통적 철학자들의 절대적 주장 45
전통적인 존재론적 물음 97
전통철학의 사이비 문제 203
절대적 기본 주장 45
절대적 사실 245
절대적 실재 57
절대적 형이상학 69
절대적 형이상학 물음 286
절대적인 언어적 물음 69, 93
절대적인 의미론적 물음 166
절대적인 존재론적 물음 93
절대적인 형이상학적 물음 69, 92
절약의 원리 34
정서주의 이론 20
〈정신 개념〉 142

정의에 관한 물음 41
정의하는 일 28
정합설 187, 210
제일 철학(第一 哲學) 52, 73, 79, 134, 296
존재론과 배경 이론 91
"존재론에 관한 카르납의 견해" 80
존재론에 관한 카르납의 신조 92
존재론에 대한 콰인의 신조 92
"존재론의 상대성" 11, 79, 80, 96, 183
〈존재론의 성대성〉 161
존재론적 논증 31
존재론적 실존 물음 120
존재론적 언질 기준 164
존재론적 자유 범위 254
존재하는 진짜 방식 159
주어진 것 59
중합 형식문 231
증명 205
증명 가능성 230
지시 174
지식론 20
지식의 객관성 12
지식의 성립 가능성 조건 53
지식의 토대 207
지칭 규칙 193
직접 경험 30, 59
직접 경험에 관한 보고 208
직접 보고 206
직접적 정의(제거적 정의) 242

직접적인 직관적 인식　168
직접지　200
"진정한"　171
진리 조건　89, 187, 266, 275
진리 함수 연결사　254
진리 함수적 중합 명제　202
진리성　174
진리성 규칙　193
진리성 도식　223
진리성 우선주의　264
진리성과 만족　218
진리성에 관한 공리적 정의　288
진리성에 관한 대응설　59
진리성에 대한 외연적 정의　218
진리성에 대한 의미론적 개념　173
진리성에 대한 타르스키의 정의　227
진리의 결정성　274
진리주의　273
진리치 보존 교환 가능성　177
진리함수적 정의　89
집합론　120
집합론적 모델　105

・・・・・・・・・・・・・・ ㅊ ・・・・・・・・・・・・・・

철학
　진리성에 관한 이론　287
　철학에 관한 이론　289
　철학에 대한 자연주의적 견해　294
　철학의 고유 역할　286
　철학의 규범적 역할　293
　철학의 명제　36
　철학의 비판적 역할　293
　철학의 전통적 사이비 문제　23
　철학의 정당한 기능　286
　철학의 책임　294
<철학적 탐구>　144, 153
철학적 기본 주장　42
"체계적으로 오도하는 표현들"　142
체르멜로-프란켈의 집합론　243
초기 비트겐슈타인의 철학관　67
초월적 존재 영역　34
초한 계층의 변항　243
촘스키　N. Chomsky　277
최초의 언어 학습　270
"추리된 대상을 논리적 구성체로 대체시켜라!"　57
치료적 분석　14

・・・・・・・・・・・・・・ ㅋ ・・・・・・・・・・・・・・

카르납　R. Carnap　22, 30, 33
　<언어의 논리적 통사론>　36
　과학적 물음과 철학적 물음　80
　관용의 원리　42, 60
　구성주의　139
　논리적 진리에 대한 언어적 신조　109
　논리주의 대 형식주의 논쟁　38
　사물 언어　44, 93
　사이비 사물 문장　37

실질적 화법 37
언어 체계 내적 물음 43, 91
언어 체계 외적 물음 43, 91
언어에 관한 제안 43
언어의 규칙 132
언어의 규칙 체계 93
유사 통사론적 문장 36
의미 공준 178
의미 규칙 178
의미론적 해석 95
존재론에 관한 신조 92
통사론적 명세 95
합리적 재구성 93
현상주의 대 실재주의의 논쟁 40
형식적 화법 37
형이상학적 주장의 언어적 재해석 35
"카르납과 논리적 진리" 80, 111
카르납의 내적/외적 구별 92
칸트 I. Kant 19, 24
   분석 진술 176
   비판 작업 53
   지식의 성립 조건 53
   칸트와 형이상학 25
   칸트의 딜레마 57
칸트의 딜레마 57
콘맨 J. Cornman 160
   비형식적 언급 규칙 162
   언급 이론 160
   절대적인 의미론적 물음 166
   형식적 언급 규칙 161

콰인 W. V. Quine 11, 177
   "가바가이(gavagai)" 82
   "경험주의의 두 독단적 신조" 175
   "명명하다"의 패러다임 180
   번역을 위한 정의와 규칙 114
   "언급 이론에 대한 소고" 186
   "언급에 대한 소고" 179
   "언어 L에서 옳다" 181
   "존재론의 상대성" 11, 183
   "필연적으로" 178
   개체 구별 장치 82
   논리적 진리 176
   물리학과 제일 철학 288
   번역의 비결정성 주장 12, 81
   번역의 비결정성과 모국어 153
   분석적 진리 176
   상대/절대 구별 92
   상대주의적 기본 주장 150
   상위 철학적 내용 286
   수학적 논리 체계의 표기법 244
   언급 좌표계 156
   언급의 틀(언급의 좌표계) 87
   언급의 흐릿함 85
   언어적 언급의 불가해성 주장 12
   용어의 체계적 애매성 84
   원초적 번역 상황 195
   의미론적 상승 295
   이중의 상대성 81
   자극 의미에 관한 인과적 이론 262
   존재론과 배경 이론 91

존재론에 관한 신조 92
존재론적 언질 기준 164
진리성과 언급 이론 186
집합론의 해석 120
최초의 언어 학습 270
해석 이론 267
쿤 T. Kuhn 12, 148
　과학의 진보 149
　과학적 사고의 패러다임 148
　동일 표준에 의한 평가 불가능 신조 12
크라프트 V. Kraft 37
크립키 S. Kripke 260
　인과적 지시 이론 260

■■■■■■■■■■■■■ ㅌ ■■■■■■■■■■■■■

타르스키 A. Tarski 72, 171
　과학적 의미론 220
　객관적 진리성 246
　기초 수론 242
　만족 개념 171
　만족에 대한 재귀적 정의 233
　의미론적 속성으로서의 진리성 171
　진리성 도식 223
　진리성에 대한 공리적 정의 224
　진리성에 대한 외연적 정의 218
　진리성에 대한 의미론적 개념 173
　진리성에 대한 정의 214
　진리성에 대한 타르스키의 정의 227

타르스키 절차의 적용 가능성 239
타르스키의 상위 언어 229
타르스키의 절차 245
타르스키의 정의와 존재론의 상대성 245
타르스키의 절차 245
톰슨 M. Thompson 26, 29
통사론적 명세 95
통사론적 물음 23
통사론적 용어 23
툴민 S. Toulmin 14
〈테아이테투스〉 198
T 문장 267

■■■■■■■■■■■■■ ㅍ ■■■■■■■■■■■■■

포퍼 K. Popper 216
표기법의 대안 281
표기법의 선택 가능성 290
표현들에 관한 담화 85
표현주의 이론 20
프레게 G. Frege 29
　샛별과 개밥바라기 174
　의미와 언급의 구별 173
플라톤 Plato 28, 198
피분석항(분석되는 어구) 139
필드 H Field 265
필드 H. Field 256
　개념 체계의 붕괴 262
　형식적 언어 체계 256

필연성 연산자　185
"필연적으로"　177

......ㅎ......

하만　G. Harman　175
하이데거의 무(無) 개념　31
학리적 (과학적) 연구　208
학리적 확실성　205
학문관　27
학문다운 철학(학문으로서의 철학)　50
한정 기술　205
한정 기술 이론　30
함축적 이해　136, 153
합리적 재구성　93, 214
항진 진술　21
해명적 정의　148
해석 가설　275, 283
해석 규칙　122
해석 이론　267, 270
해석 체계　146
헛된 말싸움　29
헛된 사변　34
헤어　R. M. Hare　13, 143
햄프셔　S. Hampshire　14
현대 방법론　225
현상을 포괄하는 법칙　212
현상주의　41
현상주의 대 물리주의 논쟁　41
현상주의 대 실재주의의 논쟁　40

현상주의 언어　42, 59
현상주의적 구성　291
형성 규칙　72, 192
형식 언어　137
형식과 공허성　111
형식적 언급 규칙　161
형식적 의미론　265
형식주의　212
형식화된 언어　228, 239
"형식화된 언어에서의 진리성 개념"　228
형이상학 신조와 언어 신조의 평행성　131
형이상학에 대한 판정의 문제　26
<형이상학 입문>　56
형이상학적 사이비 신조　33
형이상학적 이성주의　133
형이상학적 주장의 언어적 재해석　35
화이트헤드　A. N. Whitehead　29
확실성　205
확실성의 토대 연구　206
환원주의 프로그램　238
훗설　E. Husserl　168
휴움　D. Hume　53
　분석 진술　176
히즈　H. Hiz　273
　진리주의 의미론　273
히즈의 프로그램　283
힌티카　J. Hintikka　188
　외연적 언어　188
힐베르트　D. Hilbert　72

콰인과 분석철학
- 언어에 관한 언어 -

1판 1쇄 발행 2002년 3월 25일

지 은 이 | 조지 로마노스
옮 긴 이 | 곽강제
펴 낸 이 | 김진수
펴 낸 곳 | 한국문화사
등   록 | 제1994-9호
주   소 | 서울시 성동구 아차산로49, 404호(성수동1가, 서울숲코오롱디지털타워3차)
전   화 | 02-464-7708
팩   스 | 02-499-0846
이 메 일 | hkm7708@hanmail.net
홈페이지 | http://hph.co.kr

ISBN 978-89-7735-913-0 93160

· 이 책의 내용은 저작권법에 따라 보호받고 있습니다.
· 잘못된 책은 구매처에서 바꾸어 드립니다.
· 책값은 뒤표지에 있습니다.